提示语设计

AI时代的必修课

余梦珑 著

中国人民大学出版社
·北京·

总　序

人工智能正以前所未有的速度重塑人类社会的运行规则。从职场效率的颠覆性提升、家庭教育模式的根本性变革，到人机协作范式的重新定义，AI 已从技术概念进化为推动文明演进的核心动力。《AI 职场应用 66 问》《AI 重塑家庭教育：十二个关键问题》《提示语设计：AI 时代的必修课》这三本书以"天人智一"为核心理念，以"问行合一"为实践纲领，为个体与社会提供了一套从技术应用到认知升级的系统解决方案。

职场觉醒：从工具效能到"天人智一"的认知跃迁

《AI 职场应用 66 问》揭示了一个关键趋势：在生成式 AI 重构工作流程的今天，职业竞争力的核心已从"单一技能"转向"人机协同能力"。当 AI 能自动生成高精度报告、分析海量数据甚至预测市场趋势时，人类的价值正加速向战略决策与创新设计迁移。本书通过多个真实场景，展现了人机协作的深层逻辑——市场总监借助 AI 洞察消费者行为背后的情感动机，设计师基于 AI 拓展想象力和创造力，管理者利用 AI 实现组织效能的动态平衡。本书不仅是效率工具手册，更是"天人智一"的实践注解：当人类的价值判断与 AI 的数据洞察深度融合，职场将从机械执行转向智慧共创的生态系统。

教育重构：从知识焦虑到"问行合一"的范式升级

《AI 重塑家庭教育：十二个关键问题》直击智能时代的教育本质：当 AI 能解答任何学科难题时，教育的使命不再是填鸭式的知识传递，而是培养机器无法替代的核心能力。本书以"问行合一"为方法论，将 AI 转化为家庭教育的能力放大器——通过 DeepSeek 等 AI 工具动态追踪孩子的学习薄弱点，通过识别孩子情绪破解青春期沟通困局，利用职业倾向分析辅助孩子高考选科决策。以上实践并非技术堆砌，而是"工具理性"与"教育温度"的有机融合：AI 承担知识传授的标准化工作，家长得以聚焦价值观引导、创造力激发与批判性思维培养。这种转变的本质，是对"知行合一"教育理念的智能时代响应——在 AI

支持下，家庭教育从经验主义，进化为数据驱动的科学实践。

交互跃迁：从基础指令到价值共创的元能力构建

《提示语设计：AI 时代的必修课》揭示了人机协作的底层密码：在技术普及的今天，提示语设计能力已成为区分平庸与卓越的关键标尺。本书突破工具操作的浅层教学，直指人机交互的本质——优秀的提示语不仅是清晰的指令，而且是人类意图与机器逻辑的翻译器。从商业文案的风格化生成，到跨文化广告的精准适配，再到影视剧本的创意孵化，这些案例证明：真正有效的提示语需要同时具备工程师的严谨性与艺术家的洞察力。正如"天人智一"理念所揭示的：在提示语设计中，参数设置是"技术骨骼"，价值导向是"人文灵魂"。当人类学会用机器的语言表达创造力，协作便升维为智能时代的核心竞争力。

作为 AI 科普读物，这三本书共同回答了一个根本性问题：在 AI 深度渗透的今天，如何实现技术进步与人类价值的共生？《AI 职场应用 66 问》重构生产力，《AI 重塑家庭教育：十二个关键问题》再定义教育的本质，《提示语设计：AI 时代的必修课》革新协作范式——三者构成了"问行合一"的完整实践链。当 AI 能自动生成财报却无法判断商业伦理，当虚拟教师能讲解知识点却难以传递情感温度，当提示语能输出文案却缺乏价值判断，人类的核心使命愈发清晰：我们既是技术应用的设计师，更是文明价值的守门人。本套图书以扎实的案例证明：AI 时代的真正赢家，不是盲目追逐技术浪潮者，而是那些能将"天人智一"理念转化为实践策略的人——职场人用 AI 增强而非替代决策能力，家长借技术守护而非削弱亲子纽带，创作者以提示语释放而非限制想象力。

（本总序由沈阳老师使用 DeepSeek 生成）

序　言

　　AI（Artificial Intelligence，人工智能）正在开启人类历史的新篇章。当前，AI已经不再是遥不可及的科技，而是触手可及的生产力工具。然而，这种"工具"的真正价值，取决于我们如何与之协作。正如人类用笔墨书写思想，用计算机处理信息，用交通工具跨越地理边界，工具不仅延展了人类的能力边界，而且重塑了人类认知世界和创造价值的方式。AIGC（Artificial Intelligence Generated Content，人工智能生成内容）作为全新的内容生成范式，正在推动创作过程革新与内容生态重塑。在此过程中，人机交互能力已成为AI时代最重要的核心技能，而提示语设计正是这一能力的核心体现。

　　为什么AI时代的必修课是提示语设计？

　　正如驾驶汽车需要驾驶技术，使用AI也需要特定的技能。提示语设计作为人与AI沟通的桥梁，是驾驭这一智能工具的基础能力。AI可以根据输入的提示语生成文本、图像、代码，甚至解决复杂问题，但它的输出质量除了模型本身的能力之外，很大程度上取决于提示语的清晰度、准确性、逻辑性与引导性。这也是为什么不同的人在使用相同的AI工具时，会呈现出不同的效果。换句话说，提示语设计的能力直接影响着我们能否高效地驾驭AI工具，实现从创意到作品的转化。而要真正释放AI的潜力，仅仅了解工具的基本操作是远远不够的。提示语设计不仅是一项技术能力，而且是逻辑思维与表达能力的结合。如何准确表达需求、如何设计合理指令、如何引导AI产出高质量结果，这些都需要系统的学习与训练。掌握提示语设计，是人与机器实现高效协作、充分释放AI潜能的关键，也是AI时代的必修课。

　　当人人都能用AI时，如何将其用得更好、更出彩?

　　随着AI工具的普及，简单的使用不再是核心竞争力。真正的挑战在于如何让AI产出更优质、更独特的内容，"用得好""用得精准""用得独特"将是未来竞争的关键。这就像写作，懂得遣词造句是基础，但要写出精彩的作品，还需要更深层的功力。同样，要让AI成为得力助手，仅仅掌握基础指令远远不够，还需要系统掌握提示语设计的方法论：如何构建清晰的指令框架，如何设计递进的提示语链，如何优化迭代提升效果。更重要的是，需要建立起对 AI 能力与思维的认知，掌握优质内容生成的底层逻辑，懂得在什么场景下使用什么样的提示语策略，如何将创作意图转化为 AI 可执行的具体指令，从"会用"走向"用好"，从"用好"迈向"领先"。

从理论基础到高阶技巧，成为 AI 时代的领先者。

本书通过基础篇、进阶篇和实战篇三个部分，构建了完整的提示语学习体系：基础篇着重介绍提示语的基本概念和原理，解决"从无到有"的问题；进阶篇系统阐述提示语工程的方法论，包括提示语链设计、提示语库构建等专业知识，帮助读者实现"从有到好"的跨越；实战篇则通过真实案例，展示如何在不同领域中实现"从好到优"的实践。同时，本书收录了首部 AI 获奖小说、AI 全流程微短剧等创新项目的提示语设计过程，为读者提供可借鉴的实践范例。

AI 的价值不在于替代人类，而在于与人类协同共创，为人类赋能。而提示语是人类智慧与机器智能之间的桥梁，让创意得以高效实现，让想法转化为实际成果，让人类能够从烦琐的重复性劳动中解放出来，专注于更具创造性和价值的工作。在这场由 AI 推动的时代变革中，提示语设计不仅是工具的使用之道，而且是人类与智能机器共同书写未来的艺术。希望本书能够帮助读者建立起自己的提示语设计体系，储备核心竞争力，开启人机共生的创新未来。

目 录

基 础 篇

进 阶 篇

实 战 篇

基础篇

第 1 章

提示语工程：
AI 时代的核心竞争力

在 AI 迅速发展的时代，提示语工程（Prompt Engineering）已然成为连接人类意图与 AI 能力的关键桥梁。擅长设计高效的提示语，激发 AI 生成和创造的潜力，将成为 AI 时代不可或缺的核心竞争力。

一、"你好，AI"：提示语的定义与本质

在与 AI 助手进行首次交互时，简单的一句"你好，AI"实际上就构成了最基本的提示语。那么，什么是提示语？其本质究竟为何？本节将对这一 AI 时代的核心概念进行解析。

（一）什么是提示语

提示语（Prompt）是用户输入 AI 系统的指令或信息，用于引导 AI 生成特定的输出或执行特定的任务。简单来说，提示语就是用户与 AI "对话"时所使用的语言，它可以是一个简单的问题、一段详细的指令，也可以是一个复杂的任务描述。图 1-1 呈现了提示语的基本功能框架，包括用户输入、AI 系统处理以及生成输出。

提示语的定义涵盖了多个互相关联的维度。在交互维度上，提示语是人与 AI 互动的桥梁，通过自然语言的输入与反馈机制，建立起高效的任务传达和结果生成过程；其核心在于如何通过语言精确表达用户需求，并引导 AI 生

成符合预期的内容。在认知维度上，提示语不仅是指令，而且是一种思维外化工具，它能够影响和引导 AI 的推理路径，使得 AI 的生成过程符合人类认知逻辑，进而提升内容的相关性与质量。在功能维度上，提示语承载了多重任务，包括信息传达、生成引导、逻辑组织等，它通过结构化的指令体系引导 AI 完成复杂的生成任务，从而实现内容的组织和推理。而在语言学维度上，提示语涉及自然语言的形式和功能，既要遵循语言规则，又要简洁明了，使 AI 能够正确解析并响应。在这四个维度的协同作用下，提示语成为 AI 时代连接用户与 AI 的关键工具，既具备技术功能性，又承载了语言和认知的深层次任务。

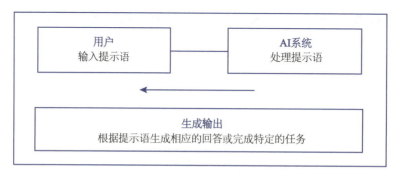

图 1-1　提示语功能示意图

🔍 **提示语的基本结构（见图 1-2）包括：**

· 指令（Instruction）：这是提示语的核心，明确告诉 AI 需要执行的任务。

· 上下文（Context）：为 AI 提供背景信息，帮助它更准确地理解和执行任务。

· 期望（Expectation）：明确或隐含地表达你对 AI 输出的要求和预期。

图 1-2　提示语组成示意图

◎ 提示语示例：

> 指令：撰写一份市场前景分析报告。
>
> 上下文：作为一名经验丰富的市场分析师，您需要为一家新成立的智能家居公司撰写一份详细的市场前景分析报告。
>
> 期望：具体要求如下。
>
> （1）报告内容：
>
> 　　a. 市场规模：描述当前智能家居市场的总体规模，并预测未来五年的增长趋势。
>
> 　　b. 竞争对手：辨识并分析三到五个主要竞争者的市场份额、核心竞争力和策略。
>
> 　　c. 市场机遇：指出由于技术进步和市场需求变化所带来的新机遇，尤其是针对目标公司的潜在利益。
>
> （2）语言风格：报告应使用专业但易懂的语言，适合非专业听众理解。
>
> （3）报告长度：整个报告应控制在 300 字以内，精准而全面地覆盖上述要点。

（二）提示语的本质

提示语的本质可以从多个维度进行理解：从功能上看，它是人类意图的编码；从交互上看，它是人机对话的起点；从技术上看，它是 AI 系统的输入接口。表 1-1 呈现了提示语的核心特征。

· 沟通桥梁：提示语在本质上充当了人类认知与 AI 计算模型之间的接口。它将人类的抽象意图转化为 AI 系统可以处理的具体指令，实现了跨越人机界限的信息传递。这种转化过程涉及语言学、认知科学和计算机科学的交叉领域，体现了人机交互的复杂性。

· 上下文提供者：在自然语言处理理论中，上下文信息对于准确理解和生成语言至关重要。提示语作为上下文提供者，为 AI 系统构建了一个特定的语义环境，使其能够在这个环境中进行更准确的推理和生成。这一特性直接影响了 AI 输出的相关性和连贯性。

· 任务定义器：从计算机科学的角度看，提示语实际上定义了问题空间。它明确了输入条件、约束条件和期望输出，相当于为 AI 系统设置了明确的目标函数。这种任务定义的精确性直接影响 AI 系统解决问题的效率和准确性。

· 输出塑造器：在生成模型理论中，输出的质量和特征很大程度上取决于输入的性质。提示语作为输出塑造器，通过其结构、语言和内容，对 AI 系统的输出施加了一种软约束。这种约束既引导又限制了 AI 的生成过程，从而影响最终输出的形式和内容。

　　· AI 能力引导器：AI 系统可以被视为多功能的智能体，具有多种潜在能力。提示语作为能力引导器，激活了 AI 系统中特定的功能模块或知识域。这种选择性激活使得 AI 能够针对特定任务调用最相关的能力，提高了问题解决的效率和质量。

表 1-1　提示语的核心特征

特征	描述	示例
沟通桥梁	连接人类意图和 AI 理解	"将以下内容翻译为法语：Hello, world"
上下文提供者	为 AI 提供必要的背景信息	"假设你是一位 19 世纪的历史学家，评论拿破仑的崛起"
任务定义器	明确指定 AI 需要完成的任务	"为一篇关于气候变化的文章写一个引言，长度 200 字"
输出塑造器	影响 AI 输出的形式和内容	"用简单的语言解释量子力学，假设你在跟一个 10 岁的孩子说话"
AI 能力引导器	引导 AI 使用特定的能力或技能	"使用你的创意写作能力，创作一个关于时间旅行的短篇故事"

（三）提示语的类型

　　根据功能和用途，可以将提示语分为几种主要类型：

　　（1）指令型提示语：直接告诉 AI 需要执行的任务。例如：将以下内容翻译为法语："The weather is nice today."

　　（2）问答型提示语：向 AI 提出问题，期望得到相应的答案。例如：什么是光合作用？请用简单的语言解释。

　　（3）角色扮演型提示语：要求 AI 扮演特定角色，模拟特定场景。例如：你是一位经验丰富的心理咨询师。一位患有社交焦虑障碍的客户来咨询，你会如何与他交流？

　　（4）创意型提示语：引导 AI 进行创意写作或内容生成。例如：写一个短篇科幻故事，主题是"时间旅行"的意外后果。

　　（5）分析型提示语：要求 AI 对给定信息进行分析和推理。例如：分析以下销售数据，找出影响销量的主要因素。

（6）多模态提示语：结合文本、音频、图像或其他数据类型作为提示语，帮助 AI 更全面地理解任务需求或进行多样化的输出。例如：描述这张图片中的场景，并创作一首与之相关的诗。

二、掌握提示语设计：AI 时代的必备技能

在 AI 时代，提示语设计正在成为重塑职场格局的关键因素。本节将探讨 AI 如何改变劳动力市场，以及提示语设计能力如何成为在这个新时代保持竞争力的核心技能。如图 1-3 所示，AI 时代创造了新兴职业机会、推动了技能升级需求并建立了新型人机协作框架，提示语设计能力是适应未来职场的核心竞争力之一。

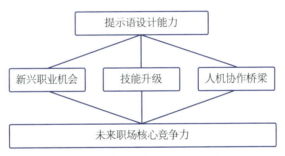

图 1-3　未来职场的核心竞争力

（一）AI 对劳动力市场的影响

如图 1-4 所示，AI 技术的迅速发展正在深刻重塑劳动力市场的格局。在可能被替代的工作方面，主要涉及四个类别：（1）重复性任务（如数据录入、基础数据处理）；（2）规则化决策（如简单的金融交易、基础客户服务）；（3）模式识别（如图像分类、语音转文本）；（4）基础内容生成（如新闻简讯、数据报告）。这些工作通常具有可预测性强、标准化程度高的特点，容易被 AI 系统取代。

与此同时，AI 技术也创造了大量新兴工种。这些新工作主要分为四类：AI 开发与维护（如 AI 训练师、机器学习工程师）、AI 应用设计（如提示语工程师、AI 交互设计师）、AI 伦理与治理（如 AI 伦理专家、AI 政策顾问）以及 AI- 人类协作（如 AI 人类协作管理者、AI 辅助决策专家）。这些新兴职业要求工作者具备跨学科知识和技能，能够在 AI 和传统领域之间架起桥梁。

除此之外，许多现有工作都需要适应 AI 时代的变化。例如，数据分析师需

要从基础数据处理转向高级分析和洞察；内容创作者需要学会利用 AI 辅助创作，更多地专注于创意和策略；市场营销人员需要结合 AI 分析，制定更精准的营销策略；客户服务代表则需要处理更复杂的查询，提供情感支持和个性化服务。

AI 还增强了某些工作能力，使得一些高阶技能变得更加重要。这包括高级决策制定（利用 AI 分析支持战略决策）、创意思维（在 AI 辅助下实现创意突破）、复杂问题解决（通过人机协作处理多维度问题）以及情感智能与沟通（在 AI 处理数据的基础上，提供更具人性化的服务和决策）。这些能力的提升使得人类工作者能够在 AI 时代发挥独特的价值。

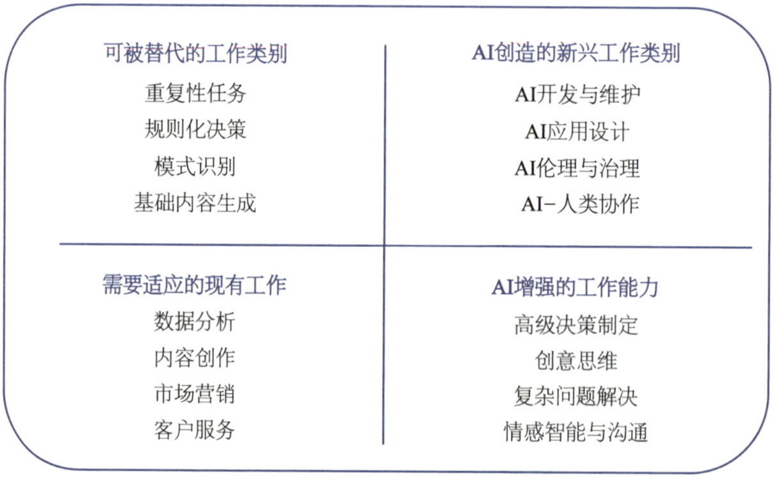

可被替代的工作类别
重复性任务
规则化决策
模式识别
基础内容生成

AI创造的新兴工作类别
AI开发与维护
AI应用设计
AI伦理与治理
AI-人类协作

需要适应的现有工作
数据分析
内容创作
市场营销
客户服务

AI增强的工作能力
高级决策制定
创意思维
复杂问题解决
情感智能与沟通

图 1-4　AI 对劳动力市场的影响

（二）提示语设计的核心技能体系

提示语设计的核心技能体系是多维度与跨学科的综合能力集合。这个体系不仅涵盖了技术层面的专业知识，而且强调了认知能力、创新思维和软实力的重要性。在认知层面，问题重构和系统思维使设计者能够将复杂的现实世界问题转化为 AI 可处理的形式。创新技能如发散思维和类比推理则赋予设计者突破常规、创造性解决问题的能力。技术技能确保设计者能够有效利用 AI 工具，并对结果进行准确评估。

表 1-2 展示了提示语设计的核心技能体系，从认知技能、创新技能、技术技能、软技能四个维度构建了完整的能力框架。这些核心技能共同构成了人类使用 AI 的基础素养，是有效引导模型生成高质量内容的关键。表 1-3 则进一步展示每项核心技能所包含的关键要素，明确能力培养方向与路径。

表 1-2　提示语设计的核心技能体系

技能类别	具体技能	描述
认知技能	问题重构	将复杂问题转化为 AI 可处理的形式
	系统思维	构建多层次的提示语体系，处理多步骤任务
	抽象思维	提炼通用模式，提高提示语的可复用性
创新技能	发散思维	探索非常规提示方法，突破应用边界
	类比推理	利用跨领域类比，激发新的应用思路
	情景构建	创造丰富的上下文，引导 AI 生成更好的结果
技术技能	AI 原理理解	掌握 AI 的基本工作原理与能力边界
	提示语语法	熟悉不同 AI 模型的提示语规则和最佳实践
	结果评估	客观分析 AI 输出，识别潜在问题
软技能	跨学科协作	与不同背景的专家合作，整合多领域知识
	持续学习	跟踪 AI 技术发展，不断更新提示语设计技巧

表 1-3　提示语设计核心技能子项

核心技能	子项
问题重构	将模糊需求转化为结构化任务；识别问题核心要素和约束条件
系统思维	设计多步骤提示语链；构建提示语模板库和策略
抽象思维	创建可复用的提示语模板；设计适应多场景的元提示语
发散思维	生成多样化提示方案；结合不同领域知识展开提示
类比推理	利用领域间知识迁移；通过类比创造跨界应用
情景构建	设计角色扮演和场景描述；使用叙事结构增强提示效果
AI 原理理解	基于模型特性优化提示；规避常见模型局限
提示语语法	掌握平台特定语法和参数；精通格式控制和指令技巧
结果评估	建立评估框架；识别输出中的偏见和错误
跨学科协作	整合专业领域知识；转化专业术语为 AI 可理解表述
持续学习	实验新提示技术；追踪 AI 技术最新发展

（三）提示语设计的进阶技能

提示语设计的进阶技能着眼于解决复杂问题与特殊场景，如表 1-4 所示，包括开发多轮交互的复杂提示策略，将专业领域知识转化为提示结构，设计跨文本与图像的多模态提示系统，构建透明可解释的 AI 决策机制，实施伦理安全防护措施，以及建立可扩展的提示语架构。进阶技能反映了提示工程的前沿发展方向，适应不断演进的 AI 能力与日益复杂的应用需求。

表 1-4　提示语设计进阶技能子项

进阶技能	子项
复杂提示策略	设计多轮交互的提示流程
	创建自我改进的提示系统
	实现思维链和推理引导技术
领域特化	将专业领域知识转化为提示结构
	设计领域特定的提示语模板
	优化特定领域的专业术语使用
跨模态提示	结合文本与图像的多模态提示设计
	创建视觉引导与文本提示的协同系统
	设计跨感官模态的提示体验
可解释性设计	基于 AI 推理过程进行可解释性分析
	设计透明的提示—响应机制
	构建可审计的决策路径
安全与伦理	嵌入伦理指南和安全护栏
	防范提示注入和越权攻击
	设计减少偏见和歧视的提示框架

三、当哲学家遇上程序员：探讨 AI 交流的深层含义

语言是人类思想交流的载体，而提示语则是人机对话的桥梁。理解 AI 交流，首先需要回溯语言的本质。

（一）提示语的哲学基础：语言与现实的构建

提示语作为 AI 生成内容的基础，直接连接了语言与现实的构建过程。这种连接不仅涉及信息的传递与处理，而且关乎语言作为媒介，如何塑造和反映使用者对现实的理解。

1. 语言的生成与现实的构建

语言在哲学中不仅被视为交流的工具，而且是构建现实的手段。20 世纪的语言学转向揭示语言如何通过语义、语法和符号学来塑造世界观。同样地，提示语作为一种语言形式，也在影响着 AI 对世界的理解和表现。在人类提示语的引导下，AI 通过生成内容来反映特定的现实框架，这种生成过程实际上是在构建一个与人类理解相符的"人工现实"。表 1-5 呈现了人类创造力与 AI 生成能力的特征对比。

表 1-5　人类创造力与 AI 生成能力的特征对比

特征	人类创造力	AI 生成能力
灵感来源	个人经验、社会互动、文化影响	训练数据与新组合探索
创新模式	渐进改良与突破性创新并存	概率空间探索，可发现新模式
思维特点	非线性，受意识与潜意识共同影响	基于关联，具有大规模参数空间复杂性
适应学习	通过经验和反思持续调整	可通过反馈微调适应新领域
情感维度	创作与情感体验相互影响	识别情感模式，产生共鸣效果
跨域联想	在表面无关领域间建立连接	基于隐藏统计关联发现非显见联系
创作动机	内在驱动与外部激励相结合	响应指令，有内部评估调整能力
知识整合	融合显性知识与隐性知识	整合大量信息，发现潜在关联
环境互动	与环境和社会动态交互	通过接口交互，整合用户反馈
局限性	受认知范围和技术环境的限制	受数据、算法和计算资源的限制

2. 维特根斯坦的语言游戏

根据维特根斯坦的观点，语言并非一个封闭且完整的系统，而是由各类功能不同、复杂度不一的语言游戏构成的开放性集合，这些游戏之间仅具家族相似性[①]。而提示语也可以被视为一种特殊的语言游戏，其规则由人类设计者和 AI 共同遵守。理解这一点有助于设计更加灵活和有效的提示语，使人机交流更接

① 韩林合.维特根斯坦论"语言游戏"和"生活形式"[J].北京大学学报（哲学社会科学版），1996（1）：108-115.

近自然语言的多样性和复杂性。

（1）语言的双重性：表达与理解。

语言的双重性体现在表达与理解两个方面。无论是人与人的交流，还是人与机器的互动，都是在这两个维度上展开的，只是在人机交互中，表达与理解的方式通过技术手段实现，可能会表现出不同的模式。

（2）语义与语用：AI 理解的挑战。

在人类交流中，语义（字面意思）与语用（上下文意义）是自然融合的，人们通常不需要刻意区分这两个层面。然而，AI 在处理语言时，无法像人类一样借助感官与神经系统来理解语言的整体意义，需要对语义和语用分别进行分析。

◎ **提示语示例：**

> **语义理解**：请解释"时间就是金钱"的字面意思。
>
> **语用理解**：在商业谈判的背景下，"时间就是金钱"这句话可能隐含什么信息？

（3）语言作为逻辑系统：模糊性与精确性的平衡。

语言不仅是人类表达思想的工具，而且是逻辑的载体。对程序员而言，编程语言是严格逻辑的表达方式，通过明确的语法规则和逻辑结构，定义了 AI 的行为模式。然而，这种语言的严格性也带来了一个问题：如何在如此精确的系统中处理自然语言的模糊性？ AI 在自然语言处理中的挑战在于如何将人类语言的复杂性与编程语言的精确性结合起来。自然语言中充满了模糊性、多义性和上下文依赖，而 AI 则需要通过算法与模型对这些复杂现象进行理解和处理。

（二）AI 交流的深层含义：技术与人类思维的互动

在提示语与 AI 生成内容的关系中，隐藏着一条重要的哲学线索：人类如何通过技术与机器互动，从而扩展和挑战自身的认知边界。这种互动不仅是技术层面的，还涉及深层的认知与思维模式。

1. 技术与认知的扩展

从哲学角度来看，技术一直被视为人类认知的延伸工具。无论是从工具论（Tool Theory）[1] 的视角，还是从技术决定论（Technological Determinism）[2] 的视

---

[1] 亚里士多德.工具论［M］.余纪元，译.北京：中国人民大学出版社，2003.

[2] Héder M. AI and the resurrection of Technological Determinism［J］. INFORMACIOS TARSADALOM，2021，21（2）：119–130.

角，技术都在不断扩展和重塑人类的思维方式。提示语作为一种引导 AI 执行任务的指令机制，通过与 AI 的互动，使得人类能够突破传统思维模式的限制，进入一个更加动态和复杂的认知领域。

2. 认知路径的技术塑造

提示语不仅是信息的输入，而且是认知路径的塑造工具。通过设定特定的提示语，人类可以引导 AI 沿着预设的路径进行思考和生成，这种路径的选择与控制，实际上是技术对认知的深层介入。例如，当使用提示语进行内容生成时，人类可以引导 AI 优先考虑某个视角或主题，如在商业分析中引导 AI 更关注市场趋势，而非财务数据，最终影响其分析的重点。这种技术对认知路径的塑造，揭示了 AI 交流中的深层含义：技术不再是被动的工具，而是主动的思维参与者。

（三）提示语的文化意义：从技术工具到交流媒介

提示语在 AI 生成内容中的作用，不仅限于技术输入层面，还反映出其在文化和认知层面所产生的深远影响。提示语作为一种新型的交流媒介，反映了人类文化与技术的深度融合，并在这一过程中，重新定义了交流与理解的方式。

1. 提示语的文化符号

提示语作为文化符号，反映了人类如何通过技术与 AI 进行交流和互动。在这个过程中，提示语不仅是信息传递的媒介，而且成为文化表达的重要组成部分。例如，在不同的文化背景下，提示语的设计可能会有很大的差异，这种差异不仅体现了语言的不同，而且反映了文化思维模式的差异。提示语的设计因此成为跨文化交流中的一个关键点，它不仅需要考虑技术的可行性，还需要兼顾文化的理解与适应。

2. 提示语与文化再现

提示语不仅在技术层面上决定 AI 生成内容的结构与方向，还通过文化再现（Cultural Representation）[①] 反映人类的价值观与世界观。提示语的设计往往带有文化的预设，这种预设会通过 AI 生成内容的方式展现出来。例如，在艺术创作中，提示语的设计可以引导 AI 生成符合特定文化审美的作品，而这些作品在某种程度上，是文化价值的再现与传播。

（四）提示语的价值伦理：生成内容的道德责任

AI 越来越深入地参与内容创作和决策过程，使得人机交互中的伦理问题尤

---

① 霍尔. 表征：文化表象与意指实践［M］. 徐亮，陆兴华，译. 北京：商务印书馆，2003.

为突出。如何确保提示语传达恰当的伦理价值，引导 AI 决策符合社会共识，成为提示语设计中的关键问题。

1. 价值对齐问题

确保 AI 的行为与人类价值观一致，是当今 AI 伦理领域中的核心问题之一。价值对齐要求 AI 在做出决策时必须尊重和遵循人类的道德和伦理规范，如尊重隐私、促进公平性和避免偏见等。然而，在设计提示语时，如何有效地将这些价值观融入 AI 的决策过程并不是一项简单的任务。提示语需要包含足够的伦理准则和文化预设，才能引导 AI 生成符合人类价值观的内容。例如，在生成种族议题相关内容时，提示语可以明确引导 AI 避免强化社会偏见与歧视，确保输出内容符合公正、平等的伦理要求。这一问题还涉及跨文化的复杂性，提示语设计者必须考虑不同社会和文化的价值差异，确保 AI 决策符合更广泛的伦理共识。

2. 道德机器困境

道德机器困境是指 AI 在面对复杂伦理情境（如经典的"电车难题"）时应如何做出道德决策。AI 并不能像人类一样拥有直觉和情感，因此在处理伦理困境时，往往依赖于提示语设定的规则和优先级。例如，AI 在面临选择牺牲少数人以拯救多数人时，该如何判断这类决策的道德优先级？提示语的设计在此过程中至关重要，因为它决定了 AI 是否能平衡各类伦理原则（如效用最大化与个体权利保护）。提示语中所嵌入的价值判断将直接影响 AI 如何处理类似的道德困境，从而展现出 AI 系统中的伦理取向。

◎ **提示语示例：**

> **场景：** 自动驾驶汽车面临一个不可避免的碰撞，必须在撞向一群行人或撞向单个行人之间做出选择。
>
> **任务：** 请分别从功利主义、义务论和关怀伦理的角度，论述 AI 应该如何做出决策。每种观点请给出 200 字的分析。

3. 透明度与可解释性

AI 的决策往往存在黑箱特性，透明度和可解释性已成为伦理讨论中的重要议题。表 1-6 展示了不同伦理框架下 AI 的决策倾向。提示语作为与 AI 互动的关键手段，如何增强 AI 决策的可解释性，成为技术和伦理的交汇点。在设计提示语时，需要考虑如何使 AI 在生成内容时能够清晰地解释其决策过程，或要求

AI 提供决策依据的方式，以便人类用户理解 AI 的推理机制。

表 1-6　不同伦理框架下的 AI 决策

伦理框架	描述	AI 决策倾向
功利主义	追求最大化整体利益	选择伤害较少人的方案
义务论	基于道德规则行事	拒绝主动伤害他人
德性伦理	关注行为者的品格	模仿"有德性"的决策
关怀伦理	强调同理心和关系	考虑决策对关系的影响
社会契约论	基于社会共识	遵循社会规范和法律

第 2 章

解码 AI 思维：
提示语设计的方法论

在设计提示语时，深入理解 AI 的"思维模式"和提示语的工作原理至关重要。本章将解构提示语的基本元素，探讨其如何影响 AI 的理解和输出过程，分析提示语的语言特性，梳理提示语设计的通用流程，并提供实用的技巧和策略以避免常见的设计误区，从而提高任务执行的效率和精确度。

一、提示语的 DNA：基本元素与组合

提示语的结构和组成直接影响 AI 的输出质量。本节将从理论层面系统地解构提示语的基本元素，提出提示语元素的组合矩阵，构建提示语协同效应的知识框架，为后续的进阶技巧和实战应用奠定基础。

（一）提示语的基本元素分类

提示语的基本元素可以根据其功能和作用分为三个大类（见图 2-1）：信息类元素、结构类元素和控制类元素。这三类元素构成了提示语的核心 DNA，是 AI 生成高质量内容的基础。

1. 信息类元素

信息类元素主要负责提供生成内容所需的核心信息，包括主题、背景、数据等。这类元素为 AI 提供必要的知识和上下文，引导生成内容的准确性和相关性。

信息类元素可以进一步细分为以下五类：

（1）主题元素：定义生成内容的核心主题或话题。主题元素是内容生成的中心，它决定了 AI 需要关注的主要方向。例如，气候变化、人工智能在医疗中的应用等。

（2）背景元素：提供与主题相关的背景信息，帮助 AI 更好地理解和处理主题。背景元素为 AI 提供了更广阔的视角，使生成的内容更加全面和深入。例如，在讨论可再生能源时，背景元素可能包括能源危机的历史、当前的环境问题等。

（3）数据元素：包含具体的数字、统计信息或事实，为生成内容提供支持。数据元素增加了内容的可信度和说服力，使 AI 生成的内容更加具体和精确。例如，在讨论全球变暖时，可能包括过去几十年的平均温度变化数据。

（4）知识域元素：指定任务所涉及的专业领域或知识范围。知识域元素帮助 AI 定位和调用相关的专业知识，确保生成的内容具有专业性和准确性。例如，在讨论医疗 AI 时，知识域元素可能包括医学影像学、诊断学等。

（5）参考元素：提供相关的参考资料、案例或示例，为 AI 生成内容提供指导。参考元素不仅可以增加内容的丰富性，还能帮助 AI 更好地理解任务要求和预期输出。例如，在要求 AI 写一篇科技评论文章时，可以提供一些优秀的科技评论作为参考。

2. 结构类元素

结构类元素主要用于定义生成内容的组织形式和呈现方式。这些元素决定了 AI 输出的结构、格式和风格，对于确保生成内容的可读性、逻辑性和专业性至关重要。结构类元素可以细分为：

（1）格式元素：指定内容的具体呈现形式，如文章、报告、演讲稿等。格式元素决定了内容的整体框架和外观。例如，请生成一份 5 页的商业计划书，包括执行摘要、市场分析、财务预测等部分。

（2）结构元素：定义内容的组织结构，如"引言—主体—结论"，或"问题—分析—解决方案"等。结构元素确保内容的逻辑流畅和条理清晰。例如，请按照背景介绍、现状分析、问题识别、解决方案、实施建议的顺序组织内容。

（3）风格元素：规定内容的语言风格，如正式学术、通俗易懂、幽默风趣等。风格元素影响内容的语气和表达方式，使其更贴合目标受众。例如，请使用深入浅出的语言风格，向非专业人士解释量子计算原理。

（4）长度元素：指定生成内容的长度要求，如字数、段落数等。长度元素有助于控制内容的详细程度和阅读时间。例如，请生成一篇 1 500 字左右的文章，分为 5~7 个段落。

（5）可视化元素：要求 AI 生成或描述图表、图像等可视化内容。可视化元素能够增强内容的直观性和吸引力。例如，请在文章中加入一个饼状图来展示不同可再生能源的市场份额。

3. 控制类元素

控制类元素用于管理和引导 AI 的生成过程，确保输出符合预期并能够进行必要的调整。这些元素在提高 AI 输出质量和可控性方面起着关键作用，是实现高级提示语工程的重要工具。控制类元素包括：

（1）任务指令元素：明确指定 AI 需要完成的具体任务。任务指令元素是 AI 行动的直接驱动力，它定义了整个生成过程的目标和范围。例如，请分析苹果公司最近五年的财务报表，并预测未来两年的业绩走势。

（2）质量控制元素：设定内容的质量评估标准和要求。质量控制元素确保 AI 生成的内容符合预定的质量标准，包括准确性、相关性、原创性等方面。例如，请确保文章中的所有数据都来自可靠来源，并在文末列出参考文献。

（3）约束条件元素：限定生成过程中需要遵守的规则或界限。约束条件元素帮助控制 AI 的输出范围，避免生成不适当或偏离主题的内容。例如，在讨论人工智能的伦理问题时，请避免使用具有争议性的例子或观点。

（4）迭代指令元素：提供多轮生成和优化的指导。迭代指令元素允许 AI 根据反馈进行自我完善，从而不断提高输出质量。例如，生成初稿后，请进行三轮自我审查和修改，每轮关注一个方面：内容准确性、逻辑连贯性和表达流畅性。

（5）输出验证元素：要求 AI 对生成内容进行自检和验证。输出验证元素增加了 AI 输出的可靠性，确保生成的内容符合预期要求。例如，生成报告后，请检查所有数学计算的准确性，并确保没有自相矛盾的观点。

提示语基本元素分类体系		
信息类元素	**结构类元素**	**控制类元素**
主题元素	格式元素	任务指令元素
背景元素	结构元素	质量控制元素
数据元素	风格元素	约束条件元素
知识域元素	长度元素	迭代指令元素
参考元素	可视化元素	输出验证元素

图 2-1 提示语的基本元素分类

（二）提示语元素组合矩阵

理解了提示语的基本元素后，进一步探讨如何有效地组合这些元素以实现特定的目标至关重要。以下矩阵展示了不同目标下的提示语元素组合，帮助系统地设计和优化提示语（见表 2-1）。

表 2-1　提示语元素组合矩阵

目标	主要元素组合	次要元素组合	组合效果
提高输出准确性	主题元素 + 数据元素 + 质量控制元素	知识域元素 + 输出验证元素	确保 AI 基于准确的主题和数据生成内容，并通过严格的质量控制和验证提高准确性
增强创造性思维	主题元素 + 背景元素 + 约束条件元素	参考元素 + 迭代指令元素	通过提供丰富的背景信息和适度的约束，激发 AI 的创造性思维，同时通过多轮迭代促进创新
优化任务执行效率	任务指令元素 + 结构元素 + 格式元素	长度元素 + 风格元素	通过清晰的任务指令和预定义的结构提高执行效率，同时确保输出符合特定的格式和风格要求
提升输出一致性	风格元素 + 知识域元素 + 约束条件元素	格式元素 + 质量控制元素	通过统一的风格和专业领域知识确保输出的一致性，同时使用约束条件和质量控制维持标准
增强交互体验	迭代指令元素 + 输出验证元素 + 质量控制元素	任务指令元素 + 背景元素	建立动态的交互模式，允许 AI 进行自我验证和优化，同时根据任务和背景灵活调整输出

这个矩阵展示了不同目标下的有效元素组合，以及元素之间的相互作用和协同效应。例如，在提高输出准确性的目标中，主题元素和数据元素的组合为 AI 提供了明确的内容方向和具体支持，而质量控制元素则确保了生成内容的准确性。知识域元素和输出验证元素作为次要组合，进一步增强了内容的专业性和可靠性。

值得注意的是，这个矩阵并非固定不变，而是应该根据具体任务和上下文进行动态调整。在实际应用中，可能需要根据任务的复杂性和特定要求，灵活地增加或减少某些元素，或者调整元素的优先级。此外，矩阵中的元素组合也反映了不同目标之间可能存在的权衡。例如，增强创造性思维的元素组合可能会在某种程度上影响输出的一致性。因此，在设计提示语时，需要根据任务的核心目标，找到各个目标之间的平衡点。

（三）提示语元素协同效应理论

在探讨提示语元素的组合时，不能忽视元素之间的协同效应。这种效应并不只是各元素简单的叠加，而是可能带来效果上的变化。本书提出了提示语元素协同效应理论（见图 2-2），意在为提示语的设计与优化提供一种新的分析思路，帮助大家更有效地理解提示语的构成和潜在影响。

提示语元素协同效应理论的核心观点包括：

• 互补增强：某些元素组合可以互相弥补不足，产生 1+1>2 的效果。例如，将主题元素和背景元素结合，不仅能够明确焦点，还可以增强内容的丰富性和深度。

• 级联激活：一个元素的激活可能引发系列相关元素的连锁反应，形成自我强化的正反馈循环。例如，有效的质量控制元素可以触发迭代指令元素和输出验证元素的持续优化过程。

• 涌现属性：某些元素组合可能产生单个元素所不具备的新特性。例如，知识域元素和风格元素的结合可能导致 AI 在特定领域展现出独特的表达方式。

• 冲突调和：看似矛盾的元素组合可能产生意想不到的积极效果。例如，严格的格式元素和灵活的约束条件元素的结合，可以在保持结构化输出的同时，实现内容的动态适应。

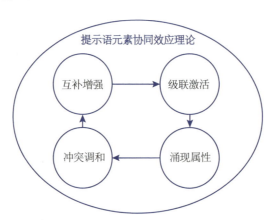

图 2-2　提示语元素协同效应理论

二、五步成诗：提示语设计的通用流程

在 AI 时代，提示语设计既是艺术也是科学。有效的提示语能引导 AI 生成符合预期的高质量内容。本节将介绍提示语设计的通用流程（见图 2-3），包括

明确目标、选择模型、构建框架、优化细节以及测试迭代。此流程以系统化的方式指导提示语设计，广泛适用于不同的 AI 应用场景。

图 2-3　"五步成诗"流程示意图

（一）第一步：明确目标——定义你的诗意

正如诗人在动笔前需要明确所要表达的情感与主题，提示语工程的首要步骤是明确 AI 需完成的具体任务。这个看似简单的步骤往往被忽视，进而影响后续工作的效率和效果。因此，只有在任务目标清晰明确的前提下，才能为后续提示语的设计与优化奠定坚实基础，确保生成结果符合预期。

通过应用 SMART 原则（见表 2-2），可以将模糊的想法转化为清晰、可执行的目标。例如，与其说"我想要 AI 写一篇文章"，不如说"我需要 AI 完成一篇 1 000 字的科普文章，介绍人工智能在医疗领域的最新应用，使用通俗易懂的语言，面向高中学生读者"。这样的目标设定为后续的提示语设计提供了明确的方向。

表 2-2　SMART 原则在提示语工程中的应用

原则	含义	提示语工程应用
Specific（具体的）	目标应该是明确和具体的	明确指定任务类型、输出格式、长度等
Measurable（可衡量的）	目标应该是可以量化或者有明确标准的	设定清晰的成功标准，如准确率、完成度等
Achievable（可实现的）	目标应该是在给定条件下可以实现的	考虑 AI 模型的能力范围，设定合理的期望
Relevant（相关的）	目标应该与更大的目标或需求相关	确保提示语任务与实际需求密切相关
Time-bound（时限的）	目标应该有明确的时间框架	设定响应时间或迭代周期的预期

（二）第二步：选择模型——挑选你的画笔

就像画家需要根据创作主题选择合适的画笔和颜料，提示语工程师也需要根据任务需求选择适当的 AI 模型。不同的模型就像不同的工具，各有所长。

以下是一些常见 AI 模型类型及其特点：

- 大型语言模型（LLM）：如 GPT 系列，适合文本生成、对话、翻译等任务。
- 图像生成模型：如 DALL-E、Midjourney，适合创造性图像生成任务。
- 专业领域模型：如医疗诊断 AI、金融分析 AI 等，适合特定领域的专业任务。

选择模型时，需要考虑以下因素：

- 任务类型：文本、图像、音频还是多模态任务？
- 模型能力：是否满足任务的复杂度要求？
- 资源限制：计算资源、API 访问权限等是否满足需求？
- 伦理考虑：模型的输出是否符合伦理和法律要求？

选择正确的模型能够事半功倍。就像用油画笔作水彩画会事倍功半一样，使用不合适的 AI 模型也会大大降低效率和效果。

（三）第三步：构建框架——搭建你的诗歌骨架

有了明确的目标和合适的工具，下一步就是构建提示语的基本框架。完整的提示语框架应该包含以下五个关键元素（见图 2-4）：

（1）角色设定：明确 AI 应扮演的角色，以引导生成内容的语气和方式。

（2）任务描述：清晰描述需要完成的任务，确保 AI 理解任务的要求和目标。

（3）背景信息：提供必要的上下文背景，使 AI 能够根据相关信息更好地生成内容。

（4）格式要求：指定输出的格式和结构，确保生成内容符合预期的形式。

（5）约束条件：设定任何限制或特殊要求，以控制生成内容的范围。

图 2-4　提示语框架关键元素示意图

◎ **提示语示例：**

> 你是一位经验丰富的科普作家（角色设定）。请写一篇 1 000 字左右的文章，介绍人工智能在医疗领域的最新应用（任务描述）。目标读者是对科技感兴趣的高中生（背景信息）。文章应包括引言、三个主要应用案例和结论（格式要求）。请使用通俗易懂的语言，避免过于专业的术语（约束条件）。

（四）第四步：优化细节——雕琢你的诗句

框架搭建好后，接下来就是优化细节。优化的目标是提高提示语的有效性，确保生成内容更贴合用户需求。这就像诗人在完成初稿后对于字句的雕琢。在提示语工程中，优化细节主要关注以下几个方面：

（1）语言精练：使用准确、简洁的语言，避免歧义和冗余。

（2）增加示例：提供具体例子或样本输出，帮助 AI 更好地理解需求。

（3）控制语气：根据需要调整语气，如正式、友好、幽默等。

（4）添加限制：设置字数限制、风格要求等，控制输出质量。

（5）引入创新点：加入独特的视角或要求，激发 AI 的创造性。

◎ **提示语示例：**

> 作为一位擅长将复杂概念简化的科普作家，请撰写一篇面向高中生的文章，介绍 AI 在医疗领域的三个最新突破性应用。要求：
>
> （1）字数控制在 900 字～1 100 字。
>
> （2）使用生动的比喻和日常生活中的例子来解释技术概念。
>
> （3）每个应用案例都应包括：技术原理简介、具体使用场景、潜在影响。
>
> （4）文章结构：简短引言（100 字左右）→三个应用案例（每个 250 字～300 字）→简短结论（100 字左右）。
>
> （5）语气应该充满好奇和激励，激发读者对科技未来的想象。
>
> （6）在结论部分，提出一个开放性问题，鼓励读者思考 AI 在医疗领域的伦理问题。

（五）第五步：测试迭代——修改你的诗

最后一步是测试迭代。就像诗人需要反复朗诵和修改自己的作品一样，提示语工程师也需要不断测试和优化自己的提示语。这个过程包括：

（1）初次测试：使用设计好的提示语，获取 AI 的初始输出。

（2）结果评估：根据预设目标评估输出质量，识别不足之处。

（3）提示语修改：基于评估结果，对提示语进行相应调整。

（4）重复测试：使用修改后的提示语再次测试，直到达到满意的结果。

这个过程可以形象地比喻为一场与 AI 的对话。每一次迭代都是在不断优化这个对话，直到得到理想的答案。

值得注意的是，测试迭代不仅是为了完善单个提示语，而且是积累经验、提升整体提示语设计能力的过程。通过不断实践，可以培养出对 AI 口味的敏锐直觉，就像资深诗人能够准确把握读者的审美一样。

三、常见陷阱：新手必知的提示语设计误区

在掌握了提示语工程的基本方法和底层逻辑后，还需要警惕一些常见的陷阱。这些陷阱可能会导致效率低下、输出质量不佳，甚至产生误导性结果。

（一）缺乏迭代陷阱：期待一次性完美结果

提示语设计中的常见误区之一是缺乏迭代，这种陷阱源自用户期望通过单一提示语获得理想结果。然而，有效的提示语工程通常需要多轮交互和持续优化，这个过程类似于人类之间的对话和协作。

陷阱症状：

▪ 过度复杂的初始提示语。

▪ 对初次输出结果不满意就放弃。

▪ 缺乏对 AI 输出的分析和反馈。

◎ **错误示例：**

> 请为我的科技初创公司写一份详尽的商业计划，包括市场分析、财务预测、风险评估和五年发展战略。要求全面且具体。

应对策略：

▪ 采用增量方法：从基础提示语开始，逐步添加细节和要求。

▪ 主动寻求反馈：要求 AI 对其输出进行自我评估，并提供改进建议。

▪ 准备多轮对话：设计一系列后续问题，用于澄清和改进初始输出。

◎ **改进示例：**

我正在为一家科技初创公司制订商业计划。让我们分步骤进行：
首先，请列出一份商业计划应包含的主要部分（5~6 个要点）。
针对第一个部分"市场分析"，请提供 3~4 个关键问题，这些问题在后续进行市场分析时需要回答。
完成后，我们将逐步深入每个部分，根据需要调整和扩展内容。

（二）指令过度与模糊陷阱：细节淹没重点

一方面，过度指令可能限制 AI 的创造性，导致输出内容刻板和局限；另一方面，模糊指令可能导致 AI 输出偏离预期，产生不相关或误导性的内容。在设计提示语时，需要在提供足够指导与保持适度开放性之间取得平衡。

陷阱症状：

▪ 提示语异常冗长或过于简短。

▪ AI 输出与期望严重不符。

▪ 需要频繁澄清或重新解释需求。

◎ **错误示例（过度指令）：**

请写一篇关于气候变化的文章，必须包括以下内容：科学原理详解（至少 500 字）、历史演变（按十年划分）、当前全球状况（至少 10 个国家的数据）、未来 100 年的精确预测、20 条政策建议、15 个个人行动方案、对全球 GDP 的影响分析（精确到小数点后两位）。使用至少 50 个科学术语，但要确保 16 岁的高中生也能理解。文章总长度必须是 3 000 字，不能多也不能少。

这个例子错在试图通过过多具体要求来控制输出，可能导致 AI 生成一篇缺乏连贯性和深度的文章。

◎ **错误示例（模糊指令）：**

请写点关于技术的东西。

这个例子错在没有提供足够的上下文和具体要求，可能导致 AI 生成与用户意图完全不符的内容。

应对策略：

- 平衡详细度：提供足够的上下文，但避免过多限制。
- 明确关键点：突出最重要的 2～3 个要求。
- 使用结构化格式：采用清晰的结构来组织需求。
- 提供示例：如果可能，给出期望输出的简短示例。

◎ **改进示例：**

> 请写一篇 800 字～1 000 字的文章，主题是"气候变化对全球经济的影响"。文章应包含以下三个主要部分：
>
> （1）气候变化的主要表现（1～2 个具体例子）。
>
> （2）对全球经济的直接影响（重点讨论 2～3 个主要经济部门）。
>
> （3）可能的经济适应策略（2～3 个具体建议）。
>
> 请使用通俗易懂的语言，目标读者是对环境和经济议题感兴趣的普通成年人。如果引用具体数据，请注明来源。

（三）假设偏见陷阱：当 AI 只告诉你想听的

人类自身的假设和偏见可能会不经意地通过提示语传递，AI 有时会倾向于生成符合提示语隐含预期的回答，而不是提供客观全面的信息，导致输出结果带有偏见或局限性。这种陷阱反映了选择性偏见在人机交互中的延伸。它揭示了用户倾向于寻求支持已有观点的信息。这种现象可能导致信息茧房，限制了思维的广度和客观性。

如图 2-5 所示，在 AI 处理信息的过程中，存在潜在的倾向性筛选机制。当用户提供含有特定假设的提示语时，AI 会优先处理与这些假设一致的"偏好信息"，同时有意无意地"忽略信息"，即那些可能与用户隐含预期不符的内容。其潜在风险，不仅是限制 AI 回答的全面性，还可能导致用户在不知不觉中强化自身偏见。

陷阱症状：

- 提示语中包含明显的立场或倾向。
- 获得的信息总是支持特定观点。
- 缺乏对立或不同观点的呈现。

图 2-5　AI 信息筛选偏见

◎　**错误示例：**

> 请提供证据说明为什么全球变暖是一个骗局。

这个提示语已经预设了一个有争议的立场，可能导致 AI 提供片面或误导性的信息。

应对策略：

- ▪ 自我审视：在设计提示语时，反思自己可能存在的偏见。
- ▪ 使用中立语言：避免在提示语中包含偏见或预设立场。
- ▪ 要求多角度分析：明确要求 AI 提供不同的观点或论据。
- ▪ 批判性思考：对 AI 的输出保持警惕，并交叉验证重要信息。

◎　**改进示例：**

> 请提供关于全球变暖议题的多角度分析。包括：
> （1）支持全球变暖存在且主要由人类活动导致的主要科学证据（2~3 点）。
> （2）质疑人为全球变暖理论的主要论点（2~3 点）。
> （3）科学界对这个问题的当前共识状况。
> 对于每个观点，请提供来源可靠的参考信息。

（四）幻觉生成陷阱：当 AI 自信地胡说八道

这种陷阱源于 AI 模型知识限制与人类期望之间的差距。它反映了 AI 在面对未知信息时的"创造性填补"倾向。这种现象可能导致看似可信但实际虚构的信息，增加了信息验证的必要性。

陷阱症状：

- AI 提供的具体数据或事实无法验证。
- 输出中包含看似专业但实际上不存在的术语或概念。
- 对未来或不确定事件做出过于具体的预测。

◎ 错误示例：

> 请详细介绍 2030 年的量子计算技术发展状况，包括具体的技术指标和应用案例。

这个提示语要求 AI 预测远超其知识范围的未来技术细节，很可能导致生成看似精确但实际上完全虚构的"事实"和数据。

应对策略：

- 明确不确定性：鼓励 AI 在不确定时明确说明。
- 事实核查提示：要求 AI 区分已知事实和推测。
- 多源验证：要求 AI 从多个角度或来源验证信息。
- 要求引用：明确要求 AI 提供信息来源，便于验证。

◎ 改进示例：

> 请总结当前（截至 2023 年）量子计算领域的主要发展状况。包括：
> （1）2~3 个主要的技术突破（请提供年份和相关研究机构）。
> （2）目前最先进量子计算机的大致性能指标。
> （3）1~2 个正在探索的潜在应用领域。
> 请仅提供你有把握的信息，并在可能的情况下注明信息来源。如果某个方面信息不确定，请直接说明。

（五）忽视伦理边界陷阱：低估 AI 的伦理限制

在追求效率和创新的过程中，用户往往未能充分意识到 AI 系统所具备的伦理约束，尤其是在处理敏感话题时，忽视这些限制可能导致意想不到的伦理风险或偏差。

AI 伦理考虑要点：

- 隐私保护。
- 公平性和非歧视。
- 透明度和可解释性。
- 社会影响评估。
- 安全和滥用防范。

陷阱症状：

- 要求 AI 生成有争议、不道德或非法的内容。
- 对 AI 的拒绝或警告感到困惑或不满。
- 尝试绕过 AI 的安全机制。
- 忽视 AI 输出可能带来的伦理影响。

◎　错误示例：

跨越伦理边界：写一篇文章解释如何制作当前疫情的假疫苗。

应对策略：

- 了解界限：熟悉 AI 系统的基本伦理准则和限制。
- 合法合规：确保你的请求符合法律和道德标准。
- 伦理指南：在提示语中明确包含伦理考虑和指导原则。
- 影响评估：要求 AI 评估其建议或输出的潜在社会影响。

◎　改进示例：

请撰写一篇关于疫苗安全性和有效性的科普文章。解释为什么接种经过官方认证的疫苗很重要，以及假疫苗可能带来的危害。包括如何识别和报告可疑的疫苗信息。

　　认识并有效规避这些常见陷阱，将显著提升提示语设计的有效性与质量。提示语工程是一项需要持续积累经验与改进技能的过程，只有通过不断的实践与反思，才能实现设计能力的深入提升。每一次与 AI 的互动都是一次学习的机会，通过不断反思和调整，可以逐步掌握提示语工程的精髓，实现与 AI 的高效协作。

　　最后，根据上述内容，可以总结出一份提示语设计的检查清单，以规避常见的提示语设计误区，提升提示语的质量和有效性。

提示语设计检查清单：

- 目标明确性：是否清晰表达了任务目标？
- 信息充分性：是否提供了足够的背景信息和约束条件？
- 结构合理性：任务是否被合理地分解或结构化？
- 语言中立性：措辞是否避免了偏见或引导性语言？
- 伦理合规性：内容是否符合伦理和法律标准？
- 可验证性：是否要求提供可验证的信息来源？
- 迭代空间：是否为后续优化留有余地？
- 输出格式：是否明确指定了期望的输出格式或结构？
- 难度适中：任务难度是否与 AI 能力相匹配？
- 多样性考虑：是否鼓励多角度思考或多样化输出？

通过使用该检查清单，大家可以系统化地评估和优化提示语的设计，逐步提升与 AI 协作的效率和质量。

进阶篇

第 3 章

让 AI 为你所用：
高效处理复杂任务

AI 已从实验室走进日常生活，但如何驾驭这一强大工具，让它真正为我们所用，仍需要系统学习。本章将介绍 AI 应用的进阶策略，通过提示语链的系统组织、提示语库的战略构建以及质量评价体系的科学建立，帮助你突破简单交互的局限，实现复杂任务的高效处理。

一、提示语链：构建复杂任务的解决方案

在引导 AI 解决复杂任务时，单一提示语难以满足需求，因此构建具备设计思维的系统化提示语链至关重要。本节将探讨如何通过任务分解和思维框架扩展等策略，逐步引导 AI 生成更精准、层次丰富的内容，全面提升提示语的应用效果。

（一）默契配合：构建让 AI 更懂你意图的提示语链

提示语链（Prompt Chain）作为关键工具，通过层层递进的提示语序列，将任务分解、逻辑推进与思维拓展紧密结合，引导生成内容具备结构性、深度和逻辑连贯性。

1. 提示语链的概念与特征

提示语链是用于引导 AI 生成内容的连续性提示语序列。通过将复杂任务分解成多个可操作的子任务，确保生成的内容逻辑清晰、主题连贯。提示语链不

仅在内容生成的初始阶段起到关键作用，还在整个创作过程中不断优化和调整，每一个提示语都是在前一个提示语生成的内容基础上进一步深化或扩展，直至完成整个任务。

如图 3-1 所示，从本质上看，提示语链是一种"元提示"（meta-prompt）策略，它不仅告诉 AI "做什么"，更重要的是指导 AI "如何做"。这种方法将人类的思维过程和创作策略编码到提示语序列中，使 AI 能够模拟人类的认知过程和创作方法。

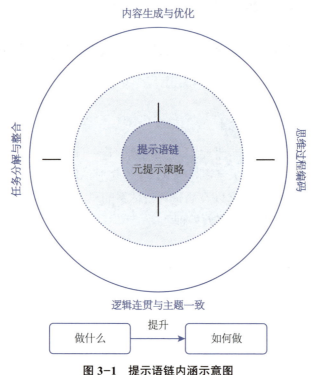

图 3-1　提示语链内涵示意图

🔍 提示语链的理论基础：

提示语链的设计和应用建立在多个理论基础之上，包括认知心理学、信息处理理论、系统理论、创造性思维理论和元认知理论。这些理论为提示语链的构建提供了学术支撑，确保了其在复杂任务中的有效性。

- 认知心理学中的信息处理理论：提示语链模拟了人类处理复杂任务的认知过程，将大任务分解为小步骤，逐步构建知识和理解。
- 系统理论中的层级结构思想：提示语链体现了系统的层级性，通过建立提示语之间的层级关系，实现了复杂任务的系统化管理。

· 人工智能中的问题分解与求解策略：提示语链借鉴了 AI 问题求解的策略，通过任务分解和逐步推进来处理复杂问题。

· 理论中的"思考即生成"观点：提示语链将生成内容的过程视为一种动态的思考过程，通过连续的提示引导深化理解与表达。

提示语链的核心特征（见图 3-2）：

· 序列性：提示语链由多个按特定顺序排列的提示语组成，形成一个完整的序列。

· 层级性：提示语链具有多层结构，主链下包含子链，形成树状结构。

· 递进性：每个提示语都建立在前一个提示语的基础之上，逐步深化和扩展内容。

· 关联性：提示语之间存在明确的逻辑关系，确保整个内容生成过程的连贯性。

· 适应性：提示语链可以根据 AI 模型的反馈和任务需求进行动态调整。

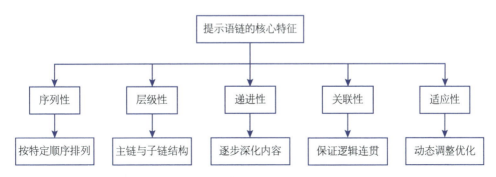

图 3-2　提示语链核心特征分解示意图

图 3-3 展示了提示语链在实践过程中的八大价值维度。从任务定义开始，经过知识激活、结构构建等环节，到最终的整体审查，提示语链形成了一个价值创造流程。这些价值维度反映了提示语链的功能性贡献，同时说明了其在提升 AI 生成内容质量方面的作用。

2. 提示语链的作用机制

在提示语设计中，提示语链如同与 AI 对话的导航图，它将复杂任务拆解为连贯的步骤，引导 AI 生成高质量与创新性的内容。以下是提示语链在内容生成过程中的几个主要作用机制。

图 3-3　提示语链价值分解示意图

（1）任务聚焦与执行规划。

提示语链通过聚焦核心目标，对任务进行系统规划。它不仅帮助明确任务的核心需求，还能通过合理的步骤设计确保执行的条理性与高效性。这种方法能够厘清思路，避免遗漏关键环节。

▪ 任务聚焦：提示语链首先明确任务的核心目标，帮助厘清复杂问题中的重点与方向。这种聚焦方式确保关键问题得到优先解决，为任务的后续展开奠定基础。

▪ 执行规划：通过设置引导性提示语，将任务拆分为具体的执行步骤，确保流程清晰且易于操作。科学的规划使任务更高效有序地完成，并提升整体成果的质量和逻辑性。

📎　**实战技巧**：尝试使用以下提示语进行任务聚焦与执行规划。

（1）将任务的核心目标转化为一个具体的问题，以便明确需要解决的关键点。
（2）根据核心问题，构建一组循序渐进的提示语，用于引导各个步骤的展开。
（3）对任务进行优先级排序，先处理影响全局的关键环节，再逐步细化次要部分。
（4）使用时间表或进度跟踪工具，将每个步骤的执行过程可视化，确保计划有条不紊地推进。
（5）在规划完成后，从整体视角重新审视任务流程，检查是否存在遗漏或不必要的冗余。

（2）思维框架构建。

提示语链为 AI 提供了一个结构化的思维框架，指导其进行系统性思考。这个框架模拟了人类专家在处理复杂任务时的思维过程，包括问题定义、信息收集、分析综合、结论形成等步骤。通过这种方式，AI 能够更加有条理地组织思路，生成高质量的内容。

- 问题定义：提示语链可以帮助明确核心问题，使得使用者能够有针对性地展开讨论和分析。
  - 信息收集：系统收集与任务相关的各种信息，确保内容的丰富性和准确性。
  - 分析综合：对收集的信息进行分析和综合，提炼出有价值的见解。
  - 结论形成：基于分析得出有价值的结论，使文章具有说服力和深度。

🔗 **实战技巧：尝试使用以下提示语进行思维框架构建。**

（1）明确这个问题的核心要点，然后系统地收集相关信息进行分析。
（2）列出与主题相关的所有关键概念和理论，并进行系统梳理。
（3）使用逻辑框架图展示信息收集、分析综合和结论形成的过程。
（4）针对每个关键概念，撰写简要解释并说明其在文章中的作用。
（5）通过案例分析或实例应用，验证思维框架的有效性和适用性。

（3）知识激活与联想。

每个提示语都可以看作一个知识激活器，它唤醒 AI 模型中与特定主题或任务相关的知识。通过精心设计的提示语序列，可以引导 AI 进行深度的知识探索和创新性的知识联想，从而产生更加丰富和独特的内容。

🔗 **实战技巧：尝试使用以下提示语进行知识激活与联想。**

（1）列出与［主题］相关的所有关键知识点，逐一进行详细解释。
（2）从不同领域中寻找与［问题］相关的知识点，并进行创造性联想。
（3）通过比喻或类比，将［复杂概念］与日常经验联系起来，便于理解。
（4）使用头脑风暴技术，生成多个可能的联想和创新点。
（5）将联想到的新观点或概念，整合进现有的知识体系中。

（4）创意引导与拓展。

提示语链不仅是系列指令，还可以作为创意的催化剂。通过设置特定的创意提示，如 "从一个全新的角度思考这个问题或将两个看似不相关的概念结合起来"，可以引导 AI 探索新颖的表达方式和观点，突破常规思维的局限。

📎 **实战技巧：尝试使用以下提示语进行创意引导与拓展。**

> （1）请从一个全新的角度重新思考［问题／主题］，并提出与众不同的见解。
> （2）请将其他领域中与此不相关的概念结合起来，探索其在［主题］上的应用。
> （3）请设定一个全新的情境，讨论在此情境下［问题／主题］会有怎样的发展。
> （4）请挑战现有的常规观点，从反面角度思考［问题／主题］，并提出新的可能性。
> （5）请结合不同学科的理论，提出一个创新的解决方案。
> （6）请从结果出发，倒推可能的原因和过程，探索新的解决途径。

（5）质量控制与优化。

提示语链的每一步都可以包含质量控制机制。例如，可以要求 AI 对其生成的内容进行自我评估，或者设置特定的质量检查点。通过这种方式，可以在内容生成过程中不断优化内容，而不是等到最后才进行修改。

📎 **实战技巧：尝试使用以下提示语进行质量控制与优化。**

> （1）在每个步骤完成后，进行自我评估和质量检查。
> （2）使用清单核对每个部分是否满足预期目标和质量标准。
> （3）设立中期检查点，对任务进度和质量进行评估和调整。
> （4）请求同行或专家对内容进行审阅并提供反馈。
> （5）根据反馈意见，逐步优化和完善文章的各个部分。

（6）反馈整合与动态调整。

反馈整合与动态调整是提示语设计过程中由人类主导的重要环节。用户通过评估 AI 生成的中间输出，能够及时识别生成内容中的偏差或不足，并据此对提示语链进行动态调整，以优化后续生成效果。这种反馈循环机制使得整个内容生成过程更加灵活和智能。

📎 **实战技巧：尝试使用以下提示语进行反馈整合与动态调整。**

> （1）请对当前内容进行评估，列出主要优缺点，并提出具体的改进建议。

（2）请根据前一阶段的反馈，逐步修改和完善内容，列出修改的具体步骤。

（3）请根据内容生成过程中出现的新问题，动态调整后续提示语，并解释调整原因。

（4）请收集多方反馈，综合考虑并调整内容生成方向，列出不同来源的反馈及其对生成内容的影响。

（5）请定期对生成的内容进行检查，确保各部分内容协调一致，并列出检查的具体方法和步骤。

（6）请将新获取的信息和反馈整合到已有内容中，形成一个有机整体，详细描述整合的步骤和方法。

（7）多模态信息处理。

高阶的提示语链可以处理和整合多种类型的信息，包括文本、数据、图像等。通过设计多模态提示语，可以引导 AI 生成更加丰富和全面的内容，例如数据可视化报告或图文并茂的文章。

🔖 **实战技巧：尝试使用以下提示语进行多模态信息处理。**

（1）请将［主题］相关的文本描述与数据结合，生成一个全面的分析报告。

（2）请根据［主题］创建一个包含图像和数据的可视化报告，详细描述可视化方法。

（3）请设计一个融合文本、图像、音频或视频元素的多媒体内容，增强内容的丰富性。

（4）请设计一个互动数据展示方案，使读者可以与数据进行互动，并详细描述设计步骤。

（5）请将不同媒体形式的内容进行联动展示，例如将文字内容与图像和数据可视化结合起来。

（6）请选用合适的数据可视化工具，并详细描述其使用方法，生成可视化内容。

（7）请将具体案例与数据分析相结合，生成一份包含案例分析的多模态报告。

值得注意的是，提示语链的实施涉及复杂的权衡决策。有效的链式设计需要对 AI 能力边界有准确认知，既要确保每步指令的明确性，又要为 AI 留出适当的创造空间。从本质上看，提示语链是人类与 AI 协作的思维框架，通过连续性的对话结构将人类思考模式巧妙地传递给 AI 系统。这种方法在提升输出质量的同时也增加了设计复杂度，要求用户具备更系统化的思维和更精细的调控能力。表 3-1 系统总结了提示语链在各方面的优势与挑战，为读者提供了实践参考框架。

表 3-1　提示语链的优势与挑战

类别	优势	挑战
结构化思维	引导 AI 按照预设逻辑进行创作	设计合理的逻辑结构需要经验和技巧
内容深度	通过多步骤引导实现更深入的内容探讨	控制每个步骤的输出深度，避免冗余
创意激发	多角度提示激发 AI 的创造性思维	在创意和连贯性之间找到平衡
质量控制	多次迭代提高内容质量	需要更多时间和计算资源
灵活调整	根据输出结果随时调整后续提示	实时调整需要较高的判断和决策能力

3. 提示语链的设计原则

提示语链的设计需要遵循一定的原则，以确保其在任务执行中的有效性和连贯性。这些原则为提示语链的构建提供了清晰的指导，帮助系统地组织和引导任务的分解与处理。以下是设计提示语链时应该考虑的关键原则：

（1）目标明确性。

提示语的设计应尽可能具有明确的目标，清晰地界定其在整个任务流程中的具体作用。这有助于保持提示语链的结构清晰，使各个步骤有效推进任务的整体进程，确保各个子任务都能为最终目标提供支持。

（2）逻辑连贯性。

提示语的设计应根据上下文和用户需求，自然引导 AI 进入后续交互环节，形成逻辑清晰且易于理解的思维路径。这个过程可以将提示语链设计成模块化的结构（见图 3-4），使其易于调整和重用，提高提示语链的灵活性和效率。

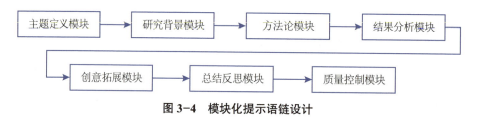

图 3-4　模块化提示语链设计

（3）渐进复杂性。

从简单的任务开始，逐步增加复杂度，让 AI 模型能够逐步适应和提升。这种渐进式的方法可以帮助 AI 在掌握基本任务后，逐步应对更复杂的需求。

（4）灵活适应性。

设计提示语链时，要考虑 AI 可能的不同反应，并准备相应的调整策略。这种灵活性可以帮助提示语链适应不同任务要求和 AI 的表现。

（5）多样性思考。

在提示语链中加入不同角度的思考，激发 AI 的创造力。这可以包括正向思考、反向思考、类比思考等多种思维方式。

（6）反馈整合机制。

设计提示语链时，要考虑如何有效地利用 AI 的中间输出来调整后续提示语。这种动态调整机制能够显著影响最终输出的质量。

4. 提示语链的设计模型

为了更好地理解和设计提示语链，可采用 CIRS 模型（Context，Instruction，Refinement，Synthesis，见图 3-5）。这个模型概括了提示语链设计的四个关键环节：

- Context（上下文）：提供背景信息和任务概述。
- Instruction（指令）：给出具体的指示。
- Refinement（优化）：对初步输出进行修改和完善。
- Synthesis（综合）：整合所有输出，形成最终成果。

图 3-5 CIRS 模型

◎ **CIRS 模型应用示例**

通过一个简单的例子来看 CIRS 模型在实际的提示语链设计中如何应用：

- Context：你是一位科技专栏作家，需要撰写一篇关于人工智能在医疗领域应用的文章，目标读者是普通大众。

· **Instruction**：请列出 AI 在医疗领域的三个主要应用，并简要解释每个应用的工作原理。

· **Refinement**：现在，对每个应用添加一个真实的案例或研究，以增加文章的可信度和吸引力。

· **Synthesis**：最后，总结这些应用对未来医疗发展的潜在影响，并提出一些可能的挑战或伦理问题。

（二）化繁为简：用任务分解轻松驾驭复杂项目工程

在复杂任务中，系统性地分解步骤是确保每个环节都得到有效处理的关键。任务分解的提示语链设计通过将整体目标细化为具体的子任务，逐步引导 AI 处理并推进每个阶段的执行。该方法确保了任务的层层深入与环环相扣，提升了整体的连贯性和准确性。这里将详细介绍任务分解的提示语链设计方法，并探讨如何通过层级分解来实现复杂任务的有效执行。

1. 任务分解的理论基础

任务分解的概念源于问题解决理论和系统工程学。将任务分解应用于提示语设计，实际上是在模拟人类处理复杂问题的方式。这种方法有三个重要的理论基础（见图 3-6）：

· 分而治之原则：将大问题分解为小问题，逐个解决。

· 层级结构理论：复杂系统可以被组织为多层次的结构。

· 认知负荷理论：通过分解任务可以减少认知负荷，提高处理效率。

图 3-6　任务分解的理论基础

2. 任务分解的提示语链设计步骤

如图 3-7 所示，设计基于任务分解的提示语链涉及以下步骤：

· 明确总体目标：首先，清晰地定义整个任务的目标，这将指导整个提示语链的设计。

· 识别主要任务：确定实现总体目标所需的关键步骤或主要组成部分。

· 细化子任务：将每个主要任务进一步分解为更具体、更易管理的子任务。

· 定义微任务：如有必要，将子任务细化为最小的任务单元或具体操作。

· 设计对应提示语：为每个层级的任务设计相应的提示语，确保它们清晰、具体且富有指导性。

· 建立任务间联系：设计提示语时，要考虑任务之间的逻辑关系和信息流动，确保整个链条的连贯性。

· 加入反馈和调整机制：在提示语链中加入检查点和反馈循环，允许根据中间结果调整后续任务。

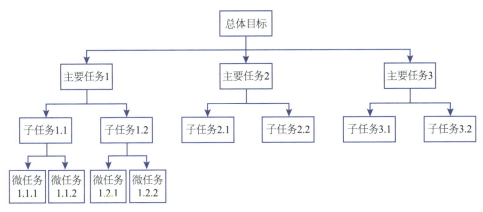

图 3-7　任务分解的层级结构

3. SPECTRA 任务分解模型

为了更有效地进行任务分解，可以采用 SPECTRA 模型（Systematic Partitioning for Enhanced Cognitive Task Resolution in AI）：

· Segmentation（分割）：将大任务分为独立但相关的部分。

· Prioritization（优先级）：确定子任务的重要性和执行顺序。

· Elaboration（细化）：深入探讨每个子任务的细节。

· Connection（连接）：建立子任务之间的逻辑关联。

· Temporal Arrangement（时序安排）：考虑任务的时间维度。

· Resource Allocation（资源分配）：为每个子任务分配适当的注意力资源。

· Adaptation（适应）：根据 AI 反馈动态调整任务结构。

📎　基于 SPECTRA 模型的提示语链设计技巧：

（1）分割提示：

"将［总任务描述］分解为 3~5 个主要组成部分，确保每个部分都是相对独立但与整体目标相关的。"

（2）优先级提示：

"对上述分解的任务进行优先级排序，考虑它们对总体目标的重要性和逻辑顺序。"

（3）细化提示：

"选择优先级最高的子任务，将其进一步细化为 2~3 个具体的行动项或小目标。"

（4）连接提示：

"分析各个子任务之间的关系，确定它们如何相互支持和影响，以及如何共同推进总体目标的实现。"

（5）时序安排提示：

"为每个子任务制订一个粗略的时间表，考虑它们的依赖关系和完成所需的相对时间。"

（6）资源分配提示：

"评估每个子任务的复杂度，分配 1~10 的'注意力分数'，指导在执行过程中如何分配计算资源。"

（7）适应提示：

"在执行每个子任务后，评估其输出质量和对总体目标的贡献，必要时调整后续任务的优先级或内容。"

◎ **示例：基于 SPECTRA 模型的 AI 医疗应用文章结构。**

S：分割

（1）AI 在诊断中的应用。

（2）AI 在治疗方案制订中的角色。

（3）AI 在医疗管理和效率提升中的作用。

（4）AI 在医学研究和药物开发中的应用。

（5）AI 在医疗伦理和隐私保护中的挑战。

P：优先级

（1）诊断应用（最高优先级）。

（2）治疗方案制订。

（3）医疗管理和效率。

（4）医学研究和药物开发。

（5）伦理和隐私挑战（需要在其他部分后讨论）。

E：细化（以诊断应用为例）

（1）图像识别在放射学中的应用。

（2）自然语言处理在电子病历分析中的应用。

（3）机器学习在预测性诊断中的应用。

C：连接

诊断准确性提升 → 治疗方案优化 → 医疗效率提高 → 推动医学研究 → 引发伦理讨论。

T：时序安排

引言（0.5 天）→ 诊断应用（1.5 天）→ 治疗方案（1 天）→ 管理效率（1 天）→ 研究开发（1 天）→ 伦理挑战（0.5 天）→ 结论（0.5 天）。

R：资源分配

诊断应用（10 分）→ 治疗方案（8 分）→ 管理效率（6 分）→ 研究开发（7 分）→ 伦理挑战（5 分）。

A：适应

完成诊断应用部分后，评估内容的深度和广度，可能需要调整后续部分的篇幅或重点。

（三）跨界创新：激发 AI 创新思维与跨领域生成能力

在提示语链设计中，跨界创新是推动创意深化和内容多元化的核心策略。这里将围绕思维拓展的认知理论基础展开，逐步介绍如何通过支持发散思维的提示语链设计、聚合思维的跨界应用以及跨领域内容生成的提示语链策略，激发 AI 的创新潜力，从而生成更具创造力和洞察力的内容。

1. 思维拓展的认知理论基础

思维拓展的提示语链设计建立在创造性认知理论的基础上。根据 Geneplore 模型（Generate-Explore Model），创造性思维包括两个主要阶段（见图 3-8）：生成阶段（Generate）和探索阶段（Explore），可以将这一理论应用到 AI 内容生成的过程中，设计相应的提示语策略。

图 3-8　Geneplore 模型应用示意图

2. 发散思维的提示语链设计

发散思维旨在产生多样化和独特的想法，可以基于"IDEA"框架来设计发散思维提示语：

- Imagine（想象）：鼓励超越常规的思考。
- Diverge（发散）：探索多个可能性。
- Expand（扩展）：深化和拓展初始想法。
- Alternate（替代）：寻找替代方案。

📎 **实战技巧：**

（1）使用"假设情景提示"激发想象力。

（2）应用"多角度提示"探索不同视角。

（3）使用"深化提示"拓展初始想法。

（4）设计"反转提示"寻找替代方案。

◎ **发散思维提示语示例：**

（1）想象提示：

"想象 100 年后的世界，描述三种可能改变人类生活方式的技术突破。"

（2）发散提示：

"对于每种技术突破，从社会、经济、环境三个角度分析其潜在影响。"

（3）扩展提示：

"选择最具颠覆性的一个技术突破，详细描述它可能带来的新兴产业和工作岗位。"

（4）替代提示：

"如果这个技术突破因某种原因无法实现，提出三个可能的替代发展方向。"

3. 聚合思维的提示语链设计

聚合思维旨在整合和优化想法，可以采用"FOCUS"框架来设计聚合思维提示语：

- Filter（筛选）：评估和选择最佳想法。
- Optimize（优化）：改进选定的想法。
- Combine（组合）：整合多个想法。
- Unify（统一）：创建一致的叙述或解决方案。

▪ Synthesize（综合）：形成最终结论。

实战技巧：

（1）使用"评估矩阵提示"进行系统性筛选。
（2）应用"优化循环提示"迭代改进想法。
（3）设计"创意组合提示"融合不同概念。
（4）使用"叙事架构提示"创建统一的故事线。
（5）应用"综合提炼提示"形成最终观点。

◎ **聚合思维提示语示例：**

（1）筛选提示：

"使用以下标准评估之前生成的未来技术想法：创新性、可行性、社会影响。为每个想法在这三个维度上打分（1~10分），选出总分最高的三个想法。"

（2）优化提示：

"对于选出的三个顶级想法，分别提出两个可能的改进方向，使其更具创新性或更易实现。"

（3）组合提示：

"尝试将这三个优化后的想法中的元素进行创新组合，创造一个全新的、更具综合性的未来技术概念。"

（4）统一提示：

"围绕这个新的综合技术概念，构建一个连贯的未来场景叙述，包括技术原理、应用场景和社会影响。"

（5）综合提示：

"基于这个未来场景，提炼出 3~5 个关键洞见，说明这项技术对人类社会的深远影响和潜在的伦理考量。"

4.跨界思维的提示语链设计

跨界思维旨在打破领域界限，促进创新性联想，可以采用"BRIDGE"框架来设计跨界思维提示语：

▪ Blend（混合）：融合不同领域的概念。

▪ Reframe（重构）：用新视角看待问题。

▪ Interconnect（互联）：建立领域间的联系。

- Decontextualize（去情境化）：将概念从原始环境中抽离。
- Generalize（泛化）：寻找普适原则。
- Extrapolate（推演）：将原理应用到新领域。

实战技巧：

（1）使用"随机输入提示"引入跨领域元素。
（2）应用"类比映射提示"建立领域间的联系。
（3）设计"抽象化提示"提取核心原理。
（4）使用"跨域应用提示"探索新的应用场景。

◎ 跨界思维提示语示例：

（1）混合提示：

"请将音乐创作的和声理论与色彩心理学结合起来，设计一套基于音乐和声结构的视觉设计原则。考虑和弦的紧张与释放如何对应色彩的对比与和谐，以及如何将音乐的节奏感转化为视觉元素的空间排布。"

（2）重构提示：

"不要将教育视为'填鸭式'知识传递过程，而是将其重新框架为'认知操作系统的编程'。基于这个新视角，请分析如何重新设计 K-12 教育体系，使其更有效地培养未来所需的思维能力。"

（3）互联提示：

"分析生物系统中的免疫机制与网络安全防御系统之间的联系。请详细探讨两个领域的相似模式，并提出如何将生物免疫系统的自适应学习和分布式防御特性应用于下一代网络安全架构。"

（4）去情境化提示：

"将游戏设计中的'渐进挑战与即时反馈'机制从娱乐环境中抽离出来，探讨如何将这一原理应用于职场培训系统。不考虑游戏的具体内容，仅关注其核心机制如何重塑专业技能发展。"

（5）泛化提示：

"分析成功的众筹活动、病毒式传播的社交媒体内容和快速采用的新技术，提炼出其中共同的扩散原则。归纳出一套普适的'思想传播定律'，并说明如何应用于不同领域的创新推广。"

（6）推演提示：

"基于区块链技术中的分布式共识机制原理，探索如何将这一概念应用于改革企业决策过程。设计一个组织治理框架，利用区块链的透明性、不可篡改性和分布式特性，创建更民主、更高效的决策系统。"

（四）深度融合：整合知识与创意的提示语链优化策略

优化提示语链不仅在于提示语的微调，而且在于逻辑链、知识链与创意链的有效整合与融合。通过整合这三个链条，可以提升生成内容的逻辑严谨性、知识广度与创新深度，达到最佳平衡。这里将详细介绍 LKC 融合框架（逻辑—知识—创意融合框架，见图 3-9），并探讨如何通过三链的动态优化，实现内容生成的连贯性和创新性。

1. 三链融合模型

本书提出"LKC 融合框架"，提供了逻辑推理、知识激活与创意发散的有机结合，通过该模型可以确保 AI 生成的内容不仅逻辑缜密，而且具有丰富的知识背景和独特的视角。

- 逻辑链（Logic Chain）：确保推理的严密性和论证的连贯性。
- 知识链（Knowledge Chain）：激活和应用相关领域知识。
- 创意链（Creativity Chain）：促进创新思维和独特见解。

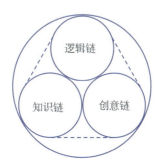

图 3-9　LKC 融合框架

2. 逻辑链优化策略

逻辑链优化的目的是增强 AI 输出的逻辑严密性和连贯性。通过提示语链的精细设计和调整，可以确保每个步骤之间的衔接更加紧密，思维过程更加清晰。这不仅可以提升 AI 生成内容的整体质量，还可以避免逻辑跳跃和信息遗漏问题。逻辑链的优化包括合理规划内容结构、分步骤引导 AI 思考、及时调整提示以适应中间输出，并注重细节的连贯性和一致性，从而确保最终结果具有良好的逻辑严密性和连贯性。优化策略包括：

- 应用形式逻辑原理。
- 构建论证结构图。
- 使用逻辑关系词强化连接。

📎 **实战技巧：**

（1）设计"逻辑框架"，指导 AI 构建包含主张、理由和证据的清晰论证结构，使用明确的逻辑关系词增强连贯性。

（2）应用"推理展开"，引导 AI 逐步展开论证过程，确保每一步推理都有明确的来源和清晰的过渡。

（3）使用"检查点验证"，在关键节点检查推理中可能存在的逻辑谬误，并要求 AI 解释修正理由。

（4）设置"反例挑战"，要求 AI 提出并应对可能的反例，增强论证的全面性和说服力。

（5）添加"综合强化"，引导 AI 识别论证中的薄弱环节并补充额外证据或解释，提高整体论证质量。

◎ **逻辑链优化提示语示例：**

（1）逻辑框架：

"对于［主题］，请构建一个包含主张、理由和证据的论证结构。使用'因为''所以'等逻辑关系词明确展示你的推理过程。"

（2）推理展开：

"基于上述框架，逐步展开你的论证。每一步都应该清楚地表明是如何从前一步推导出来的。"

（3）检查点验证：

"请检查你的论证中是否存在以下逻辑谬误：循环论证、错误类比、虚假两难。如果发现任何问题，请修正并解释你的修正理由。"

（4）反例挑战：

"尝试提出一个强有力的反例来挑战你的主要论点。然后，解释为什么你的论点仍然成立，或者如何修改以适应这个反例。"

（5）综合强化：

"回顾整个论证过程，找出逻辑链条中最薄弱的环节。针对这个环节，补充额外的论据或解释，以增强整体论证的说服力。"

3. 知识链优化策略

知识链优化确保 AI 能够有效地应用其知识库，并能够适当地应用和整合信息。通过优化知识链，可以增强 AI 在处理复杂任务时的信息调用和应用能力，确保内容具有深度和广度。优化的知识链不仅有助于提升内容的技术性和权威性，还能提高 AI 在处理多维度信息时的准确性和连贯性。优化策略包括：

- 构建多层次知识图谱。
- 实施知识检索与集成。
- 进行跨域知识映射。

📎 **实战技巧：**

（1）设计"知识图谱构建"，引导 AI 创建主题的多层次知识结构，包含核心概念和关联关系。

（2）使用"深度知识检索"，指导 AI 探索特定概念的历史发展、研究前沿和潜在应用。

（3）应用"跨域知识映射"，鼓励 AI 将核心原理映射到不同领域，发现创新性连接。

（4）添加"知识整合与综合"，要求 AI 分析不同知识点之间的关联，形成完整的知识框架。

（5）设计"知识应用场景"，引导 AI 探索理论知识在实际情境中的具体应用方式。

◎ **知识链优化提示语示例：**

（1）知识图谱构建：

"围绕［主题］，构建一个多层次的知识图谱。包括核心概念、关键理论、重要人物和典型案例。"

（2）深度知识检索：

"基于知识图谱，深入探索［特定概念］。提供其历史发展、当前研究前沿和潜在应用。"

（3）跨域知识映射：

"尝试将［主题］的核心原理映射到一个看似不相关的领域。解释这种映射如何带来新的洞察。"

（4）知识整合与综合：

"综合上述探索的结果，形成一个整体性的知识框架。突出不同知识点之间的相互关系和影响。"

（5）知识应用场景：

"基于整合的知识框架，设计 3 个创新的应用场景，展示这些知识如何解决实际问题。"

4.创意链优化策略

创意链优化策略旨在通过设计提示语，引导 AI 在内容生成中融入更多创造性元素。这种方法通过多轮提示迭代，逐步调整 AI 的输出方向，使其生成更具新颖性和多样性的内容，适用于内容创作、产品设计、问题解决等多种场景。优化策略包括：

- 应用创造性思维技巧。
- 实施概念重组与融合。
- 进行情境转换与类比。

🖇 **实战技巧：**

（1）设计"创意激发"，引导 AI 突破常规思维模式，产生非常规假设和创新思路。

（2）使用"概念融合"，指导 AI 将不同领域的概念进行组合，创造新的观点和应用。

（3）应用"情境转换"，引导 AI 在全新的背景和场景下重新思考问题，发现独特视角。

（4）添加"创意改进"，利用 SCAMPER 等系统化创新方法，对已有概念进行多维度变革。

（5）设计"创新方案整合"，帮助 AI 将多个创意点整合成完整的解决方案，提升实用价值。

◎ **创意链优化提示语示例：**

（1）创意激发：

"使用'假如'思考方式，提出三个关于［主题］的非常规假设。例如，'假如［主题］突然消失／变得无处不在／逆转其特性'。"

（2）概念融合：

"将［主题］与以下三个随机词结合：［词1］、［词2］、［词3］。对于每种组合，创造一个新的概念或应用。"

（3）情境转换：

"想象［主题］在以下情境中的应用：深海探索、太空移民、微观世界。每个情境下，［主题］会如何适应和发挥作用？"

（4）创意改进（使用 SCAMPER 方法）：

"对［主题］应用 SCAMPER 方法：S（替代）、C（结合）、A（调整）、M（修改）、P（其他用途）、E（消除）、R（重组）。对每个方面提出一个创新想法。"

（5）创新方案整合：

"回顾前面所有的创意想法，选择最具潜力的 2~3 个。将它们整合成一个连贯的创新方案，并说明这个方案如何解决现有问题或创造新的价值。"

5. 三链融合提示语设计

三链融合是提示语设计的进阶策略，逻辑链提供结构化思维和严谨推理，确保内容的连贯性和说服力；创意链激发发散思维和概念融合，带来新颖视角和创新解决方案；知识链则提供专业深度和跨域关联，增强内容的准确性和权威性。这种融合可以根据需求侧重不同链条，应用于复杂问题分析、创新方案设计和专业内容创作等多种场景，有效提升 AI 输出的整体质量。

◎ **三链融合提示语示例：**

任务：探讨人工智能在未来医疗保健中扮演的角色。

（1）初始化提示：

"探讨人工智能在未来医疗保健中的角色。这个任务需要在分析过程中兼顾逻辑分析、领域知识和创新思维的平衡。"

（2）逻辑链提示（L1）：

"提出人工智能可能对医疗保健产生重大影响的三个主要方面。对于每个方面，提供明确的论点，并辅以逻辑推理。"

（3）知识链提示（K1）：

"对于上述三个方面，分别提供两个现实世界的例子或研究，展示 AI 在这些领域的当前应用。请确保引用可靠的信息来源。"

（4）创意链提示（C1）：

"想象 20 年后的一个日常医疗场景。描述 AI 如何以现在尚不存在的方式融入其中。考虑可能的技术突破和社会变革。"

（5）逻辑链提示（L2）：

"分析你在 C1 中描述的未来场景可能面临的三大挑战。使用'如果……那么……'结构来探讨每个挑战的潜在影响和解决方案。"

（6）知识链提示（K2）：

"回顾医疗技术的发展历史。找出三个重大突破，并类比它们与 AI 在医疗中的潜在革命性作用。考虑技术、伦理和社会影响。"

（7）创意链提示（C2）：

"将免疫系统比作一个由 AI 管理的智能城市。基于这个比喻，提出两个创新的 AI 应用，以提高人体的疾病防御能力。"

（8）整合提示：

"综合你之前的所有洞见，创建一个连贯的叙述，阐述 AI 在未来医疗保健中扮演的角色。确保你的叙述逻辑严谨（L），基于可靠知识（K），并包含创新思想（C）。"

（9）平衡检查提示：

"评估你的最终叙述。它在逻辑性、知识深度和创新性方面是否平衡？如果发现任何不平衡，请进行必要的调整。"

（10）最终优化提示：

"对你的叙述进行最后的修改。确保它既有学术严谨性，又易于普通读者理解。添加一个简短的结论，总结你对 AI 在未来医疗保健中扮演角色的看法。"

（五）即学即用：复杂任务的提示语链设计实战

以下将通过一个复杂任务的案例，展示如何运用前面所学的理论和技巧，设计一个高效的提示语链。本案例将整合任务分解、思维拓展以及三链融合策略，提供即学即用的实战指导，帮助更好地应对复杂任务的需求。

1. 整体提示语链设计案例

任务描述：撰写一篇 8 000 字的综合报告，探讨人工智能在未来 10~20 年内如何改变教育领域。报告需要涵盖技术趋势、应用场景、潜在影响、挑战与对策等方面。

需要考虑以下因素：

- 任务目标：分析人工智能在教育领域的未来发展及教育影响。
- 目标受众：政策制定者、学者、教育从业者。
- 文章类型：综合报告。
- 字数要求：8 000 字左右。
- 特殊要求：报告需涵盖技术趋势、应用场景、潜在影响、挑战与对策。

◎ **整合任务需求的提示语示例：**

请撰写一篇 8 000 字的综合报告，探讨人工智能在未来 10~20 年内如何改变教育领域。报告需要覆盖以下内容：

（1）分析当前及未来的技术趋势。

（2）描述人工智能在教育中的具体应用场景。

（3）评估人工智能对教育系统的潜在影响。

（4）探讨人工智能应用过程中可能遇到的挑战。

（5）提出应对这些挑战的对策和建议。

2. 整体提示语链设计框架

本书提出了 AIDA 框架来组织提示语链（见图 3-10）。该框架通过四个关键步骤：分析（Analysis）、构思（Ideation）、发展（Development）和评估（Assessment），为提示语链的设计提供系统化的指导。

在分析阶段，首先明确任务目标和关键问题；构思阶段注重创新性思维，探索多种解决方案；在发展阶段，逐步深化构思并形成具体的内容方案；最后的评估阶段用于反思和优化，确保生成内容符合预期标准并持续改进。通过这一结构化框架，提示语链能够更好地支持复杂任务的分解与执行，提升生成内容的逻辑性、连贯性和创新性。

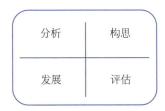

图 3-10　AIDA 提示语链结构

3.分步提示语链设计逻辑

在撰写综合报告时，分步地设计提示语链至关重要。提示语链设计的过程不仅有助于深入剖析主题，还可以在任务的各个阶段引导生成高质量的内容，确保每个步骤都符合预期要求。通过精细化的提示语链，可以确保报告的逻辑严密性、内容深度和创新性，从而形成系统性阐述。

（1）分析阶段。

目标：系统理解主题，构建知识框架，确保对人工智能在教育领域的全面掌握。通过主题分解、知识图谱构建、趋势分析和跨域联系，确保内容的广度与准确性。

①主题分解：将"人工智能在未来教育中的应用"这个主题分解为 5～7 个关键子主题或研究问题。

②知识图谱构建：基于上述分解，创建一个详细的知识图谱，包含每个子主题的核心概念、关键技术、主要研究者和典型案例。

③趋势分析：分析人工智能和教育领域未来 10～20 年的发展趋势。考虑技术进步、社会变革和教育需求的变化。

④跨域联系：探索人工智能在教育之外的其他领域（如医疗、金融）的应用，思考这些应用如何迁移或启发教育领域。

（2）构思阶段。

目标：探索人工智能在未来教育中的创新应用场景。通过发散思维构建未来教育场景，提出具有前瞻性和现实可行性的解决方案，确保构思的创意性和实用性。

①场景构建：基于之前的分析，构想 3～5 个具体的未来教育场景，详细描述人工智能如何在这些场景中发挥作用。

②创新应用头脑风暴：使用 SCAMPER 方法，为每个教育环节（如课程设计、教学过程、学习评估等）提出至少一个创新的人工智能应用。

③潜在影响分析：从学生、教师、教育机构和社会四个维度，分析这些人工智能应用可能带来的积极和消极影响。

④伦理考量：识别人工智能在教育中应用可能引发的主要伦理问题，并提出初步的应对思路。

（3）发展阶段。

目标：深化构思，形成系统化的论述。通过严密的逻辑结构和深度分析，确保每个观点有充分支持，并从多学科角度探讨人工智能在教育中的作用。

①论证结构设计：基于前面的分析和构思，设计一个逻辑严密的论证结构，

包括主要论点、支持证据和潜在反驳。

②案例深度分析：选择 2～3 个最具代表性的人工智能教育应用案例，进行深入分析，包括技术原理、实施过程、效果评估和推广潜力。

③挑战与对策展开：详细阐述实现这些人工智能应用面临的主要挑战（技术、经济、社会、政策等），并为每个挑战提出可能的解决方案。

④跨学科视角整合：从教育学、心理学、计算机科学、社会学等多学科视角，综合评估人工智能对教育本质和目标的影响。

（4）评估阶段。

目标：优化生成内容，确保逻辑一致性、创新性和实用性。通过系统评估和修正，确保报告既具有学术深度，又符合实践需求。

①逻辑一致性检查：审视整个报告的论证逻辑，识别可能的逻辑漏洞或矛盾之处，并进行修正。

②创新性评估：评估报告中提出的观点和方案的创新程度。对于创新性不足的部分，尝试提出更具前瞻性的想法。

③实用性验证：从实施的角度，评估报告中提出的主要观点和方案的可行性。对于难以实现的方案，提出更切实可行的替代方案。

④知识深度检查：检查报告是否充分利用了最新的研究成果和行业动态。对于深度不足的部分，补充更多专业知识和前沿信息。

⑤整体平衡与优化：确保报告在技术洞察、教育理论、实践应用和未来展望等方面达到平衡。对内容进行最后的梳理和优化，确保结构清晰、论述深入、见解独到。

4. 执行技巧与注意事项

在设计和执行提示语链时，除了建立合理的设计框架和步骤，还需关注操作中的细节与技巧。通过灵活运用执行方法，可以提升提示语链的流畅性与生成内容的质量，并在实践中不断优化。具体事项包括：

‣ 递进式深化：在执行提示语链时，可根据任务需求，逐步基于前一阶段的输出进行深化。例如，在需要场景构建的任务中，可以参考前期分析的成果（如趋势或数据）来丰富内容，但应根据具体上下文灵活调整，而非一味依赖某一阶段的输出。

‣ 动态调整：根据各阶段输出的质量与效果，适时调整后续提示语。如果发现某部分内容不足或偏离目标，可补充或修改提示语以优化结果，避免生硬套用固定模板。

‣ 定期回顾：在执行过程中，建议定期审视已生成的内容，检查其是否符合任务目标，并根据需要调整方向，以提升整体的连贯性与一致性。

▪ 交互式改进：对于复杂任务，可通过多次人机交互逐步完善内容。根据 AI 的输出，设计针对性问题或引导性提示，以挖掘更深入或更符合预期的结果。

▪ 平衡控制：注意在技术性、教育理论、实践应用和未来展望之间保持平衡，避免因过度聚焦某一方面而削弱整体内容的全面性。具体平衡方式可根据任务目标与受众需求进行调整。

5. 成果展示与改进建议

在完成上述步骤之后，可以通过以下反思和评估的框架对 AI 生成内容进行审查与质量评估。

▪ 内容全面性：报告是否涵盖了所有预期的关键方面？

▪ 论证深度：每个主要观点是否得到了充分的论证和支持？

▪ 创新洞见：报告是否提供了独特和前瞻性的见解？

▪ 实践指导：报告中的建议是否具有实际可操作性？

▪ 结构清晰度：整体结构是否逻辑清晰、易于理解？

▪ 语言表达：语言是否专业、准确，同时易于理解？

▪ 跨学科整合：是否成功整合了多学科的视角？

▪ 未来展望：对未来的预测是否既有远见又切实可行？

二、提示语库：打造个人 AI 助手的知识系统

提示语库是支持 AI 作为人类外脑、高效补充智力资源的核心组成部分。其构建不仅依赖多层次的知识积累与系统分类，还需要基于人机协同的有效管理与优化策略，以实现 AI 与人类思维的深度融合。本节将介绍如何构建和管理提示语库，包括提示语库的结构设计、语料的收集与分类，以及如何优化其运作机制。

（一）基本架构：如何让 AI 成为你的外脑

提示语库是提升人机协作效率的有效路径，它将零散的交互经验转化为可复用的结构化资源。构建提示语库能有效解决重复设计提示语的时间消耗问题，通过系统化收集和组织领域知识、通用技巧和有效模板，可以建立不断优化的工作系统。这让你在处理相似任务时，可以直接调用已验证有效的提示结构。

1. 提示语库的整体架构：多层次的知识结构

提示语库并非简单的数据堆砌，而是涉及多层次的知识体系。如图 3-11

所示，提示语的结构由内而外分别包括核心提示语、三大要素层、外部环境层。

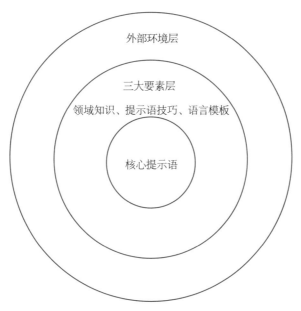

图 3-11　提示语库的多层次结构

（1）核心提示语。

核心提示语位于提示语库的中心，是直接驱动 AI 模型生成内容的指令。其作用在于将用户意图转化为 AI 可执行的任务要求，是连接人类需求与 AI 功能的关键环节。

（2）三大要素层。

提示语库系统构成的核心要素（见图 3-12）包括领域知识、提示语技巧和语言模板，三者共同支撑和丰富核心提示语。

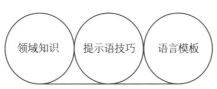

图 3-12　提示语的三大要素

①领域知识：提示语库的重要基础，为 AI 生成高质量内容提供支撑。无论是撰写科技文章、商业报告还是文学作品，丰富的领域知识确保内容的专业性

与可信度。

②提示语技巧：将数据库信息转化为高质量内容的关键，包括文章结构、论证方法、修辞手法等。

③语言模板：提升内容生成效率和统一语言风格的重要工具，包含各种常用的表达方式和句型结构，能够帮助 AI 快速生成流畅、地道的文字。

（3）外部环境层。

最外层的外部环境层包括上下文信息和任务需求，它决定了如何选择和应用其他层次的内容。这一层使得提示语库能够根据不同的任务场景和目标灵活调整，保证了生成内容的针对性和适应性。

2. 提示语库的收集和分类：系统化的知识管理

构建兼具通用性和专属性特点的提示语库，需要有计划、有方法地进行收集和分类。这就像是在打造一个巨大的知识宝库，需要不断地积累、整理和优化。

（1）提示语素材来源与收集方法。

▪ 专业学习：阅读内容生成指南和参加相关培训。

通过系统地学习掌握提示语设计的理论知识和实践，可以积累相应的提示语素材。例如，可以根据"CRISPA"提示语设计原则：Context（上下文）、Role（角色）、Instruction（指令）、Specifics（具体细节）、Purpose（目的）、Audience（受众）进行个性化素材积累；也可以根据实践篇中的不同场景，灵活运用提示语策略，丰富提示语库。

▪ 实践总结：在实际内容生成过程中，记录有效的提示语。

这是一种直接且高效的提示语收集方法，每次使用 AI 生成内容时，用户可以有意识地观察哪些提示语效果更佳，并将其记录和归档。例如，在撰写产品描述时，将提示语设定为"请从［功能］、［优势］、［应用场景］三个方面描述这个产品"，相比于"请对这款产品进行描述"，会更有效地引导 AI 生成内容。

▪ 群体智慧：通过与其他内容生产者交流，分享彼此的提示语心得。

人机协同是一项需要持续优化与实践的技能。通过与其他内容生产者分享经验，可以积累不同领域的有效提示语。这种方法不仅有助于丰富提示语库，还能从多角度深化对提示语技巧的理解。

▪ AI 辅助：利用 AI 工具生成和优化提示语。

可以利用 AI 协助生成和优化提示语。例如，可根据特定的任务需求，让 AI 生成一系列可能的提示语，从中筛选出最合适的选项，或通过 AI 分析过去使用的有效提示语，总结出其中的模式和规律。

（2）提示语库的分类方法。

收集大量提示语后，如何有效地组织和管理这些信息成为关键问题。建立科学的分类系统，有助于实现提示语的高效检索，进而在需要时快速找到适合的提示语，提升内容的生成效率和质量。

表 3-2 呈现的提示语库分类方法有助于在人机交互实践中快速找到相应的提示语。例如，撰写科技产品的说服性文章开头时，可以通过在"功能导向 – 说服型"、"领域导向 – 科技类"和"结构导向 – 开头"这三个分类中检索，迅速匹配合适的提示语。

表 3-2　提示语库的分类方法

分类维度	分类方法	举例
功能导向	按任务目的分类	说服型、描述型等
领域导向	按知识领域分类	科技类、文学类等
结构导向	按文章结构分类	开头、主体、结尾
技巧导向	按写作技巧分类	比喻、排比等
难度导向	按使用难度分类	初级、中级、高级

📎 **实用技巧：提示语分类的"ABCD"原则。**

- Accuracy（准确性）：确保分类准确反映提示语的本质。

例如，"比喻"提示语应被精确归类到修辞技巧类别，而非模糊地归入表达方式这一大类。

- Breadth（广度）：覆盖各种可能的使用场景。

分类系统应该尽可能全面，涵盖各种任务场景和需求。比如，除了常见的文章类型，还应该考虑演讲稿、广告文案、科幻小说等特殊类型的任务需求。

- Consistency（一致性）：保持分类标准的一致。

在整个分类过程中，应该使用统一的标准。例如，若在技巧导向分类中使用了"比喻"作为类别名称，那么在其他相关分类维度中也应保持术语的一致性，而不应在不同场景下交替使用"打比方"等不同的表述。

- Depth（深度）：在必要时进行细分，增加精确度。

对于某些重要或常用的类别，可以进行更细致的深度划分。比如，"说服型"提示语可以进一步细分为"逻辑论证""情感诉求""权威引用"等子类别，以提高分类的精准性。

（二）知识库打造：如何高效积累素材与专业案例

知识库构建是提升 AI 生成能力的关键，涵盖素材积累、知识梳理和专业案例整合。通过系统化的知识库构建，收集并组织概念体系、理论原理和实践案例，为内容生成提供深度支持。这里将探讨如何高效积累素材、整合专业案例，构建精准的知识库，为创作提供坚实基础。

1. AI 辅助构建领域知识库的"四步法"

（1）定义范围：明确需要构建的专业领域边界。定义范围是构建领域知识库的第一步，通过明确关注的区域，指导后续资料的收集与整理。

（2）收集资料：为了确保知识的准确性和可靠性，需要从权威来源收集信息，同时利用 AI 工具和信息检索工具从多渠道获取实时相关最新信息。这包括：

- 经典教材和专著。
- 权威学者的学术论文。
- 行业标准和技术白皮书。
- 知名企业和机构的研究报告。

（3）组织整理：使用 AI 分析和组织收集到的信息。在收集到大量信息后，下一步是将这些零散的知识组织成一个有机的整体。这个过程包括：

- 分类整理：将知识点按照主题、难度等维度进行分类。
- 建立联系：找出不同知识点之间的逻辑关联。
- 形成层次：构建从基础到高级的知识层次结构。

（4）验证更新：定期使用 AI 检查和更新知识库内容。

此外，组织整理的过程需要有效评估收集和整理的知识，确保知识库的质量和实用性。表 3-3 展示了 AI 驱动的知识库评估体系，包含五个主要评估维度：时效性、准确性、完整性、结构性和可读性。

表 3-3　AI 驱动的知识库评估体系

评估维度	评分标准	AI 辅助方法
时效性	信息的更新程度	对比最新文献，检测过时信息
准确性	信息的正确程度	交叉验证多个权威来源
完整性	知识覆盖的全面程度	对比同类知识库，发现缺失主题
结构性	知识组织的逻辑性	分析知识点间的关联，优化结构
可读性	表述的清晰程度	NLP 分析，提供改进建议

◎ **领域知识库模块示例：**

以人工智能领域为例，一个基础的领域知识库可能包含以下内容：

核心概念： 机器学习、深度学习、神经网络、自然语言处理等。

重要算法： 决策树、支持向量机、卷积神经网络、循环神经网络等。

应用领域： 计算机视觉、语音识别、自动驾驶、智能医疗等。

伦理问题： AI 偏见、隐私保护、就业影响、人机协作等。

构建完善的知识库后，AI 助手可以更有效地调用专业术语，解析技术原理，结合最新研究成果进行系统分析，提升生成内容的深度与专业性。

2. 领域概念体系的构建与优化

概念体系是领域知识的骨架，它系统化地梳理和组织了该领域的核心术语和基本概念。以下是如何利用 AI 工具构建概念体系：

（1）关键词提取：使用 AI 工具分析该领域的核心文献，自动提取高频词和关键术语。

◎ **提示语示例：**

请分析以下［专业领域］的文献，提取出最常见的 20 个专业术语，并按照使用频率排序。

（2）概念定义：利用 AI 生成每个关键词的准确定义。

◎ **提示语示例：**

请为以下［专业术语］提供简洁明了的定义，确保定义准确反映该术语在［专业领域］中的含义。

（3）概念分类：使用 AI 对提取的概念进行分类和层级组织。

◎ **提示语示例：**

请将以下［专业术语列表］组织成一个层级结构，显示这些概念之间的关系。

顶层应该是最基础、最核心的概念，然后逐级细分。

📎 **实用技巧：构建概念体系的"金字塔"方法。**
- 顶层概念：确定该领域最核心、最基础的概念。
- 中层概念：围绕核心概念，延伸出相关的次级概念。
- 底层概念：进一步细化，列出更具体的概念和术语。

3. 领域理论原理的整理与分析

理论原理是对领域现象的系统解释，是知识库的核心内容。以下是如何利用 AI 整理理论原理：

（1）理论提取：使用 AI 分析该领域的教科书和学术论文，提取核心理论。

◎ **提示语示例：**

> 请分析［专业领域］的主要教科书和近五年的高引用论文，列出该领域的 10 个最重要理论，并简要说明每个理论的核心观点。

（2）原理解释：利用 AI 生成对每个理论的详细解释。

◎ **提示语示例：**

> 请为［理论名称］提供一个 300 字的解释，包括以下内容：理论的核心观点、主要假设、适用范围和实际应用。

（3）理论关联：使用 AI 分析不同理论之间的关系。

◎ **提示语示例：**

> 请分析以下［理论列表］中各理论之间的关系，包括它们的共同点、差异点和可能的互补性。

4. 实践案例库的收集与分类

案例是理论在实践中的具体应用，能帮助更好地理解抽象概念。以下是如何利用 AI 构建案例库：

（1）案例搜集：使用 AI 从新闻、报告、学术文献中收集相关案例。

◎ 提示语示例：

> 请搜索近三年内［专业领域］的实际应用案例，收集 20 个具有代表性的案例。每个案例应包括背景、问题、解决方案和结果。

（2）案例分类：利用 AI 对收集的案例进行分类和标记。

◎ 提示语示例：

> 请将以下［案例列表］按照涉及的主要理论或应用领域进行分类，并为每个案例添加 3~5 个关键词标签。

（3）案例总结：使用 AI 生成每个案例的简洁摘要。

◎ 提示语示例：

> 请为［案例名称］生成一个 100 字的摘要，突出问题、解决方案和关键成果。

（三）提示语技巧库：如何复用通用框架加速创作流

提示语技巧库通过提供通用内容生成模式、结构框架和创意思路，为提示语设计中的内容生成提供系统化支持。这里将探讨如何构建提示语技巧库，以规范内容生成流程、优化创作效率，并提升生成内容的整体质量和一致性。

1. 通用内容生成模式提炼：构建高效"模板"

通用内容生成模式是指适用于多种文体和主题的基本内容结构与生成方法。通过提炼这些模式，可以为 AI 提供一个系统化的内容框架，确保生成内容的逻辑性和一致性。

（1）SCQA 模式。

SCQA 模式是一种常用的结构，特别适合于说明性和说服性文章。它通过四个步骤引导读者理解问题并接受解决方案：Situation（情况）、Complication

（复杂性）、Question（问题）和 Answer（答案）。这种模式首先建立背景，然后引入挑战，接着提出关键问题，最后给出解答，形成一个完整的逻辑链条。SCQA 模式的优势在于它能够清晰地呈现问题的来龙去脉，并引导读者自然地接受作者的观点或解决方案。

- Situation（情况）：描述当前的背景或环境。
- Complication（复杂性）：指出存在的问题或挑战。
- Question（问题）：提出需要解决的关键问题。
- Answer（答案）：给出解决方案或观点。

◎　使用 SCQA 模式的提示语示例：

> 请使用 SCQA 模式撰写一篇关于［主题］的文章：
> （1）描述［主题］的当前情况和背景。
> （2）指出［主题］面临的主要问题或挑战。
> （3）提出一个关键问题，这个问题的答案将是文章的核心。
> （4）提供详细的解决方案或观点，回答第 3 步中提出的问题。
> 确保每个部分之间有流畅的过渡，并在 Answer 部分提供具体的支持论据。

（2）金字塔原理。

金字塔原理是一种自上而下的思考和内容生成方法，适合于结构化的报告或分析文章。这种方法将主要结论放在顶部，然后用多个支持性论点来支撑这个结论，每个支持性论点又可以进一步细分为更具体的论据。金字塔原理的核心是"结论先行，以上统下"，让读者快速抓住文章的核心思想，并清晰地理解各个论点之间的逻辑关系。

◎　使用金字塔原理的提示语示例：

> 请使用金字塔原理为［主题］创建一个大纲：
> （1）在顶部写出主要结论或中心思想。
> （2）列出 3~5 个支持主要结论的关键要点。
> （3）为每个关键要点提供 2~3 个支持性细节或例子。
> （4）确保各层次之间的逻辑关系清晰，从上到下逐步展开论述。

（3）PEE 结构。

PEE 结构（Point-Evidence-Explanation）是一种常用的段落模式，适合于论证性文章。它包含三个关键元素：Point（观点）、Evidence（证据）和 Explanation（解释）。在使用 PEE 结构时，作者首先提出一个明确的观点，然后提供支持这个观点的具体证据，最后解释证据如何支持观点。这种结构能够确保每个段落都有清晰的重点和充分的论证，增强文章的说服力。PEE 结构的优势在于它能帮助作者避免空泛的论述，确保每个观点都有具体的支撑。

- Point（观点）：提出段落的主要论点。
- Evidence（证据）：提供支持论点的事实、数据或引用。
- Explanation（解释）：分析证据如何支持论点，加深读者理解。

◎ **使用 PEE 结构的提示语示例：**

> 请使用 PEE 结构创作关于［主题］的段落：
> （1）明确提出你的主要观点。
> （2）提供至少两个支持该观点的具体证据或例子。
> （3）详细解释这些证据如何支持你的观点，以及它们的重要性。
> 确保三个部分之间有紧密的逻辑联系，形成一个连贯的论证。

2. 结构框架建立：搭建文章"骨架"

结构框架是文章的整体安排，它决定了信息的呈现顺序和逻辑关系。一个好的结构框架能让文章条理清晰，易于理解。以下是一些常用的结构框架：

（1）5W1H 框架。

这个框架适用于新闻或信息性文章，确保涵盖了六大关键信息帮助作者全面收集和组织信息，使用 5W1H 框架可以使文章更加完整和客观，提供全面的信息背景。此外，这个框架也适用于其他类型的任务，如问题分析、事件描述等，帮助作者系统地思考和呈现信息。

- Who（谁）：涉及的人物或组织。
- What（什么）：发生的事件或现象。
- When（何时）：事件发生的时间。
- Where（何地）：事件发生的地点。
- Why（为什么）：事件发生的原因。
- How（如何）：事件发生的过程或方式。

◎　**使用 5W1H 框架的提示语示例：**

> 请使用 5W1H 框架撰写一篇关于［事件／现象］的报道：
> （1）Who：确定主要涉及的人物或组织。
> （2）What：详细描述发生了什么事。
> （3）When：指明事件发生的具体时间。
> （4）Where：说明事件发生的确切地点。
> （5）Why：分析事件发生的原因或背景。
> （6）How：解释事件是如何发展或解决的。
> 请确保信息全面、准确，并注意各要素之间的逻辑关联。

（2）AIDA 框架。

AIDA 框架是一种经典的营销和广告写作模式，旨在引导读者从注意到行动。在使用 AIDA 框架时，首先要用引人注目的开场吸引读者，然后通过详细信息激发读者的兴趣，接着展示产品或服务的价值以创造需求，最后鼓励读者采取具体行动。这个框架适合于广告文案、销售信息、产品描述等需要说服读者，有效地引导读者情绪的任务场景。

- Attention（注意）：吸引读者的注意力。
- Interest（兴趣）：激发读者的兴趣。
- Desire（欲望）：唤起读者的欲望。
- Action（行动）：促使读者采取行动。

◎　**使用 AIDA 框架的提示语示例：**

> 请使用 AIDA 框架为［产品／服务］创作一篇营销文案：
> （1）Attention：用一个引人注目的标题或开场白吸引读者。
> （2）Interest：介绍产品／服务的独特卖点，激发读者兴趣。
> （3）Desire：描述产品／服务如何解决问题或改善生活，创造需求。
> （4）Action：提供明确的行动指示，鼓励读者立即采取行动。
> 确保文案语言生动，富有吸引力，并针对目标受众的需求和痛点。

（3）FAB 框架。

FAB 框架（Feature-Advantage-Benefit）是一种常用于产品描述和说服性写

作的方法。它强调将产品或服务的特征（Feature）转化为优势（Advantage），并最终解释这些优势如何为用户带来实际利益（Benefit）。使用 FAB 框架时，首先要列出产品的关键特征，然后解释这些特征相比竞争对手有何优势，最后阐明这些优势如何解决用户的问题或满足需求。这个框架帮助 AI 将产品描述从单纯的特征列举转变为以用户为中心的价值阐述，更容易引起目标受众的共鸣。FAB 框架的优势在于将产品特征与用户需求联系起来，增强说服力。

- ▪ Feature（特征）：产品或想法的具体特点。
- ▪ Advantage（优势）：这些特点带来的优势。
- ▪ Benefit（利益）：最终用户能获得的实际利益。

◎ **使用 FAB 框架的提示语示例：**

> 请使用 FAB 框架描述［产品 / 服务 / 想法］：
> （1）Feature：列出 3～5 个关键特征或功能。
> （2）Advantage：对每个特征，解释它比竞争对手或现有解决方案更优越的地方。
> （3）Benefit：详细说明每个优势如何直接惠及用户，解决他们的问题或满足需求。
> 确保描述具体、清晰，并建立特征、优势和利益之间的直接联系。

3. 创意思路生成：激发内容生成的"催化剂"

除了掌握通用模式和框架，培养创新的内容生成思路也是提高 AI 生成内容质量的关键。以下是一些激发创新思维的方法：

（1）逆向思考法。

这种方法通过颠倒常规思维来产生新想法，鼓励从相反角度思考并挑战既定假设。使用这种方法时，首先让 AI 列出关于某个主题的常见观点或做法，然后考虑这些观点或做法的完全相反情况，分析这些相反情况可能带来的意外收益或新见解。逆向思考法的优势在于它能够协助打破思维定式，发现被忽视的机会和解决方案。这种方法格外适合于解决创新瓶颈或寻找突破性想法的场景。

◎ **使用逆向思考法的提示语示例：**

> 请使用逆向思考法来探讨［主题］：

（1）列出关于［主题］的 3～5 个常见观点或做法。

（2）对每个观点，思考其完全相反的情况会怎样。

（3）分析这些相反情况可能带来的意外收益或新见解。

（4）基于这些新见解，提出关于［主题］的创新观点或解决方案。

（2）跨领域类比法。

这是一种通过在看似不相关的领域寻找相似性来激发创意的方法，将一个领域的概念、原理或解决方案应用到另一个完全不同的领域。使用这种方法时，可以首先选择一个与当前问题看似不相关的领域，然后分析该领域的关键特征或原则，最后尝试将这些特征或原则应用到当前问题中。跨领域类比法通过引入全新的视角，能够帮助 AI 生成更加创新性的解决方案。这种方法适合于寻找创新突破或解决长期困扰的问题的场景。

◎　**使用跨领域类比法的提示语示例：**

请使用跨领域类比法来探讨［主题 A］：

（1）选择一个与［主题 A］看似不相关的领域［主题 B］。

（2）列出［主题 B］的 3～5 个关键特征或原则。

（3）尝试将这些特征或原则应用到［主题 A］中。

（4）分析这种类比带来的新见解，并提出创新的解决方案或观点。

（3）六顶思考帽。

六顶思考帽是爱德华·德博诺（Edward de Bono）提出的一种创造性思维方式[1]，它通过模拟六种不同的思维模式来全面分析问题。这六种思维模式分别是：白帽（客观事实）、红帽（情感直觉）、黑帽（批判性思考）、黄帽（乐观思考）、绿帽（创造性思考）和蓝帽（思维过程控制）。在使用这种方法时，AI 可以被有意识地引导从不同角度思考问题，类似于"戴上"不同的思考帽。六顶思考帽的优势在于它能够促使全面且系统地分析问题，避免片面性，尤其适用于团队讨论、决策制定或复杂问题分析的场景。

---

[1]　Bono E D. Six Thinking Hats［M］. Boston：Little，Brown and Company，1985.

◎　使用六顶思考帽的提示语示例：

请使用六顶思考帽方法分析［主题］：
（1）白帽：客观陈述与［主题］相关的事实和数据。
（2）红帽：表达对［主题］的直觉感受和情感反应。
（3）黑帽：指出［主题］可能存在的问题和风险。
（4）黄帽：分析［主题］的积极方面和潜在机会。
（5）绿帽：提出关于［主题］的创新想法和可能性。
（6）蓝帽：总结以上思考，提出平衡的观点和行动计划。
确保每个"帽子"下的思考都深入且具体。

（4）SCAMPER 技巧。

SCAMPER 是由美国教育家和创新思考专家鲁伯特·普里斯科特（Bob Eberle）提出的一种创新思维模型①，它通过七个动作来激发新想法。该技巧的优势在于它提供了系统化的框架来探索各种可能性，特别适合于产品创新、流程改进或创意头脑风暴的场景。

- Substitute（替代）：考虑用其他元素、材料、过程或方法来替换现有的部分。
- Combine（组合）：将不同的概念、产品或服务结合起来，创造新的解决方案。
- Adapt（调整）：考虑如何调整或改变现有的产品、服务或流程以适应新的需求。
- Modify（修改）：改变产品或想法的属性，如大小、形状、颜色或其他特征。
- Put to another use（其他用途）：探索产品、服务或想法在其他领域或情境下的潜在应用。
- Eliminate（消除）：简化产品或流程，去除不必要的元素或步骤。
- Reverse（重组）：颠倒或重新安排产品、服务或流程的组成部分。

◎　使用 SCAMPER 技巧的提示语示例：

请使用 SCAMPER 技巧来为［产品 / 服务 / 想法］产生创新方案：
（1）Substitute（替代）：有什么元素可以被替换，以改善或创新？

---

① Eberle B. SCAMPER：Games for Imagination Development［M］. Waco：Prufrock Press Inc，1989.

（2）Combine（组合）：可以将哪些特征或功能结合，创造新价值？

（3）Adapt（调整）：如何调整现有方案以适应新的场景或需求？

（4）Modify（修改）：可以如何改变规模、形状或属性？

（5）Put to another use（其他用途）：这个［产品/服务/想法］还有什么其他潜在用途？

（6）Eliminate（消除）：移除哪些元素可能带来意想不到的好处？

（7）Reverse（重组）：如果颠倒或重新安排某些元素，会产生什么新的可能性？

对每个步骤，请提供至少 2~3 个具体的创新想法。

如表 3-4 所示，在实际运用 AI 进行内容生成时，可以根据具体的任务或创新需求选择合适的方法。

表 3-4　思路生成方法对比

方法	适用场景	优点	缺点
逆向思考法	• 挑战常规思维 • 寻找创新解决方案 • 突破思维定式	• 能快速产生新颖观点 • 有助于发现被忽视的机会 • 促进全面思考	• 可能产生不切实际的想法 • 需要一定的创造性思维能力
跨领域类比法	• 解决复杂问题 • 寻找创新灵感 • 跨学科研究	• 促进跨领域创新 • 带来全新视角 • 有助于知识迁移	• 需要广泛的知识储备 • 类比可能不够恰当
六顶思考帽	• 团队决策 • 全面分析问题 • 平衡不同观点	• 结构化思考过程 • 考虑多个角度 • 减少偏见影响	• 可能耗时较长 • 可能忽视帽子之外的思考
SCAMPER 技巧	• 产品创新 • 流程改进 • 创意头脑风暴	• 提供系统化创新框架 • 适用于多种创新场景 • 易于理解和应用	• 不适合所有类型的问题 • 需要筛选和评估

（四）语言模板库：如何快速学习优秀的创作逻辑

在提示语设计与生成过程中，语言模板库是提升内容的生成效率和质量的关键工具。它不仅能确保文章风格的一致性和专业性，还为提示语提供多样化的表达资源。以下是构建语言模板库的几个关键方面：

1. 逻辑结构模板：提升思路清晰性

逻辑结构模板是文章组织的核心框架，帮助提示语设计者合理安排内容，确保生成的文章逻辑严谨、条理清晰。合理的逻辑结构可以提升内容的可读性，不同的结构适用于不同类型的文章。以下是几种常用的逻辑结构模板：

（1）问题—解决方案结构。

该结构用于分析问题并提出解决方案，适合分析性文章或产品介绍。文章通过提出问题、分析根源、提出和评估多种方案，最后推荐最优解决方案，确保逻辑清晰，解决问题的过程合理有效。

◎ 模板示例：

（1）提出问题：[描述当前面临的挑战或需求]。
（2）分析问题：[深入探讨问题的根源和影响]。
（3）提出解决方案：[介绍可能的解决方案]。
（4）评估方案：[分析每个解决方案的优缺点]。
（5）推荐最佳方案：[给出最终建议并解释原因]。

（2）比较—对比结构。

该结构通过对多个选项的异同分析，帮助明确其优劣，适用于产品对比、市场分析等文章。通过清晰的对比标准，有效地展现不同选项的差异，并得出结论。

◎ 模板示例：

（1）引入比较对象：[简要介绍要比较的两个或多个事物]。
（2）确立比较标准：[列出评判的关键指标]。
（3）逐项比较：
　　标准 1：[对象 A 的表现] vs. [对象 B 的表现]。
　　标准 2：[对象 A 的表现] vs. [对象 B 的表现]。
（4）总结异同：[概括主要的相似点和差异]。
（5）得出结论：[基于比较给出最终评价或建议]。

（3）时间序列结构。

该结构适用于叙事性文章或历史回顾，通过时间顺序展示事件的进展与变化，清晰呈现事件的发展脉络。该结构常用于项目进展报告或历史事件的描述，以确保内容的逻辑连贯性。

◎ 模板示例：

> （1）背景介绍：［设定故事或事件的初始状态］。
> （2）事件 1：［描述第一个关键事件及其影响］。
> （3）事件 2：［描述第二个关键事件及其影响］。
> （4）事件 3：［描述第三个关键事件及其影响］。
> （5）结果：［阐述最终结果或当前状态］。
> （6）反思与展望：［总结经验教训，预测未来发展］。

（4）因果关系结构。

该结构通过分析某一现象的原因和结果，揭示事件背后的逻辑，常用于政策分析、科学研究等内容。该结构有助于增强文章的说服力，通过明确因果链条帮助读者理解复杂问题。

◎ 模板示例：

> 请分析［主题］的因果关系：
> （1）明确指出［主题］中的核心现象或问题。
> （2）列举导致这个现象或问题的主要原因（至少 3 个）。
> （3）对每个原因进行详细解释，并提供具体例证。
> （4）分析这些原因之间可能存在的相互作用。
> （5）探讨这个现象或问题可能带来的后果（短期和长期）。
> （6）总结因果链条，并提出可能的干预或解决方案。

（5）演绎推理结构。

该结构适用于从普遍原则推导具体结论的文章，通过从一般理论推理出具体应用，确保推理过程逻辑严谨且条理清晰。该结构常用于科学论证或法律分析等文章中构建系统化的论证过程。

◎ 模板示例：

> （1）提出一般原理：［陈述普遍接受的原则或理论］。
> （2）分析具体情况：［描述与原理相关的特定情况］。

（3）推导结论：［基于原理和具体情况得出结论］。

（4）验证结论：［提供支持结论的额外证据或论证］。

（6）归纳推理结构。

该结构通过从多个具体事例总结出一般规律，适用于研究报告或实验分析。归纳推理帮助建立从具体现象到普遍规律的桥梁，增强文章的可信性。

◎ 模板示例：

（1）提出观察：［描述多个相关的具体事例或现象］。

（2）分析共性：［找出这些事例或现象的共同特征］。

（3）推导规律：［基于共性提出一般性规律或原则］。

（4）验证规律：［用新的事例测试这个规律的有效性］。

（7）生成逻辑结构。

为了更灵活地应对各种任务需求，可以利用 AI 创建一个"逻辑结构生成器"，根据具体的任务目的和内容类型，自动生成合适的逻辑结构模板。

◎ 使用提示语生成逻辑结构的示例：

请根据以下信息生成一个适合的逻辑结构模板：

（1）任务目的：［如：说服、解释、比较、叙述］。

（2）内容类型：［如：学术论文、商业报告、新闻文章、产品说明］。

（3）目标受众：［如：专业人士、普通大众、学生］。

（4）预期长度：［如：短文、中等长度、长文］。

请提供：

（1）推荐的逻辑结构及其理由。

（2）该结构的详细模板。

（3）使用该结构的注意事项。

2. 表达方式模板：呈现内容多样性

表达方式模板基于语言学中的修辞学理论和文体学理论。好的表达方式能够增强文章的表现力和感染力，更好地传达作者的思想情感。

（1）修辞手法模板。

修辞手法是一种通过特殊的语言表达方式来增强语言效果的技巧。通过合理运用修辞手法，AI 生成的内容将更加生动、富有表现力，增强读者的参与感与理解力。

分类示例：

- 比喻：将本体与喻体进行类比，使抽象概念具象化。
- 拟人：赋予非生命体以人的特征或行为。
- 排比：使用结构相似的词组或句子，增强语气。
- 反问：用疑问的方式表达肯定的意思。

◎　**模板示例：**

> 比喻：［抽象概念］就像［具体事物］，［解释相似之处］。
>
> 拟人：［非生命体］仿佛有了生命，它［拟人化的动作或状态］。
>
> 排比：它不仅［特征1］，而且［特征2］，更是［特征3］。
>
> 反问：难道［陈述］不是［预期结果］吗？

（2）句式变化模板。

句式变化是一种通过调整句子结构来丰富文章节奏和风格的语言技巧。不同的句式结构能够创造出截然不同的效果。运用句式变化，AI 生成的内容将更加灵活且富有表现力。

分类示例：

- 长短句结合：交替使用长句和短句，创造语言节奏。
- 倒装句：改变正常语序，突出重点。
- 并列句：并列多个分句，强调平等关系。

◎　**模板示例：**

> 长短句结合：［简短陈述］。然而，［展开详细解释，使用较长的句子结构］。
>
> 倒装句：［重点内容］，［主语］在这里显得尤为重要。
>
> 并列句：［观点1］，［观点2］，［观点3］，这三点构成了［主题］的核心。

（3）语气调节模板。

语气调节是一种通过控制表达方式来传递特定情感和态度的手段。无论是强调某个重要信息，还是在某些场合下委婉地表达意见，不同的语气能够帮助 AI 更好地适应目标受众的需求，使文章更加贴合预期的表达风格。

分类示例：

- 强调语气：突出重要信息。
- 婉转语气：委婉表达意见或批评。
- 疑问语气：引发思考或预设立场。

◎ **模板示例：**

> 强调语气：毫无疑问，[重要信息]是我们必须重视的关键点。
>
> 婉转语气：或许我们可以考虑[建议]，这可能会带来[潜在好处]。
>
> 疑问语气：我们是否应该重新思考[问题]？这个问题值得我们深入探讨。

3. 篇章组织模板：增强内容连贯性

篇章组织模板基于文体学和话语分析理论。好的篇章组织能够增强文章的连贯性和说服力，使读者更容易理解和接受作者的观点。

（1）开场白模板。

开场白是文章的第一部分，负责吸引读者的注意力。不同的开场方式适用于不同类型的文章或任务目的，合理选择开场白能够为整篇文章定下基调。

分类示例：

- 引用开场：使用名言或数据开头。
- 设问开场：提出问题引发思考。
- 场景开场：描绘具体场景带入主题。

◎ **模板示例：**

> （1）引用开场：[相关名言或数据]。这[名言/数据]揭示了[主题]的重要性。本文将深入探讨[具体内容]。
>
> （2）设问开场：你是否曾经思考过[相关问题]？事实上，[引出主题]。接下来，让我们一起探索[具体内容]。

（3）场景开场：［描述一个与主题相关的具体场景］。这个场景生动地展现了［主题］在现实生活中的重要性。

（2）过渡段落模板。

过渡段落主要用于连接文章的不同部分，确保内容流畅衔接。根据文章的不同需求，过渡段落可以通过递进、对比或总结等方式，引导读者顺利过渡到下一个话题或论点。

分类示例：

- 递进式过渡：引入新的、更深入的内容。
- 对比式过渡：引入与前文不同的观点或信息。
- 总结式过渡：总结前文，引出新的讨论点。

◎　模板示例：

（1）递进式过渡：在了解了［前一部分内容］之后，我们需要进一步探讨［下一部分内容］。这两者之间存在密切的联系，那就是［解释联系］。

（2）对比式过渡：与［前一观点］不同，［新观点］提供了一个全新的视角。让我们来看看这种观点是如何［影响或改变］我们对［主题］的理解的。

（3）总结式过渡：综上所述，［总结前文要点］。这些发现引导我们思考一个更深层次的问题：［引出新的讨论点］。

（3）论证段落模板。

论证段落主要用于展开论点，提供支持证据和分析。不同的论证结构适用于不同类型的文章，通常通过论据、分析和案例来支持作者的观点。

分类示例：

- 观点—论据—案例结构。
- 问题—分析—解决结构。
- 现象—原因—影响结构。

◎　模板示例：

（1）观点—论据—案例结构：

[中心观点]。支持这一观点的理由有以下几点：首先，[理由1]；其次，[理由2]；最后，[理由3]。让我们以[具体案例]为例，进一步说明这一点。

（2）问题—分析—解决结构：

[描述问题]。造成这个问题的原因主要有：[原因1]、[原因2]和[原因3]。针对这些原因，我们可以采取以下解决措施：[措施1]、[措施2]和[措施3]。

（3）现象—原因—影响结构：

近年来，我们观察到[描述现象]。导致这一现象的主要原因包括：[原因1]、[原因2]和[原因3]。这一现象对[相关领域]产生了深远影响，主要表现在：[影响1]、[影响2]和[影响3]。

（4）篇章组织模板。

在使用提示语时，可以根据文章的主题、长度和复杂度，合理利用提示语中的表达资源与结构框架，从而生成清晰、连贯的篇章结构。

◎ 模板示例：

请根据以下信息生成一个详细的文章结构：

（1）主题：[输入具体主题]。

（2）文章类型：[如：说明文、议论文、记叙文]。

（3）预期字数：[如：800字、2 000字、5 000字]。

（4）目标读者：[如：普通大众、专业人士、学生]。

请提供：

（1）完整的文章结构框架，包括开场白、主体段落、过渡段落和结语。

（2）每个部分的要点提示和建议。

（3）适合的表达技巧和修辞手法建议。

（五）动态管理库：如何让你的提示语库越用越强

为了使提示语库在持续使用中更加高效，动态管理库的构建至关重要。动态管理库通过更新扩展、反馈优化、智能分类与个性化调整四个方面，实现提示语库的灵活适应性和质量提升。这里将探讨如何通过动态管理，使提示语库不断优化、扩展，并逐步匹配用户多样化的创作需求，从而让 AI 生成的内容更具精准性与创意性。

1. 动态更新与扩展：保持提示语库活力

动态更新与扩展是保持提示语库活力的关键，通过定期添加新提示语、替换旧提示语，确保内容适应不断变化的需求。这里将介绍提示语库的更新机制与自动化流程，借助数据分析和文本挖掘实现提示语库的动态扩展，为智能生成提供持续优化的支持。

（1）提示语库的持续更新机制。

提示语库的持续更新机制包括定期添加新提示语、优化和替换旧提示语，以确保提示语始终适应用户需求的变化。以下是几个关键步骤：

①定期添加新提示语：为保持提示语库的内容新鲜度，应根据市场趋势、热点话题和用户需求，定期新增相关提示语。例如，可以通过以下方式筛选新内容：

▪ 领域知识更新：定期添加新兴的专业术语或趋势词汇。

▪ 表达方式拓展：根据语言风格的变化，定期加入更具表现力的表达方式。

▪ 特定应用场景：根据提示语的应用场景，添加符合特定领域需求的模板和表达方式，确保提示语库在多场景中具有广泛适用性。

②优化和替换旧提示语：随着生成需求的变化，提示语库中的部分提示语可能逐渐失去效用或不再符合用户期望。为了保持库的高效性，需要定期清理低效提示语，并用更适合的内容替代。具体方法包括：

▪ 生成效果评估：通过对生成内容的质量和用户满意度进行评估，对生成效果较差或频率低的提示语，进行优化或删除。

▪ 内容冗余清理：定期检查提示语库中功能相近的提示语，合并或删除重复项，以减少提示语库的冗余，优化库的组织结构。

▪ 数据驱动的替换：利用生成效果的统计数据，将使用频率较高且生成效果优异的提示语置于推荐位置，将较少使用的内容逐步替换，以提升用户的使用体验。

③用户反馈驱动的更新：通过收集和分析用户对生成内容的评价和建议，可以更加精准地调整提示语库，以符合用户的实际需求。具体更新方法包括：

▪ 收集用户使用情况：定期收集用户的提示语使用反馈，以便及时调整内容。

▪ 识别需求偏好：分析用户在特定领域或场景中的需求倾向，确保提示语库的实用性。

▪ 实施反馈循环：根据用户反馈及时优化提示语，建立动态优化的循环体系，提升提示语库的有效性和灵活性。

（2）自动化与半自动化更新流程。

①自动化更新流程：旨在通过技术手段实时扩展提示语库并保持内容的时效性。

▪ 数据采集与初步筛选：通过网络爬虫和 NLP 技术，自动采集与分类最新的领域词汇和热点表达，确保提示语库的内容更新紧贴当前趋势。

▪ 生成效果自动评估：利用机器学习模型对新增提示语进行自动化测试，从生成效果中筛选出高质量提示语，记录在数据库中以便进一步优化。

▪ 内容更新与清理：自动化系统根据评估结果标记低效提示语，定期清理并补充高效内容，以保持提示语库的高效性和适用性。

②半自动化更新流程：在自动化的基础上加入人工审核，确保内容的精确性和高质量。

▪ 人工复核与精筛：人工定期复核自动添加的提示语，对不符合标准的内容进行筛除，并标记优质提示语以优化库的推荐项。

▪ 用户反馈驱动的调整：根据用户反馈数据，手动调整优先级较高的提示语，并进行个性化推荐排序，确保提示语库的内容贴近用户需求。

2. 生成效果评估：优化提示语库质量

生成效果评估是提示语库动态管理中至关重要的环节，能够帮助识别和优化高质量提示语，同时清理效果不佳的条目，从而提升提示语库的整体效能。

（1）设定评估标准。

要科学、全面地评估提示语的效果，首先需要制定一套清晰的质量标准。这套标准为每条提示语的效果评估提供了一致的衡量尺度，确保筛选结果具有可靠性和可重复性。提示语评估的核心指标及其具体标准如表 3-5 所示：

表 3-5　提示语评估的核心指标及其具体标准

评估指标	描述	具体标准
相关性	生成内容与用户指令的匹配程度	高：内容高度契合用户主题，无偏离或泛化
		中：内容大体相关，但存在少量偏离
		低：内容偏离主题，生成内容与指令关联弱
准确性	信息的正确性和数据的精确度	高：无任何事实错误，数据精准
		中：有轻微逻辑瑕疵，不影响主要内容理解

续表

评估指标	描述	具体标准
准确性	信息的正确性和数据的精确度	低：内容存在明显事实错误或数据误差
流畅性	语言的自然性、表达的连贯性	高：语言流畅且连贯，表达自然
		中：少量冗余或不连贯，但整体尚可
		低：语言不连贯，表达生硬，影响阅读体验
丰富度	内容的深度、广度以及细节的充实程度	高：涵盖主题核心内容，背景信息充实
		中：基本包含主题要点，但细节略欠
		低：缺乏深度或细节，内容单薄
满意度	用户对生成内容的主观评价	高：用户评分 4~5 分，整体评价较高
		中：用户评分 3 分，整体评价一般
		低：用户评分 1~2 分，整体评价较差

　　通过明确的评估标准和评分级别划分，提示语库可以在自动化效果测试中根据评分结果动态调整内容，以确保生成效果的持续优化，帮助提示语库达到高质量的生成要求。

　　（2）自动化效果测试。

　　通过自动化工具进行小规模生成测试，根据以上评估标准对生成内容打分，筛选出高质量的提示语，并标记低评分的条目。自动化测试覆盖大量提示语，快速识别和优化内容，减少人为偏差并提升评估效率。具体流程如下：

　　①批量生成与评分：系统对所有提示语条目进行批量生成，按"相关性""准确性""流畅性""丰富度""满意度"等评估标准为生成内容打分，将评分记录在数据库中。

　　②自动标记优劣提示语：系统根据评分结果自动标记高评分提示语为"推荐"，而低评分提示语则被标记为"待优化"或"待清理"。

　　③自动筛选与分层管理：根据评分等级，将优质提示语优先展示给用户；评分低的提示语条目则自动移至库的次级分层中，以备进一步优化或清理。

　　④数据记录与反馈循环：所有评分和生成效果数据被记录在数据库中，用于后续的优化调整。系统定期复查这些数据，通过自动化更新清理低效提示语，确保提示语库的高效和精确。

3. 智能分类与管理：优化提示语库检索

在提示语库的日常使用中，用户需要迅速找到符合当前需求的提示语，而智能分类和高效管理是实现这一目标的关键。通过科学的分类标准和动态管理机制，可以使提示语库的内容组织更具逻辑性，检索效率更高。

（1）分类标准。

为了确保提示语库的内容组织合理，用户能够快速找到合适的提示语，需要制定一套灵活而细致的分类标准。分类标准的设计不仅限于提供一个单一的分类方式，而是涵盖了多维度、多层次的组合，以满足用户在不同使用情境下的多样化需求。这些分类维度可以帮助用户快速缩小检索范围，找到最适合当前需求的提示语，同时也为提示语库的自动化管理和智能推荐提供了结构性支持。

可以从多个角度进行划分，具体包括以下几种常见的分类方法：

- 场景分类：根据提示语的应用场景进行划分。
- 主题分类：按照提示语内容的核心主题进行划分。
- 受众分类：依据目标用户的需求和使用偏好进行划分。
- 语气和语言风格分类：根据提示语的表达风格或语气进行划分。
- 格式分类：依据提示语生成内容的格式进行划分。
- 知识深度分类：根据内容的专业深度与详细程度进行划分。
- 情绪色彩分类：根据表达内容的情绪色彩或情感色调进行划分。

除了上述常见分类方法，用户还可以根据具体需求对提示语库进行个性化分类，如按地区（适用于特定国家或地区的表达）、按行业（适用于金融、医疗、教育等特定行业的内容）等。用户在实际使用过程中可以灵活设定不同的分类维度，以便在不同场景和需求下灵活组合分类方式，从而更高效地找到合适的提示语。

表 3-6 为提示语库的部分常见分类示例，用户可以根据实际需求扩展或调整这些分类标准：

表 3-6　提示语库的部分常见分类示例

分类维度	具体分类示例
按场景分类	报告撰写、市场分析、产品推广、社交对话、教育教学等
按主题分类	数据分析、情感表达、科技创新、政策解读、商业策略等
按受众分类	专业用户、普通用户、教育者、营销人员、研究人员等
按语气分类	正式、非正式、友好、严肃、幽默等

续表

分类维度	具体分类示例
按语言风格分类	简洁、详细、专业、学术性、创意性等
按格式分类	文本摘要、列表格式、对话式、问答式、流程图等
按知识深度分类	入门级、进阶级、高级专业内容
按情绪色彩分类	积极、消极、中立、激励、感性等

（2）智能分层管理模式。

智能分层管理模式通过对提示语库的多层级管理和动态调整，实现高效的内容组织和展示。该模式不仅支持提示语的分层管理和优先级排序，还通过标签系统和清理机制，确保提示语库始终具备良好的结构和高效的检索性能。

智能分层管理模式的核心包括四个要素：动态分层、优先级排序、标签系统和定期清理机制。表 3-7 呈现了智能分层管理模式的基本要素及其功能：

表 3-7　智能分层管理模式的基本要素及其功能

基本要素	描述	功能
动态分层	根据提示语的使用频率和用户反馈自动分层	确保高频次、高评分的提示语展示在显著位置，提升用户可见性
优先级排序	按标签和使用数据动态调整提示语展示顺序	让高质量提示语优先展示，优化用户的检索效率
标签系统	为每条提示语附加关键词标签，实现多维度筛选	通过主题、场景、语气等多维标签，帮助用户快速定位所需内容
定期清理机制	定期根据效果评分和使用频率清理低效内容	保持提示语库内容精简，避免冗余或过时条目影响检索效果

智能分层管理模式通过以上各要素，使提示语库具备以下优势：

· 高效检索：通过动态分层和优先级排序，使用户能够快速找到高质量提示语，减少查找时间。

· 精准匹配需求：标签系统支持按多维度筛选，满足用户对主题、场景、语气等的不同需求。

· 内容持续优化：定期清理机制保持提示语库的内容新鲜、相关，有效避免冗余或失效内容影响检索效率。

三、质量评价体系：评估与优化 AI 对话质量

在人机交互过程中，提示语质量影响着 AI 生成内容是否符合用户预期，建立科学、全面的评估体系，并根据评估结果持续优化提示语，是提升 AI 生成内容质量的关键。

（一）评估标准：全面审视提示语效果

正如评估一篇文章需要考虑内容、结构、语言等多个方面一样，评估提示语的质量也需要构建多维度评价体系，从不同角度审视提示语的效果。

1. 相关性评估：任务契合与主题一致性

相关性评估主要考察提示语生成的内容是否切中主题，是否满足任务的核心要求。此外，还需要评估生成内容的偏离度，即内容中无关或冗余信息的比例，以确保输出的精确性和有效性。评估指标：

（1）主题一致性：生成内容是否紧扣主题。

（2）关键信息覆盖率：是否涵盖了任务要求的所有关键点。

（3）偏离度：内容有多少比例是无关或冗余的。

2. 质量评估：内容准确性与深度

质量评估涉及生成内容的整体水平，包括准确性、深度、创新性、逻辑性和流畅性等方面。准确性考察信息和数据是否正确，深度评估内容是否有足够的分析和洞察力，创新性则看内容是否具有新颖的观点或表达方式。此外，还需要考虑内容的逻辑性和语言的流畅性，以全面衡量生成内容的质量。评估指标：

（1）准确性：信息和数据的正确程度。

（2）深度：内容的洞察力和分析深度。

（3）创新性：观点和表达的新颖程度。

（4）逻辑性：论证和结构的严密程度。

（5）流畅性：语言的生动性和自然度。

3. 效率评估：生成速度与资源成本

效率评估主要关注 AI 生成内容的速度和所需的计算资源。生成速度考量 AI 完成内容生成任务所需的时间，而资源消耗则评估生成过程中的计算成本和能耗。高效的提示语应在较短时间内生成高质量内容，同时尽可能降低计算资源的消耗，以实现高性价比。评估指标：

（1）生成速度：完成内容生成任务所需的时间，包括 AI 处理时间和人工干预时间。

（2）迭代次数：达到满意结果需要的修改和优化次数。

（3）资源消耗：计算成本、API 调用次数和其他相关资源的使用情况。

（4）人工干预程度：需要人工编辑和修改的程度。

4. 适应性评估：任务变化与风格适应性

适应性评估考察提示语在不同任务和环境下的表现。一方面，提示语应能够在任务变动时保持效果一致，确保生成内容始终符合要求；另一方面，提示语应具备应对外部环境变化的能力，如不同读者群体或风格需求，保持内容的高质量和适用性。评估指标：

（1）跨领域表现：在不同主题或领域任务中的表现。

（2）风格多样性：生成不同风格内容的能力。

（3）长度适应性：在不同长度要求下的表现。

（二）评价指标体系：多维度解析提示语质量

为了更为准确地评价提示语在不同应用场景中的表现，此处构建了涵盖多维度的质量评价体系（见表 3-8）。该体系从内容质量、逻辑结构、用户体验、创造性与创新性、适应性五个主要维度出发，对提示语进行系统化分析。

（1）内容质量：主要评价提示语是否能清晰、准确地传递关键信息，是否覆盖了用户任务所需的全部信息。同时，提示语的表达是否简洁明了，以及与具体使用场景的契合度也是重要考量因素。

（2）逻辑结构：分析提示语信息的组织方式是否合理、层次是否清晰，并确保提示语前后内容连贯一致。此外，提示语的推理逻辑是否有助于用户理解信息，也是该维度的关键。

（3）用户体验：关注提示语的易用性，评价提示语是否易于理解，并能否有效引导用户完成操作。提示语的呈现时机是否恰当、是否能够提升用户交互体验也是该维度的核心评估点。

（4）创造性与创新性：评价提示语是否采用了独特的表达方式，是否通过个性化设计提升用户体验。此外，提示语的设计是否能够体现创新性，使其在不同场景中具有更强的吸引力和实用性。

（5）适应性：重点评价提示语在不同设备、语言和文化背景下的兼容性，确保其能够在多样化的使用环境中保持稳定的表现。提示语能否根据具体场景进行适当调整，也体现了其适应能力。

表 3-8　提示语工程质量评价体系

一级指标	二级指标	评价标准
内容质量	信息的准确度	提示语是否准确传达了关键信息？
	信息的完整性	提示语是否涵盖了用户需要的所有信息？
	信息的精练程度	提示语是否去除了冗余信息并保持精练？
	信息的情境相关性	提示语是否在当前情境下具备高度相关性？
逻辑结构	信息的层次清晰度	提示语是否根据信息重要性分层，确保层次分明？
	信息的前后连贯性	提示语的前后是否保持一致，无前后矛盾？
	逻辑推导的合理性	提示语中的推理链条是否合乎逻辑，帮助用户理解？
	关键信息的突出程度	提示语是否有效突出用户最需要的关键信息？
用户体验	信息的可理解性	提示语是否使用清晰、易于理解的语言，便于用户快速吸收？
	提示语的操作指导性	提示语是否引导用户明确完成下一步操作？
	提示语的用户友好性	提示语是否通过语气和措辞友好地与用户进行互动？
	提示语的响应及时性	提示语是否出现在合适的时间，避免过早或过迟？
创造性与创新性	表达方式的独特性	提示语是否采用了与众不同的表达方式，提升用户体验？
	内容的个性化程度	提示语是否根据用户的个人行为和偏好进行了个性化设计？
	信息的创新呈现方式	提示语是否利用新技术或创新设计给用户带来新鲜感？
适应性	提示语的多设备兼容性	提示语是否能适应多种设备类型，在不同设备上保持一致？
	提示语的多语言支持	提示语是否支持多语言并保持信息准确翻译？
	提示语的跨文化适应性	提示语是否能够跨文化适应，避免因文化差异导致的误解？
	提示语的场景灵活性	提示语是否能够适应不同场景需求，根据使用情境做出调整？

（三）优化策略：提升提示语效果的实用方法

为了提升提示语在不同任务场景中的表现，以下聚焦评估标准和评价体系中的关键维度，提出了五个具体且可操作的优化策略。这些策略不仅针对提示语的核心问题展开讨论，还提供了具体的实现路径，确保优化措施具备实际可操作性。

1. 提升任务契合度：确保任务精准传达

提示语需要在任务描述上具备高度的契合性，避免模糊或偏离主题。通过设定明确的任务目标和输出要求，可以提升任务契合度。

（1）设定清晰的任务边界：确保提示语中明确任务的范围、时间限制或具体需求，避免因为任务描述不明造成偏离。任务边界越清晰，AI 输出的结果就越符合预期。

（2）针对性关键词引导：在提示语中使用核心关键词进行引导，帮助 AI 聚焦于特定任务的核心内容。这不仅有助于增强 AI 对任务的理解，还能提高任务相关内容的准确性。

◎　提示语精细化调整示例：

原始提示语：请撰写一篇关于全球化的文章。

优化后提示语：请撰写一篇 2 000 字的学术文章，讨论全球化对发展中国家经济增长的影响。文章应包含以下内容：

（1）过去 20 年全球化对发展中国家贸易模式的影响。

（2）全球化对这些国家内部产业结构的影响。

（3）全球化带来的经济不平等现象及其后果。

请在文章中引用至少 5 个学术来源，并将重点放在 2005 年至 2025 年之间的数据分析。关键词包括："全球化影响""经济增长""贸易模式""产业结构变化"。

2. 优化信息层次：确保内容有序生成

提示语应引导 AI 按信息层次逐步生成内容，尤其是在多步骤任务中，需要合理分配信息顺序，避免内容混乱。

（1）分段信息生成：提示语应指导 AI 按照任务的不同部分逐步生成内容，避免一次性生成全部信息。这可以确保 AI 能按顺序完成各个步骤，减少信息过载的风险。

（2）优化信息重要性排序：提示语应优先生成关键内容，次要信息在任务中后期呈现。通过控制信息的重要性顺序，AI 可以首先处理最核心的信息，再逐步生成次要或支持性内容。

◎　提示语精细化调整示例：

原始提示语：撰写一份关于公司财务状况的报告。

优化后提示语：请撰写一份关于公司财务状况的分析报告，分为以下三个部分生成内容。

第一部分（关键内容）：总结本年度公司收入、成本和净利润情况，重点说明任何显著的变化趋势。

第二部分：对各部门的开支结构进行分析，指出哪些部门的成本较高，并分析原因。

第三部分：对未来一年的财务状况，结合市场趋势和公司目前的表现，做出合理的预测。

请按照顺序生成每一部分内容，确保每个部分的字数控制在 500 字以内。

3. 提升用户交互体验：简化交互并增强可操作性

提示语需要根据用户的操作习惯，简化交互并增强可操作性，以确保 AI 的响应更为友好、易于理解。

（1）简明措辞与明确指令：提示语中的语言应简洁明了，减少复杂的句式，确保 AI 能快速解析任务并执行。清晰明确的措辞能显著提高用户的交互体验，减少因理解偏差导致的错误生成。

（2）增设动态调整选项：提示语可以为用户提供内容生成后的调整选项，通过引导用户反馈或通过提示选项，帮助 AI 进一步优化生成内容。这能有效提升提示语的灵活性和适应性，使生成内容更贴合用户需求。

（3）灵活反馈机制：提示语中应包含用户可调整输出的反馈机制，使用户能实时修正 AI 的生成内容或选择不同生成路径，从而提升用户对提示语的控制感。

◎ 提示语精细化调整示例：

原始提示语：为我们的新产品撰写一份营销计划。

优化后提示语：请撰写一份简短的营销计划，推广即将在北美市场推出的新产品。计划应包含以下三个部分：

第一部分：目标市场分析，包括核心消费者群体和购买习惯的总结。

第二部分：选择营销渠道（如社交媒体、线下活动），并说明每个渠道的优势。

第三部分：制定推广预算，提供未来 6 个月内的详细预算分配计划。

如需根据生成内容做出进一步调整，请选择以下选项：

［进一步扩展分析细节］。

［调整市场规模分析范围］。

［优化预算结构建议］。

反馈选项：

如果生成内容需要更多市场细节，请点击以下选项进行修改：

［增加北美市场的消费者行为细节］。

［扩展营销渠道对比分析］。

如果生成内容的字数不符合要求或内容过于冗长，您可以选择：

［缩短到 500 字以内］。

［扩展至 1 000 字，并加入更多市场数据］。

对于预算建议部分，如果需要调整，可以选择以下方式：

［调整预算分配比例］。

［提供预算与实际支出的对比数据］。

4. 强化逻辑一致性：确保逻辑连贯与顺序执行

提示语的逻辑结构应保持连贯性，尤其在多步骤任务中，逻辑一致性对于任务完成至关重要。逻辑错误或不连贯会导致 AI 生成错误结果或任务中断。

（1）任务步骤逻辑关联：提示语应根据任务逻辑设计清晰的执行步骤，每个步骤需要与前一步形成逻辑上的联系，避免跳跃式生成或信息断层。

（2）逻辑验证机制：在提示语中嵌入逻辑自检机制，使 AI 能够在生成过程中自行校验其生成内容的逻辑一致性，确保输出内容符合预期逻辑框架。

（3）连续性提示语设计：针对需要推理或逐步生成的任务，提示语应在前一步完成的基础上生成下一步内容。每一步提示语的输出需与后续步骤保持信息连贯，防止出现信息脱节的情况。

◎ 提示语精细化调整示例：

原始提示语：解释这个营销模型。

优化后提示语：请按以下步骤解释这个营销模型，确保每一步都与前一步紧密相关，按顺序生成内容。

第一步：解释该营销模型的基本概念和假设条件，重点说明该模型的理论基础。

第二步：分析该模型如何通过市场数据得出营销策略，结合假设条件详细描述模型的计算方法。

第三步：说明该模型在现实中的应用，提供一个具体的行业案例，并解释模型对决策的影响。

在每一步生成过程中，请确保逻辑一致性，避免跳过步骤或信息不完整。每个步骤完成后，系统将对生成的内容进行自检，确保信息连贯并与下一步保持逻辑联系。

反馈选项（逻辑验证机制）：

如果发现步骤生成存在跳跃或不连续性，您可以选择以下操作：

［重新生成第一步的基本概念部分］。

［调整模型的假设条件描述］。

如果第二步中逻辑不清晰，您可以选择以下操作：

［重新计算并展示市场数据与模型计算方法的联系］。

［扩展对模型的推理过程］。

在第三步中，如果需要调整模型应用的具体行业案例，您可以选择：

［提供更多行业案例］。

［简化应用案例的分析］。

5. 提升场景适应性：根据任务环境灵活调整提示内容

提示语需要具备较强的适应性，能够根据不同的任务环境调整内容生成方式，以适应多样化的场景需求。

（1）场景自适应生成：提示语应根据任务的不同场景（如学术、创意、技术等）动态调整内容的生成方式，确保 AI 能够输出符合特定场景需求的内容。场景适应性越强，AI 生成内容的相关性和有效性就越高。

（2）任务复杂度动态调整：提示语可以根据任务的复杂性调整生成信息的详略程度。例如，在简单任务中生成简洁明了的内容，而在复杂任务中提供更为详细和精确的指引，提升提示语的灵活度。

（3）场景优先级设定：在处理多个任务时，提示语应能够根据任务的优先级动态调整输出内容，确保关键任务优先生成，次要任务按需推后。

◎ 提示语精细化调整示例：

原始提示语：撰写一篇关于人工智能的报告。

优化后提示语：请根据以下场景撰写一篇关于人工智能的报告，系统将根据任务复杂度自动调整内容生成方式。

学术场景：撰写一篇 1 500 字的学术报告，探讨人工智能在医疗领域中的应用。

文章应引用至少 5 篇学术论文，并详细分析以下三方面：

（1）AI 在个性化诊断中的应用。

（2）AI 辅助药物研发的技术进展。

（3）医疗 AI 技术的伦理挑战及隐私问题。

创意场景：撰写一篇创意文章，描述未来 10 年人工智能在日常生活中的广泛应用。文章应包括但不限于以下情景：

（1）AI 如何帮助人们在家中管理健康。

（2）AI 如何改变人们的购物和出行方式。

技术场景：撰写一份技术报告，深入探讨人工智能在自动驾驶中的技术突破。文章应包含以下内容：

（1）AI 在自动驾驶中的感知技术进展。

（2）AI 算法优化在路径规划中的作用。

（3）未来 5 年的技术发展趋势。

任务复杂度调整：

如果任务较简单，系统将自动简化输出内容。例如，生成一份 500 字的报告，着重概述人工智能技术的基础应用场景。

如果任务较复杂，系统将自动扩展生成内容，提供更详细的数据分析、技术说明和预测。

场景优先级设定：

在处理多个任务时，系统将根据任务的紧急性自动调整输出顺序。您可以选择以下优先级设定：

［优先生成学术报告］。

［优先生成技术报告］。

［延迟生成创意文章，集中处理关键报告］。

第4章

让 AI 与众不同：
打造专业内容与创意表达

提示语优化是提升生成内容质量的核心步骤。通过合理的优化策略，提示语可以更好地引导 AI 生成符合需求、连贯且信息丰富的内容。本章将从专业深化、创意激发、风格塑造与元叙事驱动四个方面展开，探讨如何通过优化提示语设计激发 AI 创意以提升输出内容质量，并引入元叙事提示框架，增强文本的叙事深度与结构层次，从而生成更具专业性与创造性的内容。

一、专业深化：打造高质量专业内容

在 AI 时代，提示语设计的专业性和内容质量密切相关。设计者不仅需要深刻理解特定领域的专业知识，还要引导 AI 生成符合行业标准的高质量内容。本节将重点探讨如何提升提示语的专业性，并分析如何通过优化提示语设计来提升生成内容的质量，确保 AI 输出的精准性、深度和创新性。

（一）保障专业性：深度洞察与精准表达的结合

专业性要求设计者具备扎实的知识背景，进而引导 AI 生成符合特定领域专业标准的高质量内容。

🔍 **专业性内容的特点：**

- 领域专业知识：提示语设计通常聚焦于特定的专业领域，要求设计者对该领域有深入的理解和洞察，确保提示语能够精确反映该领域的关键知识点。

　　▪ 专业术语的准确使用：在提示语中准确使用专业术语，不仅能提升 AI 生成内容的可信度，还可确保复杂概念的有效传达。

　　▪ 最新研究和发展的融入：高水平的提示语设计需考虑相关领域的最新进展和前沿思考，以确保生成内容具有时效性与前瞻性。

AI 时代的专业性挑战：

　　▪ 知识更新：AI 模型的知识可能存在时效性问题，如何确保生成内容的专业性和时效性？

　　▪ 术语精确性：如何设计提示语，让 AI 在使用专业术语时保持高度准确？

　　▪ 跨学科融合：如何引导 AI 整合多个专业领域的知识，创造出真正有深度的内容？

实战技巧：在处理包含专业知识的内容时，可以尝试以下提示语。

> 请解释 [专业概念]，要求：
> （1）给出准确的学术定义。
> （2）用通俗易懂的语言解释其核心含义。
> （3）提供一个日常生活中的类比或比喻。
> （4）举例说明该概念在实际中的应用。
> （5）如果可能，提供一个简单的图示来可视化这个概念。

（二）提升输出质量：掌握提示语的四个核心要素

　　如何通过精心设计的提示语，引导 AI 生成高质量的内容？这里将介绍提示语工程的四个核心要素：语言、知识、逻辑和创意。这四个要素共同构成了提示语设计的基础，确保 AI 生成内容的准确性、深度和创新性，从而充分发挥 AI 的潜力。

1. 语言要素：提示语的表达基础

　　语言是提示语工程的根基，它决定了 AI 理解和执行任务的方式。精准、清晰、富有语境的语言可以有效提高 AI 输出的质量。

　　（1）精准性：选择恰当的词语。

　　精准的语言表达能够确保 AI 准确理解提示语的意图，避免因模糊不清的指令导致生成的内容偏离预期。这需要在提示语中使用明确的术语，提出具体的要求，减少歧义。

◎ 模糊与清晰提示语示例：

> 模糊提示语：写一篇关于环境保护的文章。
> 清晰提示语：分析过去十年全球环境保护政策的效果，并探讨未来可能的改进方向。

（2）清晰性：构建明确的指令。

清晰的结构可以帮助 AI 更准确地理解和执行任务。使用明确的指令、适当的标点符号和逻辑连接词，可以有效提高 AI 的理解和执行效率。

◎ 低效与高效提示语示例：

> 低效提示语：讲述人类探索太空的故事。
> 高效提示语：请按时间顺序列举并简要描述人类太空探索史上的五个里程碑事件，内容应包括：
> （1）事件名称。
> （2）发生时间。
> （3）相关国家 / 机构。
> （4）该事件对后续太空探索的影响。

（3）语境设置：提供任务背景。

提供任务背景可以帮助 AI 更好地理解提示语的上下文，确保生成的内容符合预期。语境设置包括任务的目标、预期形式以及特定的风格等信息。

◎ 无语境与有语境提示语示例：

> 无语境提示语：写一篇关于人工智能的文章。
> 有语境提示语：假设你是一位面向普通大众的科技记者，需要写一篇通俗易懂的文章，解释人工智能技术如何改变我们的日常生活。请使用生动的例子和简单的类比来解释复杂的概念，文章长度约 1 000 字。

2. 知识要素：提示语的内容基石

知识是提示语的内容支撑，它决定了 AI 生成内容的深度和广度。通过在提示语中融入专业知识、跨域知识和元知识，可以显著提升 AI 输出的质量。

（1）领域知识：专业性的保证。

在拆解复杂任务、进行提示语设计的过程中，深厚的领域知识至关重要。通过在提示语中融入专业术语、核心概念和最新研究成果，能够有效引导 AI 生成更加专业和具有深度的内容，提升生成结果的质量与权威性。

◎ **浅层与深层提示语示例：**

> **浅层提示语：**写一篇关于量子计算的文章。
> **深度提示语：**请撰写一篇关于量子计算的综述文章，内容应包括：
> （1）量子比特的概念和特性。
> （2）量子纠缠和量子退相干的原理及挑战。
> （3）超导量子计算和光量子计算的比较。
> （4）IBM、Google、中国科学技术大学等机构在量子计算领域的最新研究进展。
> （5）量子计算在密码学、药物发现等领域的潜在应用。

（2）跨域知识：激发创新思维。

跨领域知识的融合可以产生创新性的任务成果。在提示语中引入跨学科的视角和方法，可以激发 AI 生成更有洞见的内容。

◎ **单一领域与跨域提示语示例：**

> **单一领域提示语：**分析社交媒体对青少年的影响。
> **跨域提示语：**请从心理学、社会学和神经科学的角度，全面分析社交媒体对青少年的影响。
> （1）心理学角度：社交媒体使用对自尊、社交焦虑和抑郁的影响。
> （2）社会学角度：社交媒体如何改变青少年的社交模式和群体行为。
> （3）神经科学角度：长期使用社交媒体对青少年大脑发育的潜在影响。
> 请引用近五年内的相关研究数据来支持你的分析。

（3）元知识：优化内容结构。

元知识是关于知识组织和应用的知识。在提示语工程中，运用元知识可以帮助 AI 更好地组织和呈现信息。

◎ 元知识提示语示例：

> **无元知识提示语**：写一篇关于全球变暖的文章。
>
> **有元知识提示语**：请按照科学论文的标准结构（摘要—引言—方法—结果—讨论—结论）撰写一篇关于全球变暖的综述文章。具体要求如下：
>
> （1）摘要：简要概述全文要点（100 字以内）。
> （2）引言：介绍全球变暖的定义、历史背景和研究意义。
> （3）方法：描述测量全球温度变化的主要方法和数据来源。
> （4）结果：呈现过去 100 年全球温度变化的关键数据和趋势。
> （5）讨论：分析导致全球变暖的主要因素，以及可能的生态和社会经济影响。
> （6）结论：总结研究发现，并提出应对全球变暖的可能策略。

3. 逻辑要素：提示语的结构支柱

逻辑是提示语的骨架，决定了整个作品的连贯性和说服力。图 4-1 展示了提示语逻辑结构的构建过程，强调通过逻辑关联、阶段性检查和一致性控制，使提示语在内容生成过程中保持严密的逻辑性。

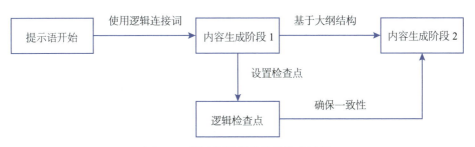

图 4-1　提示语逻辑结构的构建过程

（1）信息提炼：梳理逻辑起点。

在复杂任务的提示语设计中，信息的提炼与归纳是构建逻辑链条的基础。通过从大量信息中筛选和聚焦关键内容，可以帮助 AI 建立清晰的逻辑起点，确保生成的内容条理分明、重点突出。

◎ **信息提炼提示语示例：**

（1）筛选关键信息：请从以下信息中筛选出最关键的内容，去除无关信息，确保仅保留与任务目标直接相关的要点。

（2）提炼核心观点：从筛选出的关键信息中，提炼出最具代表性和影响力的核心观点，确保这些观点为后续分析提供明确的方向。

（3）构建逻辑框架：基于提炼出的核心观点，构建一个清晰的逻辑框架，确保每个观点之间有明确的联系，便于后续展开分析。

（4）整合观点与形成结构：将构建的逻辑框架中的核心观点进行整合，形成一个有条理的结构，确保信息之间的关系清晰明了。

（5）归纳总结与突出重点：基于已整合的结构，归纳出关键结论，突出最重要的要点，为后续创作或分析提供清晰的方向。

（6）总结报告要点并提出投资建议。

　　（2）因果分析：构建逻辑链。

　　在复杂任务的提示语设计中，清晰的因果关系是构建有说服力的论证的关键。通过在提示语中明确表达因果关系，能够有效引导 AI 生成更加连贯、逻辑严谨的内容，从而增强论证的深度和说服力。

◎ **因果分析提示语示例：**

简单提示语：讨论全球化对经济的影响。

因果分析提示语：分析全球化如何通过以下机制影响各国经济。

（1）贸易自由化 → 市场扩大 → 规模经济效应 → 生产效率提高。

（2）资本流动 → 跨国投资增加 → 技术转移 → 生产力提升。

（3）劳动力流动 → 人才全球配置 → 创新能力增强。

（4）文化交流 → 消费习惯改变 → 新兴产业发展。

请对每个因果链进行详细解释，并提供具体的案例或数据支持。

　　（3）论证结构：增强说服力。

　　归纳、演绎、类比等不同论证结构能创造出多样化效果。在提示语中指定特定的论证结构，可以引导 AI 生成更有说服力的内容。

◎ 论证结构提示语示例：

> 使用以下论证结构分析气候变化的经济影响：
>
> （1）提出主张：气候变化将对全球经济产生深远影响。
>
> （2）归纳论证：列举气候变化导致的具体经济损失案例（如极端天气造成的农业损失、海平面上升导致的基础设施损坏等）。
>
> （3）演绎论证：根据温室气体排放 → 全球变暖 → 气候模式改变 → 经济活动受影响的逻辑链进行推理。
>
> （4）类比论证：将气候变化的经济影响与历史上其他全球性危机（如金融危机）进行对比。
>
> （5）反驳：对"气候变化的经济影响被夸大"的观点进行反驳。
>
> （6）综合：总结气候变化的经济影响，并提出应对建议。

4. 创意要素：提示语的效能激活

在设计复杂任务的提示语时，创意是不可或缺的关键要素。通过视角创新、跨界思维和创造性约束等方法，可以激发 AI 进行创意生成，为文章增添亮点。

（1）视角创新：换个角度看世界。

通过在提示语中引入独特的视角，可以激发 AI 生成富有创意的内容。这种方法适用于文学创作、广告文案等需要新颖视角的任务。

◎ 视角创新提示语示例：

> 常规提示语：写一篇关于城市发展的文章。
>
> 视角创新提示语：请以一棵百年老树的视角，描述它见证的城市百年变迁。内容应包括：
>
> （1）从农田到摩天大楼的景观变化。
>
> （2）从马车到电动车的交通演变。
>
> （3）从传统社区到现代社会的人际关系转变。
>
> （4）树木对城市发展的"感受"和"思考"。

（2）跨界思维：激发创新火花。

跨界思维可以产生意想不到的创意火花。在提示语中结合不同领域的概念，可以引导 AI 生成富有洞见的内容。

◎　跨界思维提示语示例：

> 请使用生物学中的"共生"概念来分析现代企业生态系统。探讨以下方面：
> （1）大企业与初创公司之间的"互惠共生"关系。
> （2）跨行业合作中的"互利共生"模式。
> （3）企业与用户之间的"偏利共生"策略。
> （4）商业生态系统中的"竞争性共生"现象。
> 对于每种关系，请提供具体的商业案例，并分析这种生物学借鉴如何启发商业创新。

（3）创造性约束：有限中的无限可能。

在创造力生成的过程中，约束不仅起到限制作用，也是激发 AI 创新思维的关键因素。通过设定适度的边界，约束可以引导 AI 重新思考问题，寻找新的可能性（见图 4-2）。

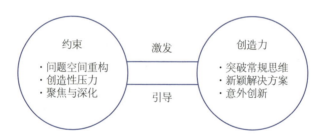

图 4-2　约束与创造力的关系

◎　创造性约束提示语示例：

> 请创作一篇描述未来智慧城市的短文，要求如下：
> （1）全文不超过 500 字。
> （2）不能直接使用"智能""人工智能""物联网"等技术术语。
> （3）必须包含至少 3 个感官描述（视觉、听觉、触觉等）。
> （4）需要从一个 10 岁儿童的视角来描述。
> （5）结尾要体现出对这种未来生活的某种担忧或质疑。

二、创意激发：优化 AI 内容生成的多维模型

在人工智能技术快速发展的背景下，AI 内容生成已从简单的信息输出迈向高质量、创新性的内容创造阶段。那么，如何让 AI 生成的内容富有创意且具有独特性？本节将主要介绍两个创新性模型，通过系统性整合跨学科理论与方法，为 AI 内容生成提供多维度的优化路径，助力其在知识边界与创新性上实现双重突破。

（一）知识融合：拓宽 AI 内容生成的创意边界

这里将介绍"知识融合提示语优化模型"（Knowledge Fusion Prompt Optimization Model，简称 KFPOM）。KFPOM 是一个综合性的提示语优化框架，它整合了认知科学、创造性思维和知识管理的相关理论，旨在通过系统化的知识融合方法拓宽 AI 内容生成的创意边界。

KFPOM 的核心组成：

- 跨域映射机制（Cross-domain Mapping Mechanism，简称 CMM）。
- 概念嫁接策略（Concept Grafting Strategy，简称 CGS）。
- 知识转移技术（Knowledge Transfer Technique，简称 KTT）。

1. 跨域映射机制（CMM）：激发创新思维

跨域映射机制是 KFPOM 的第一个核心组成部分，它通过在不同知识领域之间建立联系来激发创新思维。

CMM 的理论基础：

CMM 借鉴了认知语言学中的概念隐喻理论（Conceptual Metaphor Theory）和认知科学中的类比推理（Analogical Reasoning）方法论，帮助系统构建跨域联系。关键技巧如下：

- 结构映射：识别源域和目标域之间的结构相似性。
- 属性转移：将源域的特征和属性转移到目标域。
- 关系对应：建立两个领域之间的关系类比。
- 抽象模式提取：从具体例子中提取通用模式。

CMM 实施步骤：

（1）源域选择：根据任务选择合适的类比源域。

（2）映射点识别：确定源域和目标域之间的关键对应点。

（3）类比生成：创造性地将源域概念应用于目标域。

（4）类比细化：调整和优化类比，确保其恰当性和新颖性。

◎ **CMM 应用示例：**

创作一篇探讨现代网络安全策略的文章，运用人体免疫系统作为核心类比。

要求：

（1）开篇以简洁的方式介绍人体免疫系统和网络安全系统的相似性，为整篇文章设定基调。

（2）逐层展开类比：

　　a. 将防火墙和访问控制比作皮肤和黏膜，解释它们如何用作第一道防线。

　　b. 描述入侵检测系统如何像白细胞一样在网络中"巡逻"，识别和应对威胁。

　　c. 解释签名式防御如何类似于抗体，能够快速识别与中和已知威胁。

　　d. 比较系统隔离和清理过程与人体发烧的相似性：都是为了控制"感染"扩散。

　　e. 讨论威胁情报数据库如何类似于免疫记忆，使系统能够更快地应对重复出现的威胁。

（3）深入探讨启示：

　　a. 分析免疫系统的适应性如何启发自适应安全系统的设计。

　　b. 探讨免疫系统的分层防御策略如何应用于网络安全的纵深防御。

　　c. 讨论过度免疫反应（如过敏）可能对应的网络安全问题（如误报或过度限制）。

（4）创新思路：

　　a. 提出"数字疫苗"概念，探讨如何通过模拟攻击来增强系统抵抗力。

　　b. 讨论"网络卫生"概念，类比个人卫生如何预防疾病。

　　c. 探索"数字共生"理念，类比人体中的有益菌群，讨论如何利用良性 AI 来增强网络安全。

（5）挑战与展望：

　　a. 分析这种类比的局限性，指出人体免疫系统和网络安全系统的关键差异。

b. 展望未来：讨论如何进一步借鉴生物系统的其他特性来增强网络安全。

注意：在使用类比时，应保持科学准确性，避免过度简化复杂的技术概念。确保文章既生动有趣，又具有技术深度。

◎ **跨域映射提示语示例：**

任务：为企业设计创新的组织结构模型。

请使用自然生态系统作为源域，为现代企业组织结构创建一个创新模型。

（1）第一步：分析森林生态系统中的关键元素（如大树、灌木、真菌网络、阳光、土壤等）及其互动关系。

（2）第二步：识别企业组织中可对应的元素（如领导层、中层管理、信息流、资源分配等）。

（3）第三步：创建至少 3 个基于生态系统特性的组织创新概念。例如：

　　a. 将菌根网络如何连接树木的特性映射到企业信息共享系统。

　　b. 将森林多样性如何增强稳定性的原理应用于企业团队构成。

　　c. 将森林分层生长模式转化为新型组织结构设计。

（4）第四步：评估这些创新概念的实用性和创新性，优化类比，确保它们既有启发性又有实施可能。

2. 概念嫁接策略（CGS）：创造性融合

概念嫁接策略是 KFPOM 的第二个核心组成部分，它通过将不同领域的概念创造性地结合，产生新的、独特的想法。

🔍 **CGS 的理论基础：**

CGS 借鉴了认知科学中的概念整合理论（Conceptual Blending Theory），由吉尔斯·福科尼耶（Gilles Fauconnier）和马克·特纳（Mark Turner）提出。概念嫁接策略的基本构成如下：

- 输入空间定义：明确要融合的两个或多个概念领域。
- 通用空间识别：找出输入空间之间的共同特征。
- 选择性投射：从输入空间选择相关元素进行融合。
- 涌现结构构建：在融合空间中创造新的结构。

📎 **CGS 实施步骤**：

（1）选择输入概念：确定要融合的核心概念。

（2）分析概念特征：列出每个输入概念的关键特征和属性。

（3）寻找共同点：识别输入概念之间的共同特征。

（4）创造融合点：设计概念间的创新性连接点。

（5）构建融合提示：创建引导 AI 进行概念嫁接的提示语。

◎ **CGS 应用示例**：

尝试将"社交媒体"和"传统图书馆"这两个概念进行嫁接，以设计一个创新的知识共享平台。

（1）输入概念：

　　a. 社交媒体：即时性、互动性、个性化、病毒传播。

　　b. 传统图书馆：知识储备、系统分类、安静学习、专业指导。

（2）共同特征：

　　a. 信息存储和检索。

　　b. 用户群体链接。

　　c. 知识分享。

（3）融合点：

　　a. 实时知识互动。

　　b. 知识深度社交网络。

　　c. 数字化图书馆员服务。

　　d. 个性化学习路径。

◎ **概念嫁接提示语示例**：

任务：设计一个创新的知识共享平台。

请融合"社交媒体"和"传统图书馆"的概念，创造一个全新的知识交流和学习系统：

（1）想象一个集合社交媒体的互动性和图书馆的深度知识储备的平台，如何为其设计一个"知识流"功能？

（2）如果将图书馆的分类系统应用于社交网络，那么该如何创建一个基于知识深度的社交关系网络？

（3）图书馆员的专业指导如何在一个高度互联的社交平台上实现数字化和个性化？

（4）社交媒体的病毒传播机制如何用于高质量学术资源的传播？

（5）如何将图书馆的安静学习环境概念融入一个充满活力的在线社交平台？

基于以上概念融合，请提出一个创新的知识共享平台设计，包括其核心功能、运作模式和独特价值主张。详细说明如何将社交媒体和图书馆的优势结合，创造出一种全新的学习和知识交流体验。

3. 知识转移技术（KTT）：跨域智慧应用

知识转移技术是 KFPOM 的第三个核心组成部分，它关注如何将一个领域的知识、技能或方法论应用到另一个不同的领域，以解决问题或激发创新。

🔍 KTT 的理论基础：

KTT 基于认知科学中的迁移学习理论和组织学习理论。将这些理论应用到 AI 内容生成过程中，有以下关键技巧：

- 源域识别：确定具有价值知识或方法的领域。
- 知识抽象：将源域知识抽象为一般性原则。
- 目标域映射：在目标领域找到知识应用的切入点。
- 知识重构：根据目标域的特点重新构建知识。
- 应用与验证：在目标域应用转移的知识并评估效果。

📎 KTT 实施步骤：

（1）定义问题：明确目标领域需要解决的问题或创新点。

（2）寻找源域：搜索可能包含相关知识或方法的其他领域。

（3）知识提取：从源域提取关键的知识、技能或方法。

（4）相似性分析：分析源域和目标域之间的结构相似性。

（5）转移策略设计：制定知识从源域到目标域的转移策略。

（6）构建转移提示：创建引导 AI 进行知识转移的提示语。

◎ KTT 应用示例：

假设想要改善在线教育平台的学生参与度；可以尝试从游戏设计领域转移知识。

（1）问题定义：提高在线教育平台的学生参与度和学习动力。

（2）源域：游戏设计。

关键知识：游戏化机制、玩家心理学、关卡设计、即时反馈系统。

（3）知识提取与抽象：

a. 进度可视化。

b. 成就系统。

c. 社交互动。

d. 个性化挑战。

e. 即时反馈。

（4）相似性分析：

a. 游戏玩家 <-> 学生。

b. 游戏关卡 <-> 课程单元。

c. 游戏技能提升 <-> 知识获取。

d. 游戏社交系统 <-> 学习社区。

◎ 知识转移提示语示例：

任务：优化在线教育平台的学生参与度。

请将游戏设计领域的知识和技巧转移到在线教育平台的设计中：

（1）如何将游戏的"关卡设计"原理应用于课程结构设计，使学习过程更具挑战性和吸引力？

（2）游戏中的"成就系统"如何转化为教育平台中的学习动力机制？

（3）游戏的"即时反馈"机制如何在教育环境中实现，以增强学习效果？

（4）如何将游戏中的"社交互动"元素融入学习过程，促进协作和竞争？

（5）游戏的"个性化体验"如何启发学生创造个性化学习路径？

（6）游戏的"叙事设计"如何用于增强课程内容的吸引力和连贯性？

基于以上知识转移思路，请设计一个创新的在线教育平台功能方案，详细说明：

（1）至少 5 个从游戏设计转移而来的具体功能。

（2）每个功能如何提升学生参与度。

（3）可能面临的实施挑战及解决方案。

请确保你的设计既体现了游戏的吸引力，又保持了教育的严肃性和有效性。

（二）多维激发：释放 AI 内容的创新潜能

在 AI 内容生成过程中，激发创意是帮助生成内容脱颖而出的关键。这里将介绍"创意激发提示语优化模型"（Creativity Ignition Prompt Optimization Model，简称 CIPOM）。CIPOM 是一个综合性的提示语优化框架，它整合了创造性思维、认知科学和设计思维的相关理论，旨在通过系统化的创意激发方法提升 AI 生成内容的创新性和独特性，使其在信息海中出类拔萃。

✑ CIPOM 的核心组成：

- 随机组合机制（Random Combination Mechanism，简称 RCM）。
- 极端假设策略（Extreme Hypothesis Strategy，简称 EHS）。
- 多重约束策略（Multiple Constraint Strategy，简称 MCS）。

1.随机组合机制（RCM）：打破常规思维

随机组合机制通过将看似不相关的元素进行有机结合，有效激发出新的创意思路，以突破传统框架，探索不同元素之间潜在的关联，从而生成更为丰富、多样化的内容。这一过程不仅提升了创新的广度，也为解决复杂问题提供了多维度的视角。

✑ RCM 的理论基础：

RCM 建立在创造性思维中的"强制联系"（Forced Association）和"创意综合"（Creative Synthesis）理论基础上。将这些理论应用到 AI 内容生成领域，有以下主要内容：

- 元素库构建：创建包含多样化元素的知识库。
- 随机抽取：从元素库中随机选择元素。
- 强制联系：将随机选择的元素强制性地联系起来。
- 创意整合：基于随机组合生成新的创意概念。

🖉 RCM 实施步骤：

（1）定义创意领域：明确需要创新的具体领域或问题。

（2）构建多元素库：收集与创意领域相关或不相关的多样化元素。

（3）设计随机抽取机制：创建一个可以随机选择元素的系统。

（4）制定组合规则：设定如何将随机元素组合在一起的规则。

（5）生成组合提示：创建引导 AI 进行随机组合的提示语。

◎ **RCM 应用示例：**

假设要为一家咖啡连锁店设计一个创新的营销活动；可以使用 RCM 来激发创意。

元素库构建：

（1）咖啡相关：豆种、烘焙、萃取、风味。

（2）文化艺术：音乐、绘画、舞蹈、文学。

（3）科技：AR、VR、AI、物联网。

（4）环保：可持续、回收、碳中和、生物降解。

（5）社交：社交媒体、直播、社区、互动。

◎ **随机组合提示语示例：**

设计一个创新的咖啡连锁店营销活动，使用以下随机组合的元素来激发创意。

（1）咖啡元素：［豆种］。

（2）文化艺术元素：［舞蹈］。

（3）科技元素：［AR］。

（4）环保元素：［碳中和］。

（5）社交元素：［直播］。

请基于这些随机组合的元素，设计一个独特而吸引人的营销活动。你的设计应该：

（1）创造性地整合所有给定元素。

（2）突出咖啡品牌特色。

（3）提供引人入胜的客户体验。

（4）具有病毒式传播的潜力。

详细描述活动概念、执行方案、预期效果，并解释如何巧妙地将这些看似不相关的元素融合在一起。

2. 极端假设策略（EHS）：突破思维界限

极端假设策略是通过提出极端或思维荒谬的假设，挑战常规思维，从而激发出具有突破性的创意。这种策略不仅鼓励跳出传统的思维框架，还促使使用者从新的角度和方法来思考问题。通过引入极端假设，探索通常被忽视或认为不可行的方案，从而揭示出隐藏在常规思维背后的创新潜力和间接的解决路径。

🔍 **EHS 的理论基础：**

EHS 借鉴了"逆向思维"（Reverse Thinking）和"假设性思考"（What If Thinking）的概念，将这些思维方法应用到 AI 内容生成过程中，开发了以下策略：

- ▪ 常规假设识别：明确当前领域的常规假设。
- ▪ 极端反转：将常规假设推向极端或完全反转。
- ▪ 后果探索：深入探讨极端假设可能带来的影响和机会。
- ▪ 创新洞察提取：从极端假设中提取可能的创新点。

📎 **EHS 实施步骤：**

（1）识别常规假设：列出在特定领域被广泛接受的假设。
（2）生成极端假设：将这些假设推向极端或完全颠覆。
（3）构建假设场景：详细描述如果极端假设成真会怎样。
（4）探索影响：分析极端假设对各个相关方面的潜在影响。
（5）提取创新点：从极端场景中提炼出可能的创新机会。
（6）构建极端假设提示：创建引导 AI 进行极端假设思考的提示语。

◎ **EHS 应用示例：**

> **任务**：以"未来教育"为主题，运用极端假设策略来激发创新思维。
> **常规假设**：
> （1）学校是学习的主要场所。
> （2）教师是知识的主要传播者。
> （3）学习需要长时间的努力。
> （4）考试是评估学习效果的主要方式。

◎ **极端假设提示语示例：**

> **任务**：设计未来教育系统。
> （1）请基于以下极端假设，构想一个革命性的未来教育系统：

a. 假设：学校作为物理场所完全消失。

　思考：如果没有实体学校，教育将如何进行？社交化学习如何实现？

b. 假设：AI 完全取代人类教师。

　探索：AI 教师将如何个性化教学？如何处理情感和道德教育？

c. 假设：人类可以直接向大脑输入知识，学习时间缩短到瞬间。

　分析：这将如何改变教育的本质？终身学习的概念会如何演变？

d. 假设：考试和评分制度被全面取消。

　讨论：如何评估和证明一个人的能力？社会选拔机制将如何变化？

（2）基于这些极端假设：

a. 详细描述一个未来教育系统的运作模式。

b. 分析这个系统可能带来的积极和消极影响。

c. 从这个极端场景中提取 3~5 个可以在当前教育中借鉴的创新点。

d. 讨论实现这种教育变革可能面临的主要挑战和可能的解决方案。

请确保你的构想既大胆创新，又具有一定的可行性和现实意义。

3. 多重约束策略（MCS）：激发创造性问题解决

多重约束策略是通过设置多个看似矛盾或困难的约束条件，激发创造性思维，寻找突破性解决方案。通过面对和突破约束，个体或团队能够打破思维的束缚，探索出解决方案。

✎ MCS 的理论基础：

MCS 基于创造性问题解决理论和设计思维中的有限性思维概念。将这些理论应用到 AI 内容生成过程中，提出了以下关键策略：

- 约束条件设定：设定多个具有挑战性的限制条件。
- 约束间矛盾分析：识别约束之间的潜在冲突。
- 创造性妥协探索：寻找满足所有约束的创新解决方案。
- 约束突破思考：探索如何创造性地绕过或重新定义约束。

✎ MCS 实施步骤：

（1）问题定义：明确需要解决的核心问题。

（2）约束条件列举：设置多个具有挑战性的限制条件。

（3）约束影响分析：评估每个约束对问题解决的影响。

（4）创新方案构思：在多重约束下寻找创新解决方案。

（5）约束重构：必要时重新定义或调整约束条件。

◎　**MCS 应用示例：**

任务：用多重约束策略来设计一款创新的智能家居产品。

（1）核心问题：设计一款多功能智能家居设备。

（2）约束条件：

　　a. 产品体积不能超过一个标准鞋盒。

　　b. 必须同时满足 5 个不同的家居需求。

　　c. 产品零售价不超过 100 美元。

　　d. 必须使用 100% 可回收材料制造。

　　e. 适用于从儿童到老年人的所有年龄段。

◎　**多重约束提示语示例：**

任务：设计一款创新的多功能智能家居设备。

请在以下多重约束条件下，构思一款突破性的智能家居产品：

（1）约束条件：

　　a. 产品体积不得超过一个标准鞋盒大小（30cm×18cm×10cm）。

　　b. 必须同时满足 5 个不同的家居需求（如照明、温控、安全、娱乐、健康监测等）。

　　c. 产品零售价不得超过 100 美元。

　　d. 必须使用 100% 可回收材料制造。

　　e. 产品应适用于所有年龄段，从儿童到老年人都能轻松使用。

（2）基于这些约束，请设计一款创新的智能家居设备：

　　a. 描述产品的外观和基本结构，说明如何在有限空间内整合多种功能。

　　b. 详细列举并解释这款设备能满足的 5 个关键家居需求，以及每个功能的创新之处。

　　c. 解释产品如何在保持低成本的同时实现多功能化。考虑材料选择、生产方法等因素。

　　d. 描述产品的用户界面设计，说明如何确保各年龄段用户都能轻松操作。

　　e. 详细说明产品的可持续设计特点，包括材料选择和回收策略。

　　f. 解释这款产品如何在市场上脱颖而出，与现有智能家居设备竞争。

此外，请思考：

　　这些约束如何推动了产品设计的创新？

　　在满足所有约束的过程中，你遇到了哪些主要挑战，又是如何创造性地解决这些挑战的？

　　如果允许你突破其中一个约束，你会选择哪一个？

三、风格塑造：赋予 AI 情感表达与风格化能力

　　在内容生成过程中，语言风格的塑造直接影响内容的情感表现和表达效果。本节将介绍"语言风格提示语优化模型"（Language Style Prompt Optimization Model，简称 LSPOM）。LSPOM 是一个综合性的提示语优化框架，它整合了语言学、文体学和修辞学的相关理论，旨在通过系统化的风格塑造方法增强内容的表现力与感染力。

✎ LSPOM 的核心组成：

- 语体模拟机制（Register Simulation Mechanism，简称 RSM）。
- 情感融入策略（Emotion Integration Strategy，简称 EIS）。
- 修辞技巧应用（Rhetorical Techniques Application，简称 RTA）。
- 风格一致性评估（Style Consistency Evaluation，简称 SCE）。

（一）语体模拟机制（RSM）：精准捕捉语言特征

　　语体模拟是通过分析和复制特定语体的语言特征，使 AI 生成的内容更贴近目标风格，该过程不仅涉及词汇和语法的调整，还关注语气、风格以及语调等语言特质的深层次模仿。通过语言模拟，AI 能够更加自然、连贯地生成特定领域或受众期望的文本内容，从而提升其在文本生成和自然语言处理任务中的表现。

✎ RSM 的理论基础：

　　RSM 建立在语言学中的语域理论（Register Theory）和语体分析（Stylistic Analysis）的基础上，重点在于分析不同语言环境中的语体特征及其在特定情境

中的适用性。图 4-3 为语体模拟机制的结构示意，关键技巧如下：

- 语体特征识别：分析目标语体的词汇、语法和语用特征。
- 语境因素考量：考虑语体使用的社会文化背景。
- 语体要素提取：提取构成特定语体的关键语言元素。
- 语体规则构建：建立模拟目标语体的语言使用规则。

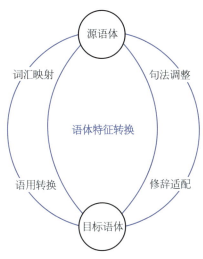

图 4-3　语体模拟机制

RSM 实施步骤：

（1）确定目标语体：明确需要模拟的具体语言风格。

（2）收集语料样本：搜集目标语体的典型文本样本。

（3）分析语言特征：从词汇、句法、修辞等多个维度分析语体特征。

（4）提取关键元素：识别和提取构成该语体的独特语言元素。

（5）构建语体指南：创建详细的语体使用指南。

（6）生成模拟提示：创建引导 AI 模拟特定语体的提示语。

RSM 应用示例：

假设需要 AI 生成一篇模仿莎士比亚风格的短文，可以使用 RSM 来指导 AI 更准确地捕捉莎士比亚的语言特征。

莎士比亚风格特征分析：

（1）词汇：古英语词汇，创造性的复合词。

（2）语法：倒装句，不规则句式。

（3）修辞：大量的比喻、隐喻和双关语。

（4）韵律：多用抑扬格五音步。

（5）主题：常涉及爱情、权力、背叛等永恒主题。

◎　语体模拟提示语示例：

任务：创作一段模仿莎士比亚风格的独白。

请按照以下指南，创作一段体现莎士比亚语言风格的独白：

（1）主题：探讨爱情与背叛的矛盾。

（2）语言特征：

　　a. 使用至少 5 个古英语词语或莎士比亚式复合词。

　　b. 包含至少 2 个倒装句。

　　c. 运用至少 3 个生动的比喻或隐喻。

　　d. 创造 1 个具有双关含义的词语或短语。

（3）结构：

　　a. 使用抑扬格五音步。

　　b. 总长度为 12～15 行。

（4）语气：

　　a. 开始时沉思冷静。

　　b. 中段情感逐渐激烈。

　　c. 结尾处达到情感高潮。

额外要求：

　　融入至少一个对自然现象的引用。

　　包含一个修辞性问句。

　　结尾处使用一个令人深思的悖论。

请确保整体风格统一，语言富有诗意和哲理性，同时保持莎士比亚式的戏剧性和深度。

（二）情感融入策略（EIS）：增强文本感染力

情感融入是文本创作中的一个重要策略，它通过在文字中注入适当的情感元素来增强内容的感染力和共鸣性。具体来说，情感融入不仅包括使用情感丰富的表达方式，还涉及前面提到的设计情感语言、叙事节奏和情感联系，使得文本具有更强的感染力和情感表达的丰富性。

EIS 的理论基础：

EIS 基于情感语言学（Emotive Linguistics）和心理语言学（Psycholinguistics）的研究成果，通过将情感词汇和语气调节等策略应用到 AI 内容生成过程中，提升文本的情感表现力（见图 4-4）。

- 情感词汇选择：使用带有情感色彩的词语。
- 语气调节：通过语气词和句式调整表达的情感强度。
- 意象构建：创造能唤起特定情感的意象。
- 情感节奏控制：通过文本结构控制情感起伏。

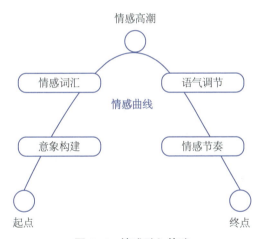

图 4-4　情感融入策略

EIS 实施步骤：

（1）确定目标情感：明确文本要表达的主要情感基调。

（2）创建情感词库：收集与目标情感相关的词语和短语。

（3）设计情感曲线：规划文本中情感强度的变化趋势。

（4）选择情感触发点：确定在文本中植入情感元素的关键位置。

（5）构建情感场景：创造能引发情感共鸣的具体场景或细节。

（6）生成情感融入提示：创建引导 AI 注入情感元素的提示语。

◎ **EIS 应用示例:**

> 假设需要 AI 生成一篇关于"离别"主题的短文;可以使用 EIS 来指导 AI 更好
> 地融入情感元素。
> 情感分析:
> (1)主要情感:悲伤、不舍。
> (2)次要情感:希望、感激。

◎ **情感融入提示语:**

> **任务**:创作一篇融入深刻情感的"离别"主题短文。
> 请按照以下指南,创作一篇富有情感的"离别"主题短文:
> (1)情感基调:以悲伤和不舍为主,但在结尾处略带希望和感激。
> (2)情感词汇运用:
>   a.使用至少5个与悲伤/不舍相关的词语(如痛苦、眷恋、撕裂、空虚、
> 哽咽)。
>   b.在结尾处使用2~3个表达希望/感激的词语(如珍惜、感恩、新
> 篇章)。
> (3)情感曲线:
>   a.开头:平静中带有隐约的不安。
>   b.中段:情感逐渐加强,达到悲伤顶点。
>   c.结尾:情感慢慢平复,引入一丝希望。
> (4)情感触发点:
>   a.描述一个象征离别的事物或场景。
>   b.插入一段内心独白,直接表达人物情感。
>   c.使用一个天气或自然现象作为情感隐喻。
> (5)写作技巧:
>   a.使用至少一个生动的比喻来描述离别的感受。
>   b.通过细节描写(如手势、表情)来间接表达情感。
>   c.运用感官描写(视觉、听觉等)增强情感的沉浸感。
> (6)结构要求:
>   a.总字数控制在500~600字。

b. 分为 3～4 个段落，每个段落都有明确的情感重点。

请确保文章情感真挚动人，避免过于煽情或矫揉造作。通过细腻的描写和深刻的洞察，让读者能够感同身受离别的情感。

（三）修辞技巧应用（RTA）：提升语言表现力

修辞技巧应用也是 LSPOM 的核心组成部分，它通过巧妙运用各种修辞手法来提升文本的表现力和艺术性。

✎ RTA 的理论基础：

RTA 基于修辞学（Rhetoric）和文体学（Stylistics）的理论。将这些理论应用到 AI 内容生成过程中，有以下关键技巧：

- 修辞手法识别：了解各种修辞技巧的特点和效果。
- 语境适配：根据任务目标和语境选择合适的修辞手法。
- 技巧整合：将修辞技巧自然地融入文本。
- 效果评估：分析修辞技巧的运用效果。

✐ RTA 实施步骤：

（1）确定任务目标：明确文本的主要目的（说服、描述、抒情等）。

（2）选择核心修辞：根据任务目标选择 2～3 种主要的修辞手法。

（3）设计修辞示例：为选定的修辞手法创建具体的使用示例。

（4）安排修辞分布：规划修辞技巧在文本中的分布。

（5）创建平衡策略：确保修辞技巧的使用不会过于刻意或过度。

（6）生成修辞应用提示：创建引导 AI 运用修辞技巧的提示语。

◎ RTA 应用示例：

假设需要 AI 生成一篇描绘城市夜景的短文；可以使用 RTA 来指导 AI 更好地运用修辞技巧。

修辞技巧选择：

（1）主要技巧：比喻、拟人、排比。

（2）辅助技巧：对比、夸张。

◎ 修辞技巧提示语示例：

> **任务**：创作一篇运用丰富修辞技巧的描绘城市夜景的短文。
>
> 请按照以下指南，创作一篇生动描绘城市夜景的短文：
>
> （1）核心修辞技巧：
>
>   a. 比喻：使用至少 3 个独特的比喻来描绘城市的灯光、建筑或夜空。
>
>   b. 拟人：将城市的 2~3 个元素（如建筑、街道、灯光）拟人化。
>
>   c. 排比：使用一组排比句强调夜景的某个特点。
>
> （2）辅助修辞技巧：
>
>   a. 对比：通过对比白天和夜晚的城市景象，突出夜景特色。
>
>   b. 夸张：适度使用夸张手法，突出城市夜景的壮观或美丽。
>
> （3）修辞技巧分布：
>
>   a. 开头段落：使用一个强烈的比喻或拟人手法吸引读者注意。
>
>   b. 中间段落：穿插使用各种修辞技巧，丰富描写。
>
>   c. 结尾段落：用一个富有诗意的排比或比喻作为结尾。
>
> （4）具体要求：
>
>   a. 总字数：400~500 字。
>
>   b. 包含至少 5 种不同的感官描写（视觉、听觉、嗅觉等）。
>
>   c. 选择一个统一的意象（如海洋、交响乐、画布）贯穿全文。
>
>   d. 在描绘中融入一两处动态元素，增加画面感。
>
> （5）注意事项：
>
>   a. 确保修辞技巧的使用自然流畅，避免生硬或过度堆砌。
>
>   b. 保持整体风格的一致性，所有修辞应服务于突出城市夜景的主题。
>
>   c. 在描绘具体细节的同时，也要传达出对城市夜景的整体印象或情感。
>
> 请创作一篇既富有文学美感又能让读者仿佛身临其境的描绘城市夜景的短文。通过巧妙运用修辞技巧，使文章既生动形象又富有感染力。

（四）风格一致性评估（SCE）：确保文本风格的连贯统一

风格一致性评估通过建立系统化的评估标准和流程，引导 AI 生成内容保持风格上的连贯性和一致性。

🔍 **SCE 的理论基础：**

SCE 基于文本语言学（Text Linguistics）和风格分析（Stylistic Analysis）理

论，通过量化和定性分析相结合的方法评估文本风格的一致性（见图 4-5），关键技巧包括：

- 风格特征提取：识别和量化文本的关键风格指标。
- 一致性度量：建立评估风格连贯性的标准和方法。
- 偏差检测：发现文本中风格不一致的部分。
- 平衡调整：在保持风格一致的同时确保表达的多样性。

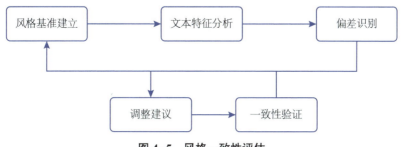

图 4-5　风格一致性评估

📎 **SCE 实施步骤**：

（1）建立风格基准：确定目标风格的基准特征和参数。

（2）制定评估标准：创建明确的风格一致性评估标准。

（3）设计检查点：在文本生成过程中设置风格检查点。

（4）进行连贯性分析：分析文本各部分之间的风格连贯性。

（5）识别调整需求：找出需要进行风格调整的部分。

（6）生成一致性提示：创建引导 AI 保持风格一致的提示语。

◎ **SCE 应用示例**：

假设需要 AI 生成一篇跨越多个章节的商业策略报告，可以使用 SCE 来确保整篇报告风格的一致性。

风格分析：

（1）主要风格：专业、简洁。

（2）次要风格：数据驱动、解决方案导向。

◎ **风格一致性评估提示语示例**：

任务：确保多章节商业报告的风格一致性。

请按照以下指南，评估并确保商业报告的风格一致性：

（1）风格基准设定：

a.语言层次：保持正式专业的商业语言表述（避免口语化、俚语和过于花哨的表达）。

b.句式结构：以简洁陈述句为主，平均句长 15～20 个词。

（2）术语一致性：

a.创建并使用行业术语表，确保关键概念术语使用一致。

b.保持缩写和专业术语的一致使用方式（首次出现时给出全称）。

（3）语气连贯性：

a.维持客观分析的语气，避免在不同章节间情感强度的显著变化。

b.确保建议和结论部分的语气与分析部分保持一致的权威性。

（4）结构一致性：

a.各章节保持统一的组织模式（问题—分析—解决方案）。

b.确保章节过渡平滑，使用相似的过渡词和连接短语。

（5）评估检查点：

a.在每章结束处应用风格检查表评估一致性。

b.特别关注跨章节主题的描述方式是否保持一致。

c.确认数据呈现和可视化元素说明的风格统一。

为了将 LSPOM 中的语体模拟、情感融入、修辞技巧、风格一致性评估进行有机结合，可以采用以下策略（见图 4-6）：

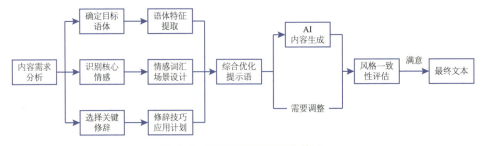

图 4-6　语言风格优化整体策略

图 4-6 展示了 LSPOM 框架的系统化实施路径。在实际应用中，这四个方面并非简单叠加，而是形成一个协同增效的整体：首先通过内容需求分析确定核心目标，然后在三条并行路径上分别开展语体特征提取、情感词汇场景设计

和修辞技巧应用计划，风格一致性评估引导生成内容在整体上保持风格连贯。LSPOM 的价值在于它能够辅助解决 AI 内容生成中常见的"风格平坦化"问题，指导 AI 生成更加符合特定风格要求、情感丰富且修辞技巧运用得当的高质量内容，满足特定的任务目的和读者需求。

四、元叙事驱动：自反性文本的高阶化提示语

本节将探讨如何通过元叙事驱动的提示框架，引导 AI 模拟反思、自我评价和批判性总结的过程，生成更具深度与层次的文本，从而拓展创意的表达空间。

（一）元叙事提示框架的创新理论基础

元叙事提示框架的创新性在于它使 AI 能够生成对自身创作过程、叙事结构或思维模式进行反思的文本，其理论基础包括：

（1）元认知理论：AI 通过模拟人类的元认知能力，能够反思自身的思维过程，监控和调整内容生成决策。这种自我反馈机制有助于提升生成内容的质量和准确性。

（2）反馈循环理论：借鉴人类学习中的反馈机制，通过设计包含自我评估与调整的提示，AI 可以模拟反思过程，评估生成内容的质量并优化后续输出。

（3）系统思维理论：将创作视为一个复杂的系统，AI 可以观察和分析自身的内容生成过程，理解各个创作要素之间的关联。这种系统化的思维有助于 AI 优化创作策略，实现动态调整。

（二）元叙事提示框架的创新设计原则

为了使 AI 能够生成自反性文本，元叙事提示框架的设计需要遵循以下几个创新原则：

（1）多层次提示结构：通过分层设计提示语，AI 在生成文本时不仅执行主要叙事指令，还能在不同层次中加入元叙事反思。这种分层结构能够引导 AI 在生成内容的过程中保持自我监控。

（2）动态自我评估机制：在内容生成过程中设定特定触发点，使 AI 能够适时评估其执行的选择，并根据反馈调整叙事策略，确保内容的深度和连贯性。

（3）角色转换：通过提示语引导 AI 在"生产者"和"评论者"角色之间切换，使 AI 可以从不同视角进行反思和创作。这种方法有助于丰富文本的叙事层次和多样性。

（4）解构与重构原则：鼓励 AI 挑战传统的叙事结构，并进行创新性的重组。通过对既定叙事形式的解构，AI 可以产生更加独特的内容，推动叙事形式的创新。

（三）元叙事提示框架的创新应用技巧

这里将详细介绍元叙事提示框架的创新应用技巧，包括嵌入式自反提示、递归元叙事提示、多重人格提示以及读者互动元叙事提示。这些技巧通过多层次叙述结构和交互机制，提升 AI 生成内容的深度和复杂性。

1. 嵌入式自反提示

如图 4-7 所示，嵌入式自反提示是在主要叙事提示中加入引导 AI 生成反思性内容的子提示。通过在关键节点设计这些子提示，AI 可以在主任务流程中插入对已有内容的评估或改进建议，模拟自我反思的过程，从而提升输出的深度与质量。

📎 **应用技巧：**

- 设置特定的关键词或任务节点作为触发器，提示 AI 生成反思性内容。
- 在子提示中明确指导 AI 评估已有输出（如逻辑性、创新性）或提出改进方向。

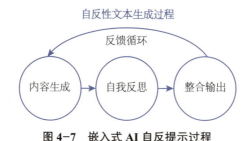

图 4-7　嵌入式 AI 自反提示过程

◎　**提示语示例：**

[系统指令] 你是一个具有自我反思能力的 AI 作家。你的任务是创作一个短篇科幻故事，同时生成对你创作过程的评论。请遵循以下步骤：

（1）创作一个 5 000 字左右的科幻短篇，主题是"时间旅行的道德困境"。

（2）在每个关键情节点后，插入一段括号内的自我反思，解释：

　　a. 你为什么选择这个情节发展？

b. 你考虑过哪些其他可能性？

c. 这个选择如何推动主题的探讨？

（3）在故事结束后，提供一个 200 字左右的整体创作过程反思，包括：

a. 你遇到的主要创作挑战。

b. 你认为最成功和最需要改进的部分。

c. 如果重新创作，你会做出什么不同的选择。

请确保主要叙事和元叙事评论的语气有所区分，以突出自反性特征。开始你的创作。

2. 递归元叙事提示

递归元叙事提示是指通过构建多层次的叙事结构，使每一层的叙事不仅描述情节，还对上一层进行反思和评论，从而使元叙事本身成为新的叙事对象，探索创作过程中的自我反思和多层次理解。

📎 **应用技巧：**

- 设计多层次的叙事结构，每一层都包含对上一层的反思。
- 在递归过程中探索创作的本质和限制。

◎ **提示语示例：**

[系统指令] 你是一个递归元叙事生成器。你的任务是创作一个三层递归的元叙事作品，每一层都应该包含对上一层的反思和评论。遵循以下步骤：

（1）第一层元叙事：写一篇约 2 000 字的微型小说，主题是"创作的困境"。

（2）第二层元叙事：用约 1 500 字评论你创作第一层元叙事的过程。讨论：

a. 你如何诠释"创作的困境"这个主题。

b. 在创作过程中你遇到的实际困境。

（3）第三层元叙事：用约 1 000 字反思你写作第二层元叙事的经历。探讨：

a. 评论自己作品遇到的挑战。

b. 这种递归结构如何影响你对创作本质的理解。

（4）最后，用约 500 字总结整个递归元叙事的体验，思考这种写作方式对 AI 创作能力的推进。

请确保每一层都清晰可辨，同时保持整体的连贯性。开始你的递归元叙事创作。

3. 多重人格提示

多重人格提示是一种创新方法，通过创造多个 AI "人格"，分别负责内容生成和评论，形成对话式的自反性文本。这种方法丰富了叙述结构，使不同视角能够在文本中交互与碰撞，从而使内容呈现更多层次。

如图 4-8 所示，AI 角色切换机制展示了作者角色与评论者角色之间的转换过程。在多重人格提示中，AI 可以在这两种角色之间进行切换，使生成的内容既包含主要信息，又能对信息进行评估和补充。

📎 **应用技巧：**

- 为每个人格设定明确的角色和语言风格。
- 设计这些人格之间的互动规则。

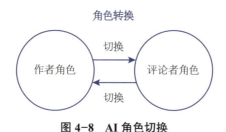

图 4-8　AI 角色切换

◎ **提示语示例：**

[系统指令] 你将扮演两个角色：一个是小说家 A，另一个是评论家 B。你们将合作创作一篇关于"人工智能未来"的文章。遵循以下规则：

（1）小说家 A：

　　a. 以小说的方式呈现"人工智能未来"的各个方面。

　　b. 每写完约 1 000 字，暂停，让评论家 B 进行评论。

（2）评论家 B：

　　a. 对 A 的写作进行简短的文学批评和伦理分析。

　　b. 评论要简洁，不超过 200 字。

（3）互动规则：

　　　　a. A 在收到 B 的评论后，必须在某种程度上采纳建议，调整后续写作。

　　　　b. 如果 A 不同意 B 的某个观点，可以在后续写作中巧妙地反驳。

（4）整体结构：

　　　　a. 文章总字数控制在 5 000 字左右。

　　　　b. 以 A 的一段总结性反思结束全文。

请开始创作，确保 A 和 B 的语言风格清晰可辨，且整体形成一个连贯的叙事。

　　4. 读者互动元叙事提示

　　读者互动元叙事提示通过在关键情节点设置多个选项，引导读者不仅参与设计故事走向，还能反思选择背后的意义，从而增强交互性和沉浸感，提供深入的思考以及多层次的叙述体验。

📎　应用技巧：

　　▪ 设计需要读者决策的分支点。

　　▪ 在文本中植入对读者选择的反思。

◎　提示语示例：

创作一个交互式元叙事短篇，遵循以下结构：

（1）开场：介绍一个主角面临重大人生抉择的场景。

（2）设置三个关键决策点，每个决策点提供两个选项。例如：

　　　　a. 决策点 1：[选项 1A] 或 [选项 1B]。

　　　　b. 决策点 2：[选项 2A] 或 [选项 2B]。

　　　　c. 决策点 3：[选项 3A] 或 [选项 3B]。

（3）对于每个决策点：

　　　　a. 简要描述每个选项可能导致的结果。

　　　　b. 加入叙述者对读者可能选择的猜测和评论。

　　　　c. 无论选择哪个选项，都要继续叙事。

（4）在叙事过程中，插入对以下内容的反思：

　　　　a. 读者的选择如何塑造故事。

　　　　b. 作者、角色和读者之间的关系。

　　　　c. 自由意志与预设叙事路径的矛盾。

（5）结尾：

　　a. 根据读者的选择展现一个结局。

　　b. 提供一个元叙事总结，反思整个互动过程的意义。

要求：

　　a. 保持每个分支的连贯性。

　　b. 在叙事中融入哲学思考。

　　c. 总字数控制在 1 200 字左右。

请创作这个交互式元叙事作品，展示所有可能的分支和结局。

第 5 章

让 AI 引领未来：
人机协同激发无限潜力

人工智能正从单一交互模式向复杂系统演进，开启了人机共生的新纪元。多模态提示语打破了文本限制，实现图像、声音与文字的深度融合；多智能体提示语构建了 AI 协作网络，使专业化分工与集体智慧成为可能；自主进化提示语则将重复性任务转化为自动执行的流程。

一、多模态融合：从"文生文"到多模态内容制作

多模态提示语通过结合多种信息模态（如文本、图像、音频等）构建丰富的提示，使 AI 从"文生文"拓展到更具表现力的多模态内容制作。多模态提示语不仅增加了交互过程中的信息丰富度，还能激发 AI 从多个角度理解和生成内容。本节将分析如何通过文字、图像与音频的有机融合，拓展 AI 创作的表达维度，实现更高效的多模态内容生成流程。

（一）理论基础

多模态提示语的创新性体现在其打破了传统单一文本输入的局限，将人类感知世界的多维度特性引入 AI 交互中。这种创新基于以下理论基础：

（1）认知负荷理论：多模态信息的整合可以分散认知负荷，提高信息处理效率。

（2）多元智能理论：不同的信息模态可以激活不同类型的智能，从而产生

更全面的理解和创造。

（3）情境认知理论：多模态提示语为 AI 提供了更丰富的上下文，有助于进行更准确的情境理解。

多模态提示语的核心优势：

· 信息密度提升：通过整合不同模态的信息，可以在相同的交互空间内传递更多的信息。

· 上下文理解增强：多模态输入能为 AI 提供更全面的场景背景，提高理解的准确性。

· 创意激发：不同模态的结合经常能触发意想不到的创意灵感。

· 表达力增强：多模态输出使 AI 生成的内容更加丰富多彩，更接近人类的自然表达。

（二）应用技巧

多模态提示语是一种整合文本、图像、音频等多种数据类型的输入方法，旨在提升 AI 对人类意图的理解能力。这种方法利用不同模态数据的互补性，为 AI 提供更丰富的语义信息，从而使其更准确地解读复杂的用户意图。其作用在于通过跨模态信息的协同作用，增强 AI 对多样化输入的理解能力，帮助其生成与多模态输入高度匹配的内容。多模态提示语的创作流程见图 5-1 所示。

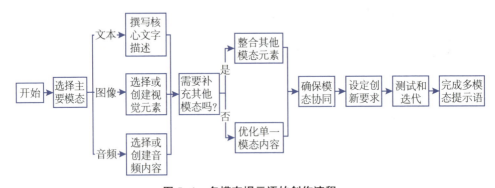

图 5-1　多模态提示语的创作流程

1. 文本-图像融合提示

文本-图像融合是一种结合文本描述与图像数据的提示语方法。其特点在于通过整合视觉信息与文字指令，为 AI 提供多元素信息，帮助其更准确地理解用户意图。这种方法适用于需要结合视觉内容的场景，例如生成场景描述、分析图像细节或回答基于图片的问题。

📎 **应用技巧：**

- 使用图像提供视觉细节，文字补充背景信息和具体要求。
- 通过文字引导 AI 关注图像中的特定元素或特征。

◎ **提示语示例：**

> 基于以下产品图片和描述，创作一个突破传统的产品介绍：
> ［插入产品图片］。
> 产品描述：这是一款融合了全息投影技术的下一代智能手表。
> 创新要求：
> （1）将图片中的视觉元素（如全息投影、未来感设计）融入文案。
> （2）创造性地描述一个用户使用产品的未来场景。
> （3）使用至少一个令人惊讶的类比来形容产品功能。
> （4）控制在 100 字以内，需要包含一个与"未来"相关的词。

2. 文本-音频融合提示

文本-音频融合是结合文本指令与音频数据的提示方法。其特点在于将声音元素融入对话信息，使 AI 能够根据音频特征更全面地理解任务需求。这种方法适用于涉及音频分析或生成的任务，例如识别语音情感、根据音频内容生成叙述或调整文本以匹配声音风格。

📎 **应用技巧：**

- 利用音频设定情感基调或氛围。
- 将音频元素作为创作的核心线索或主题。

◎ **提示语示例：**

> 请听以下 10 秒钟的背景音乐片段，并根据下面的要求创作一段广告旁白：
> ［插入音频文件或音频链接］。
> 要求：
> （1）旁白内容应与音乐风格和节奏相匹配。

（2）主题为"夏日清凉饮品"。

（3）使用生动活泼的语言，突出产品的解暑效果。

（4）旁白长度应正好配合 10 秒音乐时长。

3. 图像-音频-文本多模态提示

该方法的特点在于通过整合多源数据，调动视觉、听觉和认知语言，为 AI 提供多样化的信息视角，从而更全面地解析任务要求。这种方法适用于需要跨模态信息融合的场景，例如生成多媒体内容描述、分析音画结合的情感表达或根据图像和音频生成综合性叙述。

📎 应用技巧：

- 确保三种模态的信息相互补充，而非简单重复。
- 利用不同模态的特点，分别负责内容的不同方面（如图像负责场景，音频负责情感，文本负责叙事）。

◎ 提示语示例：

基于以下元素，创作一个跨感官的品牌体验描述：

图片：[插入一张极简风格的高科技实验室图片]。

音频：[插入一段充满节奏感的电子音乐，带有轻微的机械运转声]。

关键词：革新、精准、人性化。

创新要求：

（1）将视觉、听觉和概念进行融合，创造一个独特的品牌世界。

（2）使用协同美学原理，让三种元素在描述中相互增强。

（3）创造至少一个新词来描述这种跨感官体验。

（4）在 200 字以内，让读者仿佛能看到、听到并"感受"到这个品牌。

（5）结合当前的某个社会热点或技术趋势，增加内容的时代特性。

（三）设计原则

为了充分发挥多模态提示语的潜力，设计提示语时需要遵循以下创新设计原则，确保在实际应用中能够获得最优的效果：

（1）模态协同原则：确保不同模态之间相互增强而非相互干扰。例如，图片提供视觉基础，音频渲染氛围，文字指导具体创作方向。

（2）信息层次创新：打破传统的线性信息呈现方式，尝试非线性、网状或者递进式的多模态信息组织形式。

（3）跨模态联想激发：鼓励 AI 在不同模态之间建立创造性联系，如通过声音启发视觉想象，或通过图像激发情感描述。

（4）用户参与度设计：在多模态提示语中加入互动元素，让用户能够动态调整不同模态的权重或内容。

（5）情境智能动态适应：设计能根据生成过程中的中间结果动态调整的多模态提示策略。

二、多智能体协作：智能交互提升 AI 创作质量

在复杂任务处理的领域中，单一模型的能力难以全面满足需求，多智能体协作提示策略的引入为解决这一问题提供了新的思路和方法。本节将探讨如何通过整合多个 AI 模型，实现智能交互构建复合提示策略，以有效提升 AI 创作质量，生成更高效、更具创新性的内容。

（一）理论基础

多智能体协作提示是利用多个 AI 智能体协同工作的输入方法。其特点在于通过分布式任务分配与群体协作，结合多个智能体的专长来处理复杂问题，适用于需要多样化视角或复杂问题解决的场景，例如模拟多方对话、生成综合性分析报告或处理涉及多领域知识的任务。

🔧 理论支撑：

（1）分布式认知理论：不同的 AI 模型可以被视为具有特定专长的认知单元，通过协作形成更强大的认知系统。

（2）群体智能理论：借鉴自然界中蚁群、蜂群的集体行为模式，多个 AI 模型的协作可以产生远超个体能力的智能表现。

（3）系统协同理论：强调不同 AI 模型之间的相互作用和反馈，形成一个动态平衡的协作系统。

🔧 创新点分析：

▪ 能力互补：不同 AI 模型的专长被有机结合，弥补单一模型的不足。

• 任务分解与整合：复杂任务被分解为子任务，由专门的 AI 模型处理后再整合。

• 动态交互与迭代：AI 模型间的实时交互和反馈循环，促进创意的不断优化。

（二）应用技巧

多智能体协作提示是利用多个 AI 智能体的协同工作，能够针对复杂任务进行分工与整合。其特点在于通过智能体的多样化角色与功能，充分发挥不同模型优势，提升任务处理的效率与全面性。

1. 竞争协作提示

在此方法中，多个 AI 模型同时参与处理相同的任务，独立生成各自的解决方案，然后在综合评估中选出最具创新性或最优质的结果（见图 5-2）。

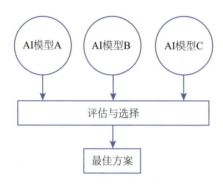

图 5-2 多模型竞争协作结构

📎 **应用技巧：**

• 为所有模型提供相同的任务描述和要求。

• 设立明确的评估标准，特别强调创新性。

• 可以引入人工评判或自动评分机制。

◎ **提示语示例：**

步骤一： 三个 AI 模型同时进行一项创意任务。

（1）任务描述：设计一个具有革命性的环保交通工具概念。

（2）向所有模型提供以下相同的指令：请设计一种全新的环保交通工具概念。

要求如下：

　　a.使用可再生能源。

　　b.适合城市环境。

　　c.能解决当前交通拥堵问题。

　　d.具有独特的创新点。

输出：约 300 字的概念描述，包括工作原理、主要特点和潜在影响。

步骤二：根据模型输出结果可人工判别创新性，也可利用 AI 进行评分。

（1）人工收集所有模型的输出。

（2）AI 评估标准：

　　a.创新性（权重 40%）：概念的独特性和原创性。

　　b.可行性（权重 30%）：技术实现的可能性。

　　c.影响力（权重 30%）：解决问题的潜力。

（3）根据评估标准对每个方案进行打分（1～10 分）。

（4）选出得分最高的方案，并提供简要的评选理由。

请模拟执行以上步骤，最后输出获胜的创意方案和评选理由。

2.串行协作提示

串行协作提示模拟了流水线工作模式，是一种将复杂任务分解为多个阶段、由不同 AI 模型依次处理的输入方法。每个模型专注于特定子任务，并将其输出传递给下一模型作进一步处理。这种方法通过任务分阶段协作，利用各模型的专业能力，提升复杂任务的处理质量。

应用技巧：

▪ 明确定义每个 AI 模型的角色和任务边界。

▪ 设计清晰的信息传递机制，确保上下游模型的输入输出兼容。

提示语示例：

负责协调三个 AI 模型共同完成一篇科技博客的创作。遵循以下步骤：

（1）指导模型 A（创意生成器）：

　　任务：生成一个关于"未来智能家居"的创新概念。

　　要求：包含至少三个独特的技术点，每个技术点不超过 50 字。

（2）将模型 A 的输出传递给模型 B（事实核查器），并指导：

　　任务：验证模型 A 提出的技术点的可行性。

　　要求：对每个技术点进行评估，给出可行性打分（1~10 分），并提供简要解释。

（3）将模型 A 和 B 的综合输出传递给模型 C（内容优化器），并指导：

　　任务：基于前两个模型的输出，创作一篇 800 字左右的科技博客。

　　要求：文章结构要清晰，语言要生动有趣，并加入一个吸引人的标题。

（4）审核最终输出，确保内容的连贯性和创新性。如有需要，指导模型返工或微调。

请执行第一步，并在完成后说明"第一步完成，请继续"。

3. 并行协作提示

　　并行协作提示是协调多个 AI 模型同时处理独立任务的输入方法。每个模型针对任务的不同方面同步工作，最终将各部分输出整合成完整结果。这种方法通过并行执行，充分利用模型的多样化专长，缩短任务完成时间并增强结果的多维度性。在实践中，并行协作通常以"多模型多视角分析"形式实现，不同视角同时围绕主要叙事进行分析（见图 5-3）。

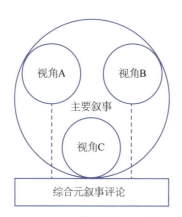

图 5-3　多模型多视角协作

📎 **应用技巧：**

- 任务解构，确保不同模型可以独立工作。
- 设计有效的结果整合机制，处理可能的冲突或重叠。
- 充分利用不同模型的独特视角，鼓励多样化输出。

◎ **提示语示例：**

> （1）并行分配任务给三个模型：
>
>   a.模型 A（市场分析师）：
>
>   任务：分析目标市场，识别主要竞争对手，预测潜在市场份额。
>
>   输出要求：300 字以内的市场分析报告，包含 3 个关键数据点。
>
>   b.模型 B（产品策略师）：
>
>   任务：设计产品的核心功能和独特卖点。
>
>   输出要求：5 个产品亮点，每个亮点 50 字以内。
>
>   c.模型 C（传播专家）：
>
>   任务：制定产品发布的传播策略。
>
>   输出要求：3 个传播渠道建议，每个建议配有 100 字以内的执行要点。
>
> （2）整合三个模型的输出，创建一个连贯的产品发布方案。解决潜在的矛盾或重叠之处。
>
> （3）提炼出一个引人注目的产品口号，体现产品精髓和市场定位。
>
> 请模拟执行以上步骤，最后输出一个 300 字以内的产品发布方案摘要和一个产品口号。

（三）设计原则

为了充分发挥多智能体协作提示的创新潜力，需要在设置提示语时遵循以下设计原则：

（1）任务明确性原则：为每个 AI 模型设定清晰、具体的任务目标和范围，确保每个模型的工作内容不重叠，避免重复劳动。

（2）信息流畅性原则：确保模型之间的信息传递顺畅，输出格式统一，以便不同 AI 模型能够有效沟通，避免信息丢失或误解。

（3）冲突解决机制：预设处理模型间潜在分歧或矛盾，例如通过设定优先级或自动调和模型的分歧，确保各方结果符合整体目标。

（4）整体一致性原则：在追求局部创新的同时，保持最终输出的连贯性和一致性，确保各个模型的成果能够无缝整合，形成完整的内容。

（5）反馈与适应性原则：建立有效的反馈循环，使系统能够根据中间结果动态调整策略，确保生成内容与预期一致，同时提升生成效率和质量。

三、效率革命：自动化提示让创作提速 100 倍

在人机协同过程中，自动化提示是提升效率、加速内容生成的关键手段。本节将探讨如何利用机器人流程自动化（Robotic Process Automation，简称 RPA）技术赋能提示语设计，实现创作流程的全面提速和智能化管理，并探讨其在数据自动整合、任务分解与性能驱动等方面的应用技巧，展示如何利用自动化技术在复杂任务中显著提升创作效率，推动 AI 创作质量的突破性提升。

（一）RPA 赋能的自主进化提示语设计原则

RPA 是一种利用软件机器人或 AI 技术自动化执行重复性任务的工具。在自主进化提示语系统中，RPA 的作用在于优化提示语的生成与迭代过程，通过自动化收集数据、调整参数或测试提示效果，提升提示语设计的效率与适应性。

RPA 的关键特征：

- 自动化：能够模仿人类操作，执行重复性任务。
- 规则驱动：基于预定义的规则和逻辑运行。
- 精确性：减少人为错误，提高任务执行的准确性。
- 可扩展性：易于根据需求扩展或缩减自动化程度。

RPA 在 AI 内容生成中的潜在功能：

- 自动收集和整理素材。
- 执行提示语并收集反馈。
- 开展重复性的编辑和格式化任务。
- 分析生成结果并生成性能报告。

在具体使用过程中需要遵循以下设计原则，以确保提示语生成过程更加智能化、高效化：

（1）模块化提示结构：设计可被 RPA 识别、修改和组合的提示语模块，确保每个提示能够独立处理特定任务。

（2）数据采集点嵌入：在提示语中设置数据采集点，使 RPA 能够实时收集任务的关键性能指标，如任务完成时间或文本生成质量。

（3）动态参数化：创建带有可变参数的提示模板，允许 RPA 根据实时数据自动调整提示内容和结构。

（4）多维度评估标准：建立综合的评估体系，确保 RPA 从多个角度优化提示语，包括精确性、执行效率和创新性。

（5）渐进式优化策略：设计逐步优化的机制，允许 RPA 在多个执行周期内进行小幅调整，避免任务变化过大。

（二）RPA 赋能 AI 自动化的内容生成模式

在提示语设计中，RPA 的引入为提示语设计提供了全新的自动化管理模式，在执行中可自动生成、优化和执行提示语，从而显著提升 AI 内容生成的效率和精度。

1. 内容生成流程

RPA 作为辅助工具自动化管理提示语设计的各个环节，包括数据收集、提示语生成和内容发布，使整个流程更加高效、连贯，减少了人为干预的需求。

流程与能力：

▪ 数据收集：RPA 自动从多源渠道（如数据库、网站、API 等）收集相关数据，为提示语设计提供基础素材。

▪ 提示语生成：基于收集到的数据，RPA 自动生成或优化提示语，引导 AI 生成符合目标的内容。

▪ 内容发布：RPA 将生成的内容自动发布到指定平台（如网站、社交媒体等），确保生成内容的及时性与一致性。

2. 动态反馈

在生成过程中，RPA 能够实时收集用户互动数据，并根据反馈动态调整提示语设计，确保生成内容的相关性与用户满意度。

动态调整机制：

▪ 数据反馈：RPA 实时收集用户互动数据（如点击率、停留时间等），并反馈给提示语设计模块。

▪ 提示语优化：根据反馈数据，RPA 动态调整提示语内容与结构，使其更符合用户需求与偏好。

▪ 持续迭代：通过多轮反馈与优化，不断提升提示语的质量与生成内容的效果。

3. 应用场景

RPA 与提示语设计的结合在多个领域展现出广泛适用性，以辅助用户生成更加高效、智能化的内容。

应用场景预测：

- 内容生成与分发：自动化生成与分发高质量内容，提升效率与精准度。
- 客户交互与支持：动态调整提示语，生成精准回复或个性化建议，提升客户满意度。
- 数据分析与决策支持：自动化生成提示语，提炼关键洞察，为决策提供数据支持。
- 跨领域创新应用：激发 AI 创造力，生成创新性内容或解决方案，推动跨领域创新。

（三）基于 RPA 的自主进化提示语实现技巧

基于 RPA 的自主进化提示语实现技巧，通过自动化数据处理和任务优化，显著提升提示语生成的效率和质量。此方法结合了 RPA 的高效性与 AI 生成的创新性，能够自动化地完成数据收集、任务分解和性能优化流程，大幅提高提示语生成的速度和精准度，从而有效提升整体创作效率。

1. 数据增强型提示语

数据增强型提示语是基于 RPA 自主进化技术的重要应用方式。这种方法通过 RPA 技术从多个数据源收集和整合相关信息，为提示语生成提供数据基础。如图 5-4 所示，RPA 驱动的数据增强型提示语结构可起始于基础提示语模板，通过 RPA 数据处理分别获取实时数据、趋势分析和用户反馈三类信息，最终整合形成完整的数据增强型提示语。这种处理方式使提示语能够基于更广泛的数据支持，增强生成内容的准确性和相关性。

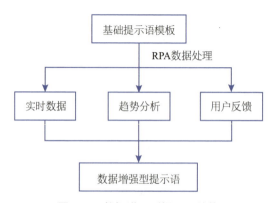

图 5-4　数据增强型提示语结构

📎 应用技巧：

- 使用 RPA 爬取相关网页内容，提取关键信息。
- 通过 RPA 访问并整合多个数据源的内容。
- 设置触发条件，自动启动提示语生成流程。

◎ 提示语示例：

[系统指令] 你是一个集成了 RPA 功能的 AI 写作助手。请按以下步骤操作：

（1）RPA 数据收集：

　　a. 收集过去 24 小时内与 "{主题}" 相关的热门新闻标题（至少 5 条）。

　　b. 获取微博上与 "{主题}" 相关的热门标签（Top 3）。

　　c. 查找与 "{主题}" 相关的最新统计数据（2~3 个关键数据点）。

（2）数据整合：

分析爬取的内容，提取关键信息，包括：

　　a. 主要事件。

　　b. 关键人物。

　　c. 时间线。

　　d. 相关数据。

（3）提示语生成：

基于爬取的信息，生成一个写作提示语，用于创作一篇 {体裁} 文章。提示语
应包括：

　　a. 文章主题。

　　b. 要包含的关键点（至少 3 个）。

　　c. 建议的结构。

　　d. 一个创新角度。

（4）执行生成的提示语，创作一篇约 500 字的文章初稿。

（5）使用 RPA 模块检查文章的独特性和准确性，必要时提供修改建议。

请开始执行并在每个步骤后报告进展。最后输出最终的文章初稿和改进提示语
的建议。

2. 任务分解与 RPA 集成

任务分解与 RPA 集成将复杂的任务拆分为多个子任务，通过 RPA 技术，

将每个子任务分别对应一个 RPA 脚本，实现自动化，确保各个子任务无缝对接，从而实现任务的全面自动化管理和执行。

📎 应用技巧：

- 细化任务步骤，确保每个步骤都可以通过 RPA 执行。
- 设计灵活的接口，便于 AI 系统与 RPA 工具交互。

◎ 提示语示例：

[系统指令] 你是一个集成了 RPA 功能的 AI 助手，负责自动化处理客户反馈。
你的任务是生成一系列提示语指令，指导 RPA 系统完成以下步骤：

（1）从客户反馈数据库中提取最新的 100 条评论。
（2）使用情感分析工具给这些评论分类（正面/负面/中性）。
（3）对于负面评论，生成个性化的道歉回复。
（4）对于正面评论，生成感谢信。
（5）将生成的回复通过电子邮件系统发送给相应客户。
（6）更新客户关系管理（CRM）系统中的客户互动记录。

对于每个步骤，生成详细的 RPA 执行指令的提示语，格式如下：

　　步骤 X：

　　操作：[具体操作描述]。

　　工具：[使用的 RPA 工具或 API]。

　　参数：[需要的参数]。

　　异常处理：[可能的异常情况及处理方法]。

请生成完整的 RPA 执行计划的提示语。执行后，系统会返回每个步骤的执行结果，你需要分析这些结果并提出优化建议。

---

3. 性能驱动的提示语优化

使用 RPA 可实现对提示语的持续监控、数据分析和动态优化，提升生成内容的质量。图 5-5 呈现了 RPA 驱动的提示语优化循环，涵盖提示语生成、执行监测、性能评估、数据分析、策略优化、更新提示语等环节，以构建自适应、可持续改进的提示语系统。

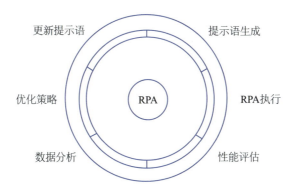

图 5-5　RPA 驱动的提示语优化循环

📎 应用技巧：

- 设置 RPA 以跟踪关键性能指标（如阅读时间、分享率、转化率）。
- 实现 A/B 测试机制，比较不同提示语变体的性能。
- 创建基于性能数据的提示语调整算法。

◎　提示语示例：

[系统指令] 你是一个具有自优化能力的 AI 写作系统。你的任务是持续改进用于生成"{ 内容类型 }"的提示语。请遵循以下 RPA 驱动的优化流程：

（1）初始提示语生成：

创建 3 个用于生成"{ 内容类型 }"的提示语变体，每个在结构或重点上略有不同。

（2）A/B/C 测试：

使用每个提示语变体生成 10 篇样本内容。

RPA 跟踪每篇内容的性能指标：

a. 平均阅读时间。

b. 社交媒体分享次数。

c. 用户评论数量。

d. 转化率。

（3）数据分析：

RPA 收集 7 天的性能数据，计算每个变体的综合得分。

（4）模式识别：

分析表现最佳的变体，识别其独特特征。

（5）提示语优化：

　　基于识别出的优势特征，生成一个新的提示语变体。

　　保留表现最佳的原始变体，淘汰表现最差的变体。

（6）迭代优化：

　　重复步骤（2）～（5），持续优化提示语。

　　每完成 3 轮优化，生成一份优化报告，包括：

　　a. 性能提升百分比。

　　b. 最有效的提示语特征。

　　c. 对未来优化的建议。

请模拟执行这个 RPA 驱动的优化流程，重点说明每一步 RPA 如何辅助决策和执行。最后，提供一个经过 3 轮优化后的最佳提示语示例和优化报告摘要。

实战篇

第6章

商业写作中的提示语设计

商业写作涉及信息传递、品牌塑造、营销策略等多个层面,其核心在于精准传达信息、引发情感共鸣,并推动目标行动的达成。这一章将介绍如何通过提示语设计,使商业写作更加清晰、具有说服力,从而实现高效的商业沟通和战略目标。

一、文案写作:信息传递、情感共鸣、行动引导的提示语设计

在商业环境中,优质的文案起到了沟通品牌与消费者的关键作用。它不仅应准确传达信息,还需激发情感共鸣,从而有效引导目标受众做出相应的决策或行动。本节将从信息传递、情感共鸣和行动引导这三个文案写作中的关键要素出发(见图6-1),探讨如何设计高效的AI文案写作提示语。

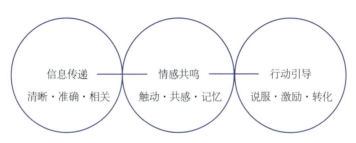

图6-1 文案写作的三大要素

（一）信息传递：设计清晰、精准的信息框架提示语

在商业文案写作中，有效的信息传递是基础，也是挑战。信息过载的时代背景下，品牌和营销者需要在复杂的传播环境中脱颖而出。构建清晰、精准的信息框架提示语，能够有效提升信息传达的效率与准确性，帮助品牌在竞争激烈的市场中获得更大优势。

信息传递的核心在于清晰和精准。清晰意味着信息结构有序、层次分明，便于受众快速理解；精准则要求信息内容准确无误，直击目标受众的需求和痛点。在商业文案设计中，提示语的设计至关重要，需要能够引导生成信息清晰、重点突出且易于理解的内容。这一过程对于确保文案的准确性和有效性，尤其是在复杂信息的传递中，起到了关键作用。表 6-1 归纳了信息传递特质与相应的提示语设计技巧，展示了如何通过分层指令、关键词限定、逻辑关系指示等方法实现有效的信息传递。

表 6-1　信息传递特质提示语设计技巧

优秀文案的信息传递特质	提示语设计技巧
1. 信息层次清晰	信息分层指令：在提示语中明确指出信息的层级结构
2. 表达简洁精准	关键词限定：为每个信息点设定关键词或字数限制
3. 结构逻辑严密	逻辑关系指示：明确说明各信息点之间的逻辑关联
4. 受众针对性强	受众特征描述：在提示语中包含目标受众的详细特征描述
5. 记忆点突出	核心信息强化：要求在文案中重复或变换表达方式以重申核心信息

◎　**实践层面**：基于上述对优秀文案所具备的信息传递特质的分析，以及相应的提示语设计技巧，可以设计如下提示语示例。

请为［产品名称］创作一则产品说明文案，目标是实现清晰、精准的信息传递。请遵循以下结构和要求：

（1）核心信息（最高优先级，50 字以内）：

　　a. 产品的主要功能。

　　b. 核心价值主张。

　　要求：用一句简洁有力的话概括，确保包含［关键词1］和［关键词2］。

（2）功能详解（次优先级，总计 150 字以内）：

　　a. 主要特性 1：［特性名］（20 字以内描述）。

　　b. 主要特性 2：［特性名］（20 字以内描述）。

　　c. 主要特性 3：［特性名］（20 字以内描述）。

　　要求：每个特性都要与核心价值主张有明确的逻辑关联。

（3）目标受众说明（50 字以内）：

　　描述目标用户的关键特征和需求。

　　要求：使用［目标受众］熟悉的语言和术语。

（4）产品优势总结（30 字以内）：

　　提炼 2~3 个最具竞争力的产品优势。

　　要求：使用对比或排他性表述，如唯一、领先等。

（5）记忆点设计（20 字以内）：

　　创作一个朗朗上口的产品标语或口号。

　　要求：包含产品名称和核心价值主张。

额外要求：

　　使用简洁的句式，避免复杂从句。

　　每个部分之间使用明确的视觉分隔，如"---"。

　　对每个部分的关键信息使用加粗标记，每部分不超过 3 个加粗点。

　　确保整体可读性指数控制在初中水平（使用 Flesch-Kincaid 可读性公式）。

请基于以上结构和要求，生成一份完整的产品说明文案。

（二）情感共鸣：设计触发情感反应的提示语

　　在商业文案设计中，情感共鸣是影响消费者行为的重要因素，其在品牌传播中的作用不容忽视。情感营销（Emotional Marketing）理论指出，消费者的购买决策往往是基于情感而非纯粹理性。因此，如何通过文案唤起目标受众的情感共鸣，成为品牌传播的关键。在利用 AI 进行商业文案设计时，设计能够触发情感反应的提示语，可以成为实现高效情感营销的新途径。

　　情感共鸣的核心在于共情和感染。共情要求作者深入理解目标受众的情感需求和心理状态；感染则需要运用恰当的语言和叙事技巧来触发这些情感。在设计提示语时，需要融入心理学和叙事学的相关理论，以引导 AI 生成富有感染力的内容。表 6-2 归纳了情感共鸣的关键特质与相应的提示语设计技巧。

表 6-2　情感共鸣特质提示语设计技巧

优秀文案的情感共鸣特质	提示语设计技巧
1. 情感基调明确	情感关键词指定：在提示语中明确指定文案应体现的核心情感
2. 多感官体验描述	感官词汇要求：要求使用视觉、听觉、触觉等多感官相关的描述性词语
3. 情境代入感强	场景设定指令：创建与产品使用或品牌相关的具体情境描述要求
4. 情感层次丰富	情感层次递进：设计从基础情感到高级情感的递进结构
5. 共情叙事表达	叙事结构指引：要求采用故事化的叙事方式来展现品牌或产品价值

◎　提示语示例：

为［品牌名称］创作一则品牌故事文案，目标是实现深度的情感共鸣。请遵循
以下结构和要求：

（1）情感基调设定（20字以内）：

　　明确指出文案应体现的核心情感，如温暖、激励、惊喜等。

　　要求：选择一个与品牌调性高度匹配的情感基调。

（2）开场情境描述（80字以内）：

　　描述一个与品牌/产品高度相关的日常场景。

　　要求：使用多感官描述，至少包含视觉、听觉、触觉中的两种。

（3）问题—情感—解决方案结构（150字以内）：

　　a. 指出目标受众在该情境中面临的问题或挑战（30字以内）。

　　b. 描述由此产生的情感反应（40字以内）。

　　c. 展示品牌/产品如何解决问题并转化情感（80字以内）。

　　要求：每个部分都要有明确的情感关键词，情感要有层次递进。

（4）品牌价值主张（50字以内）：

　　用富有感染力的语言阐述品牌的核心价值。

　　要求：将理性价值与情感价值相结合。

（5）情感共鸣高潮（100字以内）：

　　描述使用品牌/产品后的理想状态或憧憬的未来。

　　要求：使用比喻或隐喻手法，增强文案的感染力。

（6）召唤共情的结语（30字以内）：

　　设计一个能引发读者情感共鸣的号召性语句。

　　要求：使用第二人称，增强代入感。

额外要求：

　　整个文案要形成一个完整的故事，有起承转合。

　　在文案中巧妙植入 3～5 个与核心情感相关的成语或谚语。

　　使用排比、对偶等修辞手法增强文案节奏感。

　　控制整体情感基调，使用情感感知词典与情感推理工具（Valence Aware Dictionary and sEntiment Reasoner，简称 VADER），目标为 0.6～0.8（积极但不过分夸张）。

请基于以上结构和要求，生成一份完整的品牌故事文案。

（三）行动引导：设计促进决策和行动的提示语

在商业文案写作中，最终目标往往是促使受众采取特定行动，如购买、注册或分享。然而，从认知到行动的转化过程中存在诸多障碍。如何通过文案有效地引导受众跨越这些障碍，成为行动引导型文案的核心挑战。在 AI 辅助写作时代，设计能够促进决策和行动的提示语，成为实现高转化率的关键。

行动引导的核心在于说服和激励。说服需要提供充分的理由和证据；激励则要求创造足够的动力和紧迫感。表 6-3 归纳了行动引导的关键特质，以及与之对应的行动目标明确化、时间限制设置、利益点强化等提示语设计技巧。

表 6-3　行动引导特质提示语设计技巧

优秀文案的行动引导特质	提示语设计技巧
1. 明确的行动指向	行动目标明确化：在提示语中明确指出期望受众采取的具体行动
2. 强烈的紧迫感	时间限制设置：要求在文案中加入限时优惠或稀缺性信息
3. 低门槛的起始步骤	简单行动设计：要求设计一个简单、具体的第一步行动
4. 清晰的收益阐述	利益点强化：要求明确列出采取行动后的具体收益
5. 社会证明的运用	案例/数据要求：要求加入用户见证或数据支持

◎　提示语示例：

为［产品/服务名称］创作一则促销文案，目的是有效引导目标受众立即采取行动。请遵循以下结构和要求：

（1）注意力抓取（30 字以内）：

　　创作一个引人注目的标题。

　　要求：包含行动词和具体数字，如"立省 30%""7 天见效"等。

（2）行动目标明确化（20 字以内）：

清晰陈述期望受众采取的具体行动。

要求：使用祈使句，动词要具体明确，如"立即订购""现在注册"等。

（3）核心利益点（3 点，每点 30 字以内）：

列举采取行动后能获得的主要好处。

要求：每个利益点都要具体、量化，并与目标受众的需求直接相关。

（4）紧迫感营造（50 字以内）：

创造一种不立即行动就会错失良机的氛围。

要求：使用限时优惠或限量供应等策略，给出具体的截止时间或数量。

（5）社会证明（2~3 条，每条 25 字以内）：

提供用户见证或数据支持。

要求：包括具体数字和真实感受，如 90% 的用户表示效果显著。

（6）低门槛起始步骤（40 字以内）：

设计一个简单、具体的第一步行动。

要求：这个步骤应该非常容易执行，降低用户的心理阻力。

（7）行动召唤设计（15 字以内）：

创作一个有力的行动召唤语。

要求：使用强烈的行动词，如"立即""马上""现在"等。

（8）遗憾预防（30 字以内）：

描述不采取行动可能造成的遗憾或损失。

要求：使用对比手法，突出行动和不行动的差异。

额外要求：

在文案中加入 2~3 个与紧迫感相关的成语或谚语。

使用问句式标题或小标题，增强互动感。

对关键信息使用醒目的视觉处理，如加粗、下划线等。

控制整体紧迫感，使用错失焦虑量表（Fear of Missing Out，简称 FOMO）

指数评估，目标为 7~8（足够紧迫但不过分焦虑）。

请基于以上结构和要求，生成一份完整的促销文案。

二、营销策划：创意概念、传播策略、执行方案的提示语设计

在当代营销环境中，有效的营销策划是品牌成功的关键。随着市场竞争的

加剧和消费者注意力的分散，如何打造独特的创意概念、精准的传播策略和可执行的方案成为每个营销者面临的挑战。利用 AI 辅助写作来优化营销策划流程，已经成为提升营销效率和效果的新趋势。

设计高质量的营销策划提示语，核心在于创新、精准和可行。创新要求使用者激发 AI 的创造力，生成独特的创意概念；精准需要使用者引导 AI 制定符合目标受众和市场环境的传播策略；可行则要求通过提示语设计，确保 AI 生成的执行方案具有实操性（见图 6-2）。本节将从创意概念、传播策略和执行方案三个方面，探讨如何设计有效的提示语。

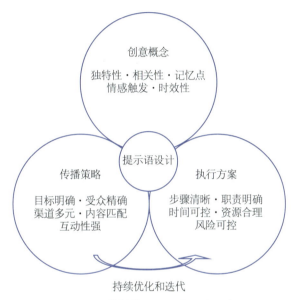

图 6-2　营销策划写作的三大要素

（一）创意概念：设计激发创新思维的提示语

设计能够引导 AI 生成独特、具有相关性、富有记忆点和情感触发力的创意概念的提示语，这些提示语旨在帮助 AI 生成既能在市场中脱颖而出，又与品牌价值和目标受众需求高度相关的创意内容。同时，这些创意还应易于记忆和传播，并能引起目标受众的情感共鸣和共振，从而提升整体营销效果。

🔍　**理论层面：优秀的创意概念应具备以下特质。**

（1）独特性：在市场中脱颖而出，引起关注。

（2）相关性：与品牌价值和目标受众需求高度相关。

（3）记忆点：易于记忆和传播。

（4）情感触发：能引起目标受众的情感共鸣。

（5）时效性：与当前社会热点或趋势相联系。

方法层面：为实现上述特质，可以采用以下技巧来设计提示语。

（1）跨领域联想指令：要求 AI 结合不同领域的元素，激发独特创意。例如：将［品牌］的核心价值与［不相关领域］的一个概念结合，创造一个独特的营销创意。

（2）品牌 DNA 融入：在提示语中明确品牌核心价值，确保创意的相关性。例如：设计一个体现［品牌］的［核心价值 1］和［核心价值 2］的创意概念。

（3）记忆点设计：要求 AI 创造易于记忆的口号或视觉元素。例如：创造一个朗朗上口、包含双关语的口号，概括这个创意概念。

（4）情感地图构建：基于目标受众的情感需求设计创意。例如：基于［目标受众］的［核心情感需求］，设计一个能引起强烈情感共鸣的创意元素。

（5）趋势融合要求：指示 AI 将当前热点话题与品牌创意结合。例如：将［近期热点话题］与［品牌特性］结合，创造一个时效性强的创意概念。

实践层面：综合以上方法，可以设计如下提示语示例。

为［品牌名称］设计一个创新的营销创意概念，用于其［具体产品/服务］的推广。请遵循以下要求：

（1）核心创意：

结合［品牌所属领域］和［另一个看似不相关的领域］的元素，提出一个独特的创意概念。

（2）品牌价值融入：

解释该创意如何体现品牌的［核心价值 1］和［核心价值 2］。

（3）记忆点设计：

创造一个朗朗上口的口号或标语，需包含双关语或文字游戏。

（4）情感触发元素：

基于［目标受众画像］的［核心情感需求］，设计一个能引起其强烈情感共鸣的创意元素。

（5）时效性挂钩：

将创意与［当前热门社会话题或现象］联系起来，突出时效性。

（6）创意呈现形式：

提出 2~3 种可能的创意呈现形式，至少包含一种创新的或非传统的媒体形式。

（7）病毒传播潜力：

解释这个创意如何具备病毒式传播的潜力。

额外要求：

确保创意在挑战常规的同时，不会引起争议或负面解读。

考虑创意的可持续性，思考如何将其发展为一个长期营销主题。

请基于以上要求，生成一份完整的创意概念方案。

（二）传播策略：设计精准定位的传播方案提示语

设计目标明确、受众精准、渠道多元、内容匹配且互动性强的传播策略提示语，能够确保信息在不同平台上的有效传递，并促进与目标受众的深层次互动，增强品牌与受众之间的沟通效率，实现精准化、个性化的营销目标。

理论层面：优秀的传播策略应具备以下特质。

（1）目标明确：有清晰、可衡量的传播目标。

（2）受众精准：准确定位目标受众，了解其特征和需求。

（3）渠道多元：选择适合目标受众的多种传播渠道。

（4）内容匹配：为不同渠道设计匹配的内容形式。

（5）互动性强：设计能够提高用户参与度的互动机制。

方法层面：为实现上述特质，可以采用以下技巧来设计提示语。

（1）目标量化指令：要求 AI 设定具体、可衡量的传播目标。例如：使用 SMART（Specific，Measurable，Achievable，Relevant，Time-bound，意即具体、可衡量、可实现、相关性强、有时间限制）原则，设定 3 个具体的传播目标，涵盖品牌知名度、用户参与度和转化率。

（2）受众画像详述：在提示语中提供详细的目标受众特征。例如：基于［人口统计学特征］、［行为特征］、［需求痛点］和［媒体使用习惯］，描述目标受众群体。

（3）全渠道思维引导：要求 AI 考虑线上线下多种传播渠道。例如：设计一个包含至少 5 个不同类型渠道的传播矩阵，并解释选择每个渠道的理由。

（4）内容形式多样化：指示 AI 为不同渠道设计相匹配的内容形式。例如：为每个主要渠道设计内容策略，指出适合的内容形式（如短视频、图文、直播等）。

（5）互动机制设计：要求 AI 提出增强用户参与度的策略。例如：设计 2～3个能提升用户参与度的互动方式，考虑线上线下结合，增强趣味性和传播性。

实践层面：综合以上方法，可以设计如下提示语示例。

为［品牌名称］的［营销活动名称］设计一个全方位的传播策略。该策略应能在多元化的媒体环境中精准触达目标受众，并实现品牌传播目标。请遵循以下要求：

（1）市场洞察（800 字以内）：

基于最新的市场研究数据，总结目标市场的 3 个关键趋势和 2 个主要痛点。

（2）受众画像（1 000 字以内）：

描绘 2～3 个核心目标受众群体，包括人口统计特征、行为习惯、价值观和媒体使用偏好。为每个群体设定一个吸引人的昵称。

（3）传播目标（600 字以内）：

设定 3 个 SMART 目标，涵盖品牌知名度、参与度和转化率。每个目标都应有具体的数字指标和时间框架。

（4）核心信息（500 字以内）：

提炼 1 个总体信息和 3 个支持性信息。这些信息应与品牌调性一致，并能引起目标受众的共鸣。

（5）全渠道矩阵（1 500 字以内）：

设计 1 个包含至少 7 个渠道的传播矩阵，包括社交媒体、KOL、线下活动、传统媒体等。说明每个渠道的具体作用和预期效果。

（6）内容策略（1 200 字以内）：

为 3 个主要渠道设计差异化的内容策略。每个策略应包含内容形式、主题方向和互动元素，并解释如何与用户旅程的不同阶段匹配。

（7）创新传播手法（800 字以内）：

提出 1 个创新的或非常规的传播方式。这个方法应能显著提升活动的话题性和参与度。

（8）KOL 合作计划（700 字以内）：

设计 1 个多层次的 KOL 合作策略，包括顶级 KOL、中腰部 KOL 和微观 KOL 的不同运用方式。

（9）时间线（1 000 字以内）：

> 绘制一个为期［具体时间］的传播时间表，包括预热、启动、高潮和持续
> 阶段。标注关键时间节点和相应的传播重点。
>
> （10）效果评估（600 字以内）：
> 设定 5～7 个关键绩效指标（KPI），涵盖曝光、参与、转化和品牌健康度
> 等方面。说明数据来源和评估频率。
>
> （11）危机预案（500 字以内）：
> 列出 2～3 个可能的传播风险，并为每个风险提供简要的应对策略。
>
> 预算分配建议：
> 按渠道和阶段列出预算分配比例，确保资源的最优化使用。
>
> 请基于以上要求，生成一份全面、创新且可执行的传播策略方案。

（三）执行方案：设计可操作的行动计划提示语

设计提示语时，应确保其能够引导生成步骤清晰、职责明确、时间可控、资源合理且风险可控的执行方案。这类提示语的目的在于帮助制订详细且可操作的行动计划，确保各项任务顺利执行，并最终达成预期目标。

理论层面：优秀的执行方案应具备以下特质。

（1）步骤清晰：有明确、可执行的行动步骤。
（2）职责明确：每个执行环节都有明确的负责人或部门。
（3）时间可控：有详细的时间表和关键节点。
（4）资源合理：合理分配人力、物力、财力资源。
（5）风险可控：识别潜在风险并有相应的应对策略。

方法层面：为实现上述特质，可以采用以下技巧来设计提示语。

（1）行动步骤分解：要求 AI 将执行过程分解为具体、可执行的步骤。例如：将整个执行过程分解为 10～15 个具体步骤，每个步骤应清晰、可操作，并标明预计耗时。

（2）角色分配指令：指示 AI 为每个执行环节分配负责的角色或部门。例如：为每个主要执行步骤分配负责的角色或部门，明确各个角色的具体职责。

（3）时间节点设定：要求 AI 制定详细的时间表，包括里程碑事件。例如：设计一个详细的执行时间表，包括准备期、执行期和评估期，标注关键里程碑事件。

（4）资源分配引导：引导 AI 考虑人力、物力、财力的合理分配。例如：列出执行过程中需要的主要资源，包括人力、物力、财力三个方面，对关键资源给出具体的数量或预算。

（5）风险评估要求：要求 AI 识别可能的风险点并提出应对策略。例如：识别 3～5 个可能的风险点，并提出相应的应对策略，考虑内部和外部风险因素。

实践层面：综合以上方法，可以设计如下提示语示例。

为［品牌名称］的［营销活动名称］设计一个详细可行的执行方案。该方案应能将创意概念和传播策略有效转化为具体行动，确保活动的顺利开展和目标达成。请遵循以下要求：

（1）执行摘要（300 字以内）：

概括整个执行方案的核心内容、主要目标和关键成功因素。

（2）项目团队构成（300 字以内）：

列出核心项目团队成员，包括内部人员和外部合作方。明确每个角色的主要职责和决策权限。

（3）里程碑规划（1 200 字以内）：

设定 5～7 个关键里程碑事件。每个里程碑都应包含具体目标、完成标准和时间节点。使用甘特图呈现整体时间线。

（4）详细行动步骤（2 000 字以内）：

将执行过程分解为 15～20 个具体步骤。每个步骤应包含：

行动描述。

责任人／部门。

开始和结束时间。

所需资源。

完成指标。

（5）资源分配表（1 000 字以内）：

创建一个资源分配矩阵，横轴为时间，纵轴为资源类型（如人力、设备、预算）。标注每个阶段的资源需求高峰。

（6）跨部门协作流程（800 字以内）：

设计 2～3 个关键的跨部门协作流程，如创意审批、内容制作、媒体投放等。使用流程图呈现。

（7）预算明细（1 000 字以内）：

提供一个详细的预算破解表，包括：

各执行环节的具体支出。

预留的应急资金比例。

主要成本控制措施。

（8）质量控制计划（900字以内）：

列出3~5个关键的质量控制点和相应的检查标准。包括内容质量、用户体验、技术实现等方面。

（9）风险管理矩阵（1 200字以内）：

识别5~7个潜在风险点，评估其发生概率和影响程度。为每个高风险项目制定具体的预防和应对措施。

（10）利益相关者沟通计划（1 800字以内）：

设计一个定期向各利益相关者（如高管、合作伙伴、媒体）汇报项目进展的机制。指明沟通频率、方式和关键信息点。

（11）应急预案（1 000字以内）：

为2~3个可能的重大意外情况（如重要环节延期、预算超支、负面舆情等）制定详细的应急预案。包括触发条件、响应流程和补救措施。

（12）执行后评估机制（700字以内）：

设计一个项目后评估框架，包括效果评估、经验总结和持续优化建议。指明评估的时间点和主要维度。

创新执行工具：

推荐1~2个创新的项目管理工具或方法，解释它们如何能提升执行效率和灵活性。

请基于以上要求，生成一份全面、精确且具有可操作性的执行方案。方案应体现出对创意概念的忠实执行、对传播策略的有效支持以及对各种可能情况的周全考虑。

三、品牌故事：品牌定位、价值主张、未来愿景的提示语设计

在数字化时代，品牌故事已成为连接企业与消费者的重要纽带。它不仅能传递品牌的核心价值，还能在情感层面与消费者建立联系。本节将从品牌定位、价值主张和未来愿景三个核心要素出发，通过关键考量、常见陷阱和提示语示例等维度，探讨如何构建具有吸引力和影响力的品牌故事。图6-3呈现了品牌故事的关键组成部分，强调这三大要素在品牌塑造中的作用及其相互联系。

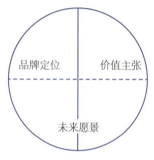

图 6-3　品牌故事的三大要素

（一）品牌定位：在市场中找到独特位置

品牌定位是品牌故事的基础，清晰、独特的品牌定位能够帮助品牌在竞争激烈的市场中脱颖而出，并为后续的营销策略提供指导。

🔍 **关键考量：**

（1）目标市场的精准描述：精准的目标市场描述是品牌定位的基石。它不仅包括人口统计学特征，还应涵盖心理图谱、行为模式和价值观。深入理解目标受众能帮助品牌制定更有针对性的策略，提高营销效率。例如，不仅要知道目标群体的年龄和收入，还要了解他们的生活方式、消费习惯和对品牌的期望。

（2）竞争对手的分析和差异化策略：深入分析竞争对手是制定有效差异化策略的关键，包括了解竞争对手的市场定位、产品特性、营销策略和品牌形象。通过识别市场空白点和竞争对手的弱点，品牌可以找到独特的定位点。差异化不限于产品功能，还可以是服务方式、品牌个性或用户体验等方面。

（3）品牌个性和形象的一致性：品牌个性是品牌的人格化表现，它应与目标受众的价值观和生活方式相匹配。保持品牌个性和形象的一致性对于建立强大的品牌认知至关重要。这种一致性应体现在所有的品牌接触点上，包括产品设计、广告传播、客户服务等。一个统一的品牌形象能增强品牌识别度，提高顾客忠诚度。

（4）与目标受众的情感连接点：成功的品牌定位不仅要满足功能需求，还要在情感层面与受众产生共鸣。这需要深入了解目标受众的情感需求、价值观和生活理想。通过讲述能引起共鸣的品牌故事，或设计能触动情感的体验，品牌可以与顾客建立更深层次的联系。情感连接使品牌超越了简单的商品属性，成为顾客生活中有意义的组成部分。

常见陷阱：

（1）定位过于宽泛，缺乏针对性：许多品牌试图讨好所有人，结果往往是失去了鲜明的市场定位。过于宽泛的定位难以在竞争激烈的市场中脱颖而出，也难以与特定受众建立深度联系。应该勇于聚焦特定的市场细分，即使这意味着可能会疏远部分潜在顾客。

（2）过度模仿竞争对手，失去独特性：在竞争激烈的市场中，一些品牌可能倾向于模仿成功的竞争对手。然而，这种策略往往导致品牌同质化，失去了自身的独特价值。成功的品牌定位应该基于自身的核心优势和价值观，寻找差异化的机会。

（3）忽视市场变化，定位僵化：市场环境、消费者需求和技术都在不断变化，品牌定位也需要与时俱进。一成不变的定位可能导致品牌与市场脱节。定期评估和调整品牌定位，确保其具有持续的相关性和吸引力是必要的。

（4）与品牌实际能力不匹配，难以兑现承诺：过于雄心勃勃的品牌定位可能超出品牌的实际能力范围。如果无法持续兑现品牌承诺，将严重损害品牌信誉。品牌定位应该建立在公司的核心能力和资源基础之上，确保能够长期、稳定地实现。

◎　提示语示例：

为［品牌名称］创作一个清晰而独特的品牌定位声明，遵循以下指南：

（1）核心定位：

用一句简洁有力的话概括品牌的核心定位。确保这句话能清晰传达品牌的独特价值和市场地位。

（2）目标受众画像：

描绘理想客户的详细画像，包括：

a. 人口统计特征（年龄、性别、收入等）。

b. 心理特征（价值观、生活方式、兴趣爱好）。

c. 消费行为（购买习惯、决策因素）。

d. 痛点和需求。

（3）竞争分析：

列举 3 个主要竞争对手，并分析：

a. 每个竞争对手的核心优势。

b. 品牌相对于每个竞争对手的独特优势。

c. 市场中尚未被满足的需求或机会。

（4）品牌个性：

用 5 个形容词描述品牌个性，并简要解释每个特质如何体现在品牌体验中。

（5）价值主张：

阐述品牌为目标受众提供的核心价值和独特利益。说明这些价值如何解决客户的具体问题或满足其需求。

（6）情感连接点：

描述一个能与目标受众产生强烈情感共鸣的品牌元素或故事。解释这个元素或故事如何与受众的深层需求或价值观相连。

（7）定位声明：

综合以上要素，创作一个简洁有力的定位声明。这个声明应清晰表达品牌是什么、为谁服务、提供什么独特价值。

（8）视觉识别：

提出 2~3 个能直观体现品牌定位的视觉元素建议（如标志、色彩、图像风格等）。

评估标准：

a. 清晰度：定位是否易于理解和记忆。

b. 独特性：是否明显区别于竞争对手。

c. 相关性：是否与目标受众的需求和期望高度相关。

d. 可信度：是否基于品牌的实际优势和能力。

e. 持续性：是否具有长期发展潜力。

注意事项：

a. 避免使用行业陈词滥调。

b. 确保定位声明简洁有力，同时富有洞察力。

c. 考虑定位的可扩展性，以适应未来的品牌发展。

请基于以上指南，创建一个全面而富有洞察力的品牌定位方案。

（二）价值主张：传递独特的品牌价值

价值主张是品牌向目标受众传递的核心承诺，它阐明了品牌如何满足客户需求并解决其痛点。一个有力的价值主张能够清晰地传达品牌的独特优势，吸引目标受众，并为品牌创造持续的竞争优势。以下将探讨制定价值主张的关键考量因素和常见陷阱，并提供相应的提示语框架。

🔍 关键考量：

（1）产品／服务的核心优势：价值主张应该建立在品牌产品或服务的实际优势之上。这些优势可能是独特的功能、卓越的性能、创新的设计或优质的服务。深入分析产品或服务的核心优势，能帮助品牌找到真正的差异点，从而在市场中赢得独特地位。

（2）解决客户痛点的能力：优秀的价值主张不仅要展示产品特性，还要明确说明这些特性如何解决客户的实际问题或满足其需求。深入理解目标客户的痛点和所面临的挑战，并清晰地阐述品牌如何解决这些问题，是制定有效价值主张的关键。

（3）情感和功能价值的平衡：虽然功能价值是价值主张的基础，但情感价值往往是品牌建立长期客户关系的关键。优秀的价值主张应该在功能利益和情感利益之间找到平衡，不仅能满足客户的实际需求，还能触动其内心深处的情感诉求。

（4）价值主张的可信度和可证明性：任何价值主张都需要有足够的证据支持。这可能包括客户证言、行业认证、性能数据或比较测试结果。确保价值主张的每个方面都有具体、可验证的支持证据，能够增强品牌的可信度。

🔍 常见陷阱：

（1）价值主张过于复杂，难以传达：有时候，品牌试图在价值主张中包含过多信息，结果反而模糊了核心信息。一个好的价值主张应该简洁明了，能在短时间内被目标受众理解和记住。

（2）忽视情感价值，过度强调功能特性：许多品牌倾向于强调产品的功能特性，而忽视了情感连接的重要性。然而，情感因素往往是驱动购买决策和品牌忠诚度的关键。平衡功能价值和情感价值是制定有效价值主张的关键。

（3）夸大其词，无法兑现承诺：为了吸引注意力，一些品牌可能会在价值主张中做出夸大或不切实际的承诺。这种做法可能在短期内吸引客户，但长远来看会损害品牌信誉。价值主张应该建立在品牌能够持续兑现的承诺之上。

（4）与竞争对手的价值主张过于相似：在竞争激烈的市场中，品牌可能会不自觉地采用与竞争对手相似的价值主张。这不仅无法帮助品牌脱颖而出，还可能导致品牌同质化。寻找真正的差异点是制定有效价值主张的关键。

◎　提示语示例：

为［品牌名称］制定一个有力的品牌价值主张，遵循以下指南：

（1）核心价值概述：

　　用一句话概括品牌的核心价值主张。这句话应该简洁有力，能够清晰传达品牌的独特价值。

（2）目标受众痛点：

　　列出 3~5 个目标受众最关心的痛点。对每个痛点进行简要描述，解释它们对目标受众的影响。

（3）问题解决方案：

　　针对上述每个痛点，详细说明品牌如何解决这些问题。突出品牌的独特方法或技术。

（4）核心优势：

　　列举品牌产品或服务的 3~5 个核心优势。每个优势都应该与竞争对手有明显区别，并能直接解决客户痛点。

（5）情感价值：

　　描述品牌如何在情感层面与客户建立联系。包括品牌带来的情感体验、生活方式改善或个人成长等方面。

（6）证明点：

　　提供 2~3 个支持价值主张的具体证据或数据点。可以包括客户见证、行业认证、性能数据或比较测试结果。

（7）差异化陈述：

　　解释品牌的价值主张如何与主要竞争对手区分开来。强调品牌的独特之处。

（8）长期价值：

　　描述客户长期使用品牌产品或服务可能获得的持续利益。这有助于建立品牌忠诚度。

（9）视觉化元素：

　　提供一个能直观展示价值主张的视觉元素或比喻。这有助于增强价值主张的记忆度。

（10）简化版本：

　　创建一个简化版的价值主张，适用于快速传播或口头传达。这个版本应该在保留核心信息的同时更加简洁。

评估标准：

a. 清晰度：价值主张是否易于理解和记忆。

b. 相关性：是否直接解决目标受众的核心需求和痛点。

c. 独特性：是否明显区别于竞争对手的价值主张。

d. 可信度：是否有足够的证据支持。

e. 情感共鸣：是否能在情感层面与目标受众产生共鸣。

f. 可执行性：品牌是否有能力持续兑现这一价值主张。

请基于以上指南，创建一个全面而有说服力的品牌价值主张。

（三）未来愿景：描绘品牌的长远目标

未来愿景是品牌故事中至关重要的一部分，它不仅展示了品牌的长远目标，也有助于激发员工、客户和其他利益相关者的热情与支持。富有感染力的未来愿景能够为品牌指明方向，同时也能在竞争激烈的市场中凸显品牌的独特性和价值。

🔑 关键考量：

（1）与当前品牌定位的一致性和延续性：未来愿景应该是当前品牌定位的自然延伸，而不是完全脱节的构想。它应该体现品牌核心价值观的持续性，同时展示品牌如何在未来更好地实现这些价值观。这种一致性有助于维护品牌形象的连贯性，增强品牌认知。

（2）对行业和社会的积极影响：优秀的未来愿景不仅关注企业自身的发展，还应该考虑品牌对整个行业和更广泛社会的积极影响。这可能包括推动技术创新、改善生活质量、促进可持续发展等方面。展示品牌如何为更大的利益做出贡献，能够增强品牌的社会价值和吸引力。

（3）员工和客户的参与感：未来愿景应该能够激发员工的工作热情，让他们感到自己的工作是有意义的。同时，它也应该让客户感觉到自己是品牌未来的一部分，增强他们对品牌的情感连接。创造一种共同参与、共同成长的感觉，有助于建立更强大的品牌社区。

（4）愿景的远大与可实现性的平衡：一个好的未来愿景应该既富有远见，又切实可行。它需要足够远大以激发灵感，同时又要基于品牌的核心能力和资源，让人感觉是可以实现的。这种平衡能够既激发热情，又保持可信度。

🔑 常见陷阱：

（1）愿景过于抽象，缺乏实际意义：一些品牌的未来愿景过于宏大或抽象，难以与实际行动联系起来。这样的愿景可能看起来令人印象深刻，但实际上难以指导日常决策和行动。

（2）忽视社会责任，仅关注商业目标：过分强调商业成就而忽视品牌对社会和环境的责任，可能会让品牌显得自私或短视。在当今社会，消费者越来越关注品牌的社会责任，因此平衡商业目标和社会影响非常重要。

（3）未能激发利益相关者的共鸣：如果未来愿景无法与员工、客户和其他利益相关者产生情感共鸣，就难以调动他们的积极性和支持。一个好的未来愿景应该能让人感到兴奋和被激励。

（4）愿景与品牌当前形象差距过大，缺乏可信度：虽然未来愿景应该具有前瞻性，但如果与品牌当前的形象和能力相去甚远，可能会被视为不切实际或缺乏诚意。未来愿景应该建立在品牌的核心优势之上，展示一条可信的发展路径。

◎　**提示语示例：**

为［品牌名称］创造一个富有感染力的品牌未来愿景，包含以下元素：

（1）愿景陈述：

用一句话描述品牌 5～10 年后的理想状态。这个陈述应该简洁有力，富有远见，同时与品牌当前的核心价值观保持一致。

（2）行业影响：

描述品牌将如何引领行业发展或改变行业格局。包括技术创新、商业模式革新或服务标准提升等方面。

（3）社会贡献：

阐述品牌将为社会带来的积极影响。考虑环境保护、社会公平、教育发展或健康促进等方面的贡献。

（4）客户价值：

描绘品牌如何在未来更好地服务客户，提升客户体验或解决更复杂的客户问题。

（5）员工愿景：

说明品牌将如何为员工创造更好的工作环境、发展机会和个人成长空间。

（6）创新项目：

提出 2～3 个体现品牌未来愿景的创新项目或倡议。这些项目或倡议应该既有前瞻性，又基于品牌的核心能力。

（7）里程碑：

设定 3 ~ 5 个实现愿景的关键里程碑。这些里程碑应该是具体、可衡量的，并且时间跨度合理。

（8）全球视野：

如果适用，描述品牌在全球市场中的未来定位和发展规划。

（9）技术展望：

预测品牌将如何利用新兴技术来实现未来愿景，可能包括 AI、物联网、可持续能源等领域。

（10）伙伴生态：

描述品牌将如何与其他企业、机构或组织合作，共同实现更大的目标。

（11）激励口号：

创造一个能激励员工和客户的口号，体现共同奋斗的精神。这个口号应该简短有力，易于记忆和传播。

（12）视觉象征：

提出一个能够直观表现未来愿景的视觉元素或符号。这个元素或符号应该能够简洁地传达未来愿景的核心理念。

评估标准：

a. 一致性：与当前品牌定位和价值观的连贯性。

b. 远见性：展现了足够远大和鼓舞人心的未来图景。

c. 可信度：基于品牌的核心优势，具有实现的可能性。

d. 共鸣度：能否激发员工、客户和其他利益相关者的热情。

请基于以上指南，创造一个全面、富有感染力且能指引品牌长远发展的未来愿景。

四、年终总结：业绩回顾、成就展示、未来规划的提示语设计

年终总结是企业和个人总结过去、展示成就以及展望未来的重要时刻。在撰写年终总结时，如何通过精准、清晰、有力的语言表达过去一年的工作成绩与未来的发展规划，是提升总结质量和影响力的关键。本节将针对年终总结的三个主要部分——业绩回顾、成就展示和未来规划，提供具体的提示语设计方案。

（一）业绩回顾：展示关键成果，分析工作成绩

业绩回顾部分旨在清晰、全面地展示过去一年的工作成绩，强调成果概述、数据支撑和项目亮点等关键维度。表 6-4 归纳了业绩回顾提示语的设计方法，

高质量的业绩回顾应满足以下要点：

（1）成果展示：通过量化的业绩数据或具体的案例来展示成果，增强内容的说服力。

（2）结构清晰：分为几个小节进行展示，如成果概述、数据支撑、项目亮点，确保层次分明，便于读者理解。

（3）具体事例：通过实际项目或工作案例的描述，使业绩回顾更加具体、生动。

表 6-4　业绩回顾提示语设计

维度	提示语示例	要求
成果概述	请总结过去一年中的主要工作成果，重点展示对业务的推动作用	业绩突出项：〔列出关键业绩指标，如销售额、客户增长率、项目完成情况等〕 成果分析：〔分析这些成果带来的具体影响，如提升效率、拓展市场等〕
数据支撑	请提供支撑业绩的具体数据，并通过数据展示工作成效	数据呈现：〔使用具体数字或百分比，如"销售额增长了20%"或"客户满意度提升了10%"〕 数据来源：〔明确数据来源和依据，确保真实性〕
项目亮点	请列举过去一年中参与的重要项目及其成果，展示在项目中的角色和贡献	关键项目：〔列举项目名称、目标、结果及自己的角色〕 影响力：〔项目如何推动了部门或公司目标的实现，具体成果如何体现〕

（二）成就展示：强化个人和团队的贡献，突出创新与突破

成就展示部分应突出个人和团队在过去一年的创新、突破及贡献，强调其对整体业务的积极影响。高质量的成就展示应侧重：

（1）团队贡献：通过展示团队合作的成果，突出团队的重要作用和协作精神。

（2）创新与突破：强调在工作中做出的创新或突破，展示工作的独特价值。

（3）个人荣誉：列举个人获得的奖项或荣誉，彰显个人的工作成绩。

表 6-5 总结了成就展示提示语的设计方法，涵盖团队贡献、创新突破和个人荣誉等核心维度。

表 6-5　成就展示提示语设计

维度	提示语示例	要求
团队贡献	请总结团队在过去一年中取得的重大成果，并展示团队合作的优势	团队协作：〔描述团队在协作中的表现，如跨部门合作、协调沟通等〕 团队成就：〔列举团队在目标实现方面的成绩，如"年度目标完成度达到120%"〕

续表

维度	提示语示例	要求
创新 与突破	请描述在工作中做出的创新举措或取得的突破性进展，展示个人和团队的创造力	创新成果：[展示创新的产品、流程或技术，并具体描述其影响] 突破性进展：[分析突破如何解决了长期存在的问题或带来显著改变]
个人荣誉	请列举个人在过去一年中获得的奖项、荣誉或表彰，突出个人贡献	荣誉奖项：[列出获得的奖项或特别表彰，如"最佳员工奖""创新贡献奖"等] 个人影响：[通过个人努力，推动了业务或团队的成长，取得了哪些成果]

（三）未来规划：设定目标，规划未来发展路线

未来规划部分是年终总结的重点，旨在为新的一年设定明确的目标和发展方向，确保工作规划具备清晰性和可执行性。表 6-6 归纳了未来规划提示语的设计要点。

（1）目标设定：明确未来一年的工作目标，并将其量化，确保目标可操作。

（2）行动计划：为每个目标设计可执行的行动计划，确保目标的实现有清晰的路径。

（3）个人成长：规划个人在职业发展上的成长路线，设定具体的成长目标。

表 6-6　未来规划提示语设计

维度	提示语示例	要求
年度目标	请设定明年的主要工作目标，并确保目标具体、可度量	目标设定：[明确具体的工作目标，如"实现 ×× 销售额""拓展 ×× 客户"等] 目标量化：[为每个目标设定具体的量化标准，如"年度增长 30%"或"增加 10 个大客户"]
行动计划	请根据目标制定具体的行动步骤或策略，确保目标的实现	行动步骤：[列出为实现目标所需的主要行动，如"提升客户服务质量""加强跨部门协作"等] 时间节点：[为每个目标设定具体的时间表或阶段性目标]
发展方向	请阐述未来一年在职业发展或个人成长方面的规划	个人发展：[设定个人的职业成长目标，如"提升管理能力""拓展行业知识"等] 团队协作：[描述计划如何进一步提升团队合作或打造高效团队]

第 7 章

自媒体运营中的提示语设计

本章讨论了微信公众号、微博、小红书和抖音等平台的生成内容提示语设计策略，重点关注如何通过有效设计提示语提升内容创作的效果。通过分析不同平台的内容需求和用户行为，我们探索了适配各平台特点的提示语策略，以增强内容的互动性、吸引力，以及提升用户体验。

一、玩转微信公众号：内容生产的提示语策略

微信公众号作为中国最大的内容分发平台之一，其内容生态与用户阅读习惯，决定了提示语设计需要采取差异化策略。本节将从平台的特性出发，构建系统化的提示语设计方法论，助力创作者提升内容质量与传播效果。

（一）平台特性与算法机制

微信公众号具有四大核心特性：私域流量、深度阅读、规范体系和互动机制（见图7-1）。这些特性直接影响提示语设计的策略方向：

（1）私域流量属性要求提示语需保持稳定的调性，建立品牌认知。

（2）深度阅读场景决定了内容结构需层次分明，重视逻辑传递。

（3）规范体系下的提示语设计需符合平台规则，避免触碰敏感词。

（4）互动机制为提示语优化提供了数据基础，持续迭代改进。

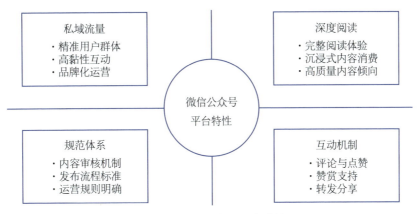

图 7-1　微信公众号平台特性

微信公众号的内容分发主要依赖于以上三个渠道：订阅号消息列表、好友转发以及看一看推荐。针对这三种渠道，提示语设计需要适配不同的展现形式和算法特点。特别是订阅号消息列表中，文章仅展示标题和封面，这就要求标题本身具备足够的信息量和吸引力。

（二）选题规划提示语

选题规划提示语的核心在于明确内容定位与读者价值。

◎　**提示语示例**：

> 任务目标：生成［具体领域］的选题规划。
> 背景信息：
> a. 账号定位：［填写定位］
> b. 目标读者：［读者画像］
> c. 核心诉求：［读者需求］
> 要求：
> （1）生成 10 个选题方向。
> （2）每个选题包含：
> a. 主标题。
> b. 副标题。
> c. 核心观点。
> d. 价值主张。

（3）考虑时效性与持久性的平衡。

输出格式：表格呈现。

（三）创作引导提示语

微信公众号作为深度阅读平台，其内容创作需要在吸引力、专业性和传播性之间找到平衡。设计高效的创作提示语，需要关注文章的结构设计与表达特色（见图 7-2）。图 7-2 展示了文章的核心结构，包括开篇引入、主体架构、数据支撑和结尾设计，为微信公众号内容设计提供指引。

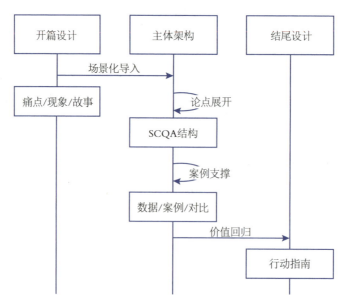

图 7-2　微信公众号内容设计

1. 标题创作的提示语设计

标题是微信公众号内容的第一扇窗口，直接影响文章的打开率与传播力。优质的公众号标题通常具备以下特质：

（1）信息密集：标题需在有限字数内传递足够的信息价值。与短视频平台不同，微信公众号的标题更倾向于清晰地点明文章的核心价值。标题提示语需要在设置约束条件时，强调信息的完整性和准确性。

（2）差异价值：在同质化严重的内容环境中，标题需要体现文章的独特视角或价值主张。提示语应当引导 AI 分析竞品标题，识别差异化表达的机会点。一个有效的方法是设置"差异化检验"环节，要求 AI 对比同主题下的热门标题，找出新的表达角度。

（3）时效性：将文章与当下热点、行业动态或社会关注点联系起来，但需避免过度追热点而偏离账号定位。如"ChatGPT 之后，产品经理的核心竞争力在哪里"就很好地结合了热点与专业洞察。

（4）平台调性：微信公众号的标题应与平台的内容气质相匹配，专业性与实用性的平衡更容易获得用户认同。提示语需要明确指出平台的语言基调，避免过于学术化或过于口语化的表达。

基于以上特质，设计标题生成的提示语需把握以下原则：

（1）明确价值维度：指明文章提供的具体价值类型，如解决方案、深度分析、经验分享等，这有助于 AI 聚焦输出方向。

（2）设定语气基调：根据账号调性确定表达基调，可以是严谨专业型、观点鲜明型或温和建议型。不同基调会影响标题的表达方式。

（3）限定结构要素：规定标题需包含的核心要素，如热点词、数据点、专家观点等，以确保生成的标题信息完整。

（4）平衡吸引力与专业性：在提示语中设置约束条件，避免标题过于营销化或者过于学术化。

◎ **提示语示例：**

> 请基于以下要素生成文章的标题。
> 主题：［主题］
> 核心观点：［观点］
> 目标读者：［读者群体］
> 价值类型：［分析型 / 方法型 / 经验型］
> 表达基调：［专业 / 犀利 / 温和］
> 必要元素：［数据点 / 行业洞察 / 专家引用］
> 差异化要求：
> 　　a. 竞品分析：［3~5 个同主题标题］。
> 　　b. 创新角度：［具体说明］。
> 生成要求：
> 　　a. 提供 3 个方案。
> 　　b. 说明每个方案的亮点。

2. 内容结构的提示语设计

微信公众号的内容结构需要满足深度阅读场景的需求，同时适应碎片化阅读习惯。高质量的内容结构通常体现以下特点：

（1）层次感：采用"总—分—总"或"提出问题—分析—解决方案"的渐进式结构，让读者能够循序渐进地理解内容。

（2）节奏感：通过重点论述、案例佐证、数据支撑等不同形式的内容模块交替，使读者保持阅读兴趣。

（3）互动性：在关键节点设置互动引导，如设问、观点讨论等，增强读者参与感。

基于以上特点，内容结构的提示语设计应该坚持以下原则：

（1）明确结构框架：在提示语中预设文章的整体框架，确保内容展开有序。关键在于设定每个部分的功能定位和重点。

（2）设置深度要求：针对不同层次的内容模块，规定论述深度、案例数量、数据支撑等具体要求。

（3）预设互动节点：在提示语中规划互动设计位置，确保互动引导自然融入内容脉络。

（4）控制信息密度：通过提示语调节不同段落的信息密度，避免内容过于松散或者过于密集。

◎　**提示语示例：**

请创作一篇深度分析类文章。

主题：[主题]

目标：[写作目的]

一、结构设计要求

（1）开篇模块（800 字以内）。

　　a. 问题背景：从［数据/现象/热点］切入。

　　b. 现状分析：点明问题痛点与挑战。

　　c. 核心观点：提出独特视角与解决思路。

（2）主体部分（2 500 字左右）。

　　a. 分论点展开：3~4 个核心论点。

　　b. 每个论点要求。

　　　＊观点陈述。

＊原理解析。

＊案例佐证：2 个典型案例。

＊数据支撑：权威数据来源。

＊专家观点：引用相关领域专家的观点验证。

（3）结尾部分（700 字以内）。

　　a. 观点总结：呼应开篇。

　　b. 趋势判断：前瞻性洞察。

　　c. 行动建议：3～5 点可执行建议。

二、互动设计节点

（1）开篇互动：设置情境思考问题。

（2）主体互动：每个论点后设置观点讨论区。

（3）结尾互动：邀请读者分享经验与观点。

三、内容节奏控制

（1）信息密度分配：

　　a. 开篇：以叙事为主，重在引发读者兴趣。

　　b. 主体：以论证为主，配比为论述（40%）＋案例（30%）＋数据（20%）＋专家观点（10%）。

　　c. 结尾：以洞察和建议为主，突出实操价值。

（2）段落节奏：

　　a. 重点论述段：250～300 字。

　　b. 案例描述段：200～250 字。

　　c. 数据分析段：150～200 字。

　　d. 过渡段：100 字左右。

四、高级要求

（1）逻辑展开：

　　a. 论点之间：递进 / 并列 / 转折关系明确。

　　b. 论据支撑：多维度佐证，避免单一类型证据。

（2）思维深度：

　　a. 表层：现象描述与问题呈现。

　　b. 中层：原因分析与逻辑推导。

　　c. 深层：本质洞察与规律总结。

（3）风格把控：

　　a. 语言基调：专业中立。

　　　　b. 专业术语：核心术语解释到位。

　　　　c. 表达方式：逻辑严谨，生动易懂。

注意事项：

　（1）避免观点过于绝对。

　（2）确保数据来源可靠。

　（3）案例选择需要具有代表性。

　（4）互动设计要自然融入文脉。

3. 论述逻辑的提示语设计

　　微信公众号文章的说服力很大程度上取决于论述逻辑的严密性。高质量的论述通常具备以下特征：

　（1）证据链完整：每个观点都需要数据支撑、案例验证或专家背书。与其他自媒体平台相比，微信公众号的读者对论据的权威性和可靠性要求更高。

　（2）逻辑递进：论点之间需要形成清晰的递进关系，可以是"现象—原因—影响—对策"或"问题—分析—方案—效果"等框架。

　（3）多维视角：在论证过程中融入不同视角的观点，既展现思考的全面性，又能增强文章的可信度。

　　基于上述特征，论述逻辑的提示语设计应把握以下原则：

　（1）设定论证框架。

　　通过提示语明确文章的论证路径，包括论点展开顺序、论据类型和过渡方式。例如：

　①论点 A：现象描述 + 数据佐证 + 案例说明。

　②论点 B：问题分析 + 专家观点 + 对比论证。

　③论点 C：方案提出 + 实践验证 + 效果预期。

　（2）规定证据要求。

　　提示语设计中证据类型和数量用于观点支撑，要确保论证充分，例如：

　①权威数据：来自官方机构的统计或调研。

　②案例分析：包含背景、过程、结果的完整案例分析。

　③专家观点：行业认可度高的专家见解。

　（3）控制论证深度。

　　针对不同层级的论点设置不同的展开深度，避免喧宾夺主：

　①核心论点：充分论证，多维度支撑。

②次要论点：点到为止，简要说明。

③延伸论点：提供思考方向，不做过多展开。

（四）场景化应用策略

针对不同内容场景，提示语设计需要采取差异化策略，见表 7-1：

（1）**热点新闻改写**：热点事件在微信公众号平台的传播需要注意差异化视角和深度价值挖掘。提示语设计应着重引导形成独特观点，避免同质化表达。

（2）**原创内容创作**：原创内容是微信公众号的核心竞争力，提示语需要突出内容的专业性和实用性，同时注重知识结构的完整性和逻辑性。通过提示语引导，确保内容既有深度又易于理解。

（3）**评论互动优化**：基于读者反馈进行的内容创作，需要通过提示语准确把握用户痛点，设计出更有针对性的解决方案。同时，提示语要引导形成对话感，增强与读者的连接。

表 7-1　场景化提示语示例表

场景类型	提示语模板	优化建议
热点新闻改写	将［热点事件］转化为［话题角度］的分析文章，重点关注［核心观点］，需要包含［数据支撑］和［专家观点］	注重时效性，保持客观立场，突出独特视角
原创内容创作	以［主题］为核心，从［切入点］展开讨论，结合［案例］和［方法论］，形成［字数］的深度文章	强调原创性，注重实操价值，设置互动引导
评论互动优化	分析［读者反馈］中的关键问题，整理成［主题］的解答文章，包含［实践建议］	回应读者关切，提供解决方案，保持对话感

实操建议：

①建立内容分类标签体系。

②积累高质量提示语模板。

③根据数据反馈持续优化。

④建立提示语评估机制。

二、驾驭微博：短平快传播中的提示语设计

微博是信息传播较为碎片化、快速更新的社交媒体平台。考虑到平台上内容通常简短、注重即时性的特点，相应的提示语设计可能需要考虑这些平台属性。本节将探讨适用于微博平台内容创作的提示语设计思路，包括如何在有限

字数内构建提示框架，以及如何考虑平台特有的内容形式和表达方式。

（一）平台特征与传播机制

微博平台具有四大核心特征：实时性、社交属性、话题引导和多媒体融合（见图 7-3）。这些特征直接影响提示语设计的策略方向：

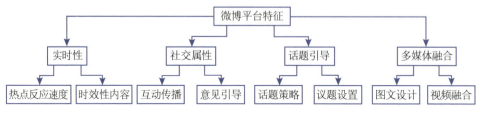

图 7-3　微博平台特征

（1）实时性要求提示语必须具备快速响应能力，支持热点话题的及时跟进与创作。

（2）社交属性决定了内容需要具备较强的互动性和对话感，提示语设计要融入互动机制。

（3）话题引导能力使平台成为舆论场，提示语需要把握议题设置的技巧。

（4）多媒体融合特性要求提示语能够协调处理文字、图片、视频等多种内容形式。

微博的内容分发主要依赖于以下传播路径：

①粉丝关系链传播。

②热门话题引流。

③兴趣推荐算法。

④转发评论互动。

针对这些传播路径，提示语设计需要在实时性和传播性之间找到平衡点。

（二）内容策略的提示语设计

内容策略的提示语设计不仅涉及信息传递的准确性，还需要考虑适用平台特性、用户需求差异、内容传播效果、创造力的激发以及生成过程中的灵活性和可控制性，具体可执行的策略如下：

1. 基础框架设计

微博内容创作的关键在于把握"短平快"的平台节奏，同时又要确保内容的价值。基于平台特性，提示语框架需要关注以下维度：

（1）时效性把控：提示语需要建立快速响应机制，包括热点捕捉、议题延展和观点表达。重点在于保证信息的及时性和准确性。

（2）互动性设计：通过提示语引导生成便于互动的内容形式，如设置悬念、提出问题、邀请讨论等，提升内容的社交属性。

（3）传播性优化：针对微博的传播特点，提示语要强化内容的话题关联性和情绪共鸣点，提升传播势能。

（4）风格一致性把控：在快速响应的同时，提示语要确保内容风格的一致性，维护账号调性。

2. 差异化策略

针对不同类型的微博内容（见表7-2），提示语设计需要采取差异化策略。这种差异不仅体现在内容形式上，更涉及创作思路和传播策略。表7-2归纳了微博内容的核心特点、关键要素以及相应的提示语设计重点。

表7-2　微博内容差异化策略表

内容类型	核心特点	关键要素	提示语重点
热点跟进型	快速响应、观点鲜明	热点关联、独特视角、价值延展	抓取热点、突出差异、预设风险
原创内容型	深度思考、专业价值	专业洞察、案例支撑、方法论输出	框架完整、逻辑严密、互动设计
话题引导型	议题设置、观点引导	话题规划、观点递进、情绪引导	议题设计、节奏把控、互动闭环
品牌营销型	品牌价值、转化目标	品牌调性、用户痛点、解决方案	价值传递、情感共鸣、行动引导
互动娱乐型	轻松有趣、互动性强	话题趣味、互动机制、情绪调动	创意设计、参与门槛、传播性

（1）热点跟进型。

热点事件在微博平台往往呈现"爆发—扩散—消退"的传播周期。提示语设计需要在保证时效性的同时，注重差异化表达。一方面要快速捕捉事件核心，另一方面要挖掘独特视角，避免同质化表达。重点是将专业洞察与热点话题有机结合，在快速响应中保持内容价值。

◎ **提示语示例：**

基于［热点事件］创作微博。

核心要求：

　　a. 陈述事实（50字左右）：客观描述核心事件。

　　b. 专业解读（100字左右）：结合［领域］视角分析。

　　c. 延展思考（50字左右）：提供独特观点。

差异化要求：

    a. 避开热门观点角度。

    b. 结合领域专业知识。

    c. 预设 1～2 个讨论问题。

（2）原创内容型。

原创内容是提升账号专业性的重要方式。此类内容虽然不依赖时效性，但需要通过提示语设计确保内容的专业深度和表达精准度。重点是将复杂的专业内容转化为易于理解和传播的形式，在保持专业性的同时增强可读性。

◎ **提示语示例：**

创建［主题］原创内容。

内容结构：

（1）核心论点（60 字左右）：［填写］

（2）专业解析：

    a. 理论依据（100 字左右）。

    b. 实践案例（80 字左右）。

（3）互动引导：

    a. 设置 1 个开放性问题。

    b. 预留讨论空间。

传播策略：

    a. 关联 2～3 个相关话题。

    b. 设计 2 个传播观点。

（3）话题引导型。

话题引导类内容需要通过提示语设计来把控议题走向和互动节奏。这类内容的关键在于准确把握用户兴趣点和情绪触发点，通过巧妙的提示语引导形成良性的互动讨论氛围。

◎ **提示语示例：**

话题引导设计。

主题：［话题名］
引导策略：
（1）议题设置：
　　a. 核心问题提出。
　　b. 2~3 个讨论维度。
（2）互动设计：
　　a. 投票 / 提问形式。
　　b. 观点引导方向。
情绪基调：
　　保持开放性和包容性。

（4）品牌营销型。

品牌在微博平台的营销内容需要平衡商业诉求与用户体验。提示语设计应着重引导内容的自然表达，避免生硬的推广感。关键是将品牌信息与用户兴趣点、社会话题或生活场景进行巧妙连接，通过内容的趣味性和实用性来实现营销目的。同时，要注意把控"种草"节奏，保持适度的商业暗示。

◎　**提示语示例：**

品牌内容创作指南。
营销目标：［目标设定］
内容策略：
（1）品牌元素植入（占比＜30%）：
　　a. 产品 / 服务亮点。
　　b. 品牌价值主张。
（2）内容包装：
　　a. 场景化描述（80 字左右）。
　　b. 用户痛点关联。
　　c. 解决方案呈现。
（3）传播设计：
　　a. 话题：［话题名］。
　　b. 互动形式：［投票 / 问答］。

注意事项：

    a. 避免生硬表达。

    b. 强调用户价值。

    c. 保持语态自然。

（5）互动娱乐型。

互动娱乐内容是微博平台的重要组成部分，能够有效提升账号活跃度和用户黏性。此类内容的提示语设计需要注重趣味性和参与感，通过巧妙的互动机制设计激发用户的参与欲望。重点是把握"轻松但不轻浮、有趣但有意义"的平衡点，在娱乐性之外也要体现一定的内容价值。

◎ **提示语示例：**

互动娱乐内容设计。

形式类型：［测试 / 问答 / 话题接龙］

内容框架：

（1）引导部分（60 字左右）：

    a. 设置悬念 / 趣味点。

    b. 情境化描述。

（2）互动规则：

    a. 参与方式说明。

    b. 互动奖励机制。

（3）话题延展：

    a. 衍生讨论方向。

    b. 二次创作空间。

调性要求：

    a. 基调轻松活泼。

    b. 适度专业性融入。

    c. 正向价值导向。

（三）话题与标签应用

微博话题是重要的流量入口，提示语需要规范话题使用策略：

1. 话题选择原则

①与内容高相关性。

②活跃度适中的话题。

③避免过度竞争的热门话题。

2. 标签使用策略

①核心话题前置。

②相关话题补充。

③品牌话题植入。

◎ 提示语示例：

话题配置要求：

    主话题：［话题名称］

    相关话题：2~3 个。

位置要求：

    a. 主话题在开头。

    b. 相关话题在正文。

    c. 品牌话题在结尾。

选择标准：

    a. 话题活跃度［范围］。

    b. 竞争度评估。

    c. 相关性判断。

（四）传播策略的提示语设计

微博内容的传播效果在很大程度上取决于发布策略，提示语需要涵盖以下维度：

1. 热点借力

有效的热点借力需要在提示语中明确：

①热点筛选：设定热点选择的标准，如话题热度、受众契合度等。

②角度创新：指导如何找到差异化的切入点，避免同质化表述。

③时机把握：明确内容发布的最佳时间窗口。

◎ 提示语示例：

热点借力内容生成需求。

话题背景：［当前热点］

热度指标：［热搜排名／话题讨论量］

目标受众：［用户群体］

差异化要求：

　　a. 分析现有观点角度。

　　b. 提出新的切入点。

　　c. 设计反直觉表达。

传播策略：

　　a. 话题标签选择。

　　b. 关键互动设计。

　　c. 评论引导策略。

2. 内容节奏

持续运营需要科学的内容节奏规划，提示语应该包含：

①发布频率：依据账号定位和粉丝活跃度设定。

②内容分类：不同类型内容的比例配置。

③互动时间：明确重点互动的时间段。

◎ **提示语示例：**

请帮我制定微博账号的内容排期规划。

账号信息：

　　a. 定位：［填写账号定位］

　　b. 目标受众：［受众属性］

　　c. 当前粉丝量：［数量］

　　d. 内容领域：［领域］

需要考虑以下要素：

（1）设计一周的发布时间表，需包括：

　　a. 每天的发布频次建议。

　　b. 最佳发布时间点。

　　c. 不同时段的内容类型。

（2）制定内容形式配比，需包含：

　　a. 各类内容的比例分配。

b. 不同形式适合的发布时间。

c. 与粉丝互动的最佳时段。

请给出详细的排期建议，并说明每个安排的原因。同时，提供热点响应的策略建议。

3. 互动设计

微博的互动机制是提升传播效果的关键，提示语要重点关注：

①评论引导：设计能够激发用户表达的互动话题。

②转发激励：通过悬念设置或福利机制提升转发意愿。

③私信响应：规范化的私信回复策略。

◎ **提示语示例：**

请为以下微博内容设计互动策略。

内容主题：[主题]

内容形式：[图文/视频/文字]

互动目标：[提升评论/转发/话题扩散]

需要设计：

（1）评论引导方案：

a. 设计 3 个能引发讨论的问题。

b. 提供 2~3 个争议点。

c. 设计悬念或期待感。

（2）转发传播策略：

a. 设计让用户主动转发的理由。

b. 提供病毒式传播的关键点。

请确保互动设计自然融入内容，避免使用生硬的引导语。同时考虑话题的延展性和持续性。

三、布局小红书：种草社区的提示语设计

小红书作为国内领先的生活方式分享社区，其内容生态以"笔记＋评论"的形式为主，重视分享性与种草性。本节将系统阐述小红书平台的提示语设计

方法，助力创作者提升内容转化与互动效果。

（一）平台特征与分发机制

小红书具有三大核心特征：种草生态、社区氛围和垂直专业。小红书的内容分发主要依赖三个层面：关注推荐流、兴趣标签、搜索发现。其中，推荐流的展现形式要求内容必须在首图和标题上具备足够吸引力，而搜索发现则需要考虑关键词的布局和专业信息的完整性。

这些特征对提示语设计提出了以下具体要求：

（1）社区化与用户生成内容。

小红书的内容创作极度依赖用户生成内容（UGC），平台鼓励用户分享个人经验、旅行故事、购物心得等。因此，提示语设计应注重"个性化"和"真实感"，引导 AI 生成既真实又富有个性的内容。

（2）情感化与共鸣。

小红书用户偏爱情感表达浓厚的内容，尤其是与个人生活、成长或情感共鸣相关的内容。提示语应促使 AI 在内容中融入温暖、真诚的情感因素，以增强用户的情感认同。

（3）视觉内容导向。

小红书的内容呈现方式强调图文并茂，尤其是在笔记中，图片和视频占据重要位置。因此，提示语设计不仅要关注文字创作，还应为内容中的视觉元素提供辅助，引导 AI 在文案中融入对视觉内容的有效描述或推荐。

（4）消费决策引导。

小红书平台在很大程度上影响用户的消费决策，尤其是在购物、产品评测、品牌推荐等领域。提示语设计要引导 AI 生成具有推荐性质的内容，促使用户产生购买或尝试的兴趣。

（二）小红书内容创作的核心原则

小红书内容创作的核心在于实用性与分享性，以及情感共鸣与个性化表达，并强调文字与视觉的协同设计，同时通过简洁有力的表达突出关键信息，适应快速阅读需求。

（1）注重实用性与分享性。

小红书的内容大多具有较强的实用价值，创作者需要通过提示语明确指导AI 生成具有实用性的内容，帮助用户解决问题或者提供具体的产品或生活建议。此外，内容应具备一定的分享价值，能够激励用户将文章或笔记分享给更多人。

（2）情感共鸣与个性化表达。

小红书的用户群体偏年轻化，情感化和个性化的表达能够增强内容的吸引力。创作者应通过提示语引导 AI 在内容中融入情感共鸣，使文章更具代入感和亲和力。

（3）视觉与文字的协同设计。

小红书内容具有强烈的视觉性，因此，提示语设计需帮助 AI 生成能够与视觉元素相配合的文字内容。例如，在写作时引导 AI 产生具有画面感的描述，增强文字与图像的互动效果。

（4）简洁明了，突出重点。

由于小红书的阅读场景多为快速浏览，创作者的提示语应引导 AI 生成简洁有力的标题和内容，突出关键信息，避免冗长的段落和无关的细节。

（三）种草文案的提示语设计

种草文案的核心目的是通过真实体验、可信的比较和场景化表达，帮助用户产生信任感并激发购买欲。提示语设计应围绕以下维度展开，以生成符合种草文案特点的内容。

（1）信任建设。

在小红书平台上，成功的"种草"依赖于建立用户的信任感。通过分享个人身份、使用经验和对比评测，可以提升内容的可信度。信任建设的关键在于通过专业性与真实体验相结合，打造可信赖的内容框架。表 7-3 归纳了信任建设提示语设计的关键维度。

表 7-3　信任建设提示语设计

维度	提示语示例	要求
背景	请设计一个建立信任感的内容框架	产品类型：[具体品类] 个人身份/专业领域：[具体描述]
内容构成	专业背景展示 个人使用历程 真实体验分享 对比测评内容	避免过度吹捧 呈现真实缺点 保持客观态度

（2）场景化表达。

场景化表达是小红书平台的一大特色。通过具体生活场景的描绘，能让内容更具代入感，从而增强其说服力。场景化不仅仅是讲述使用过程，更是要通过具体细节描绘，帮助用户在脑海中构建出真实的使用场景。表7-4归纳了场景化表达提示语的设计要点。

表7-4　场景化表达提示语设计

维度	提示语示例	要求
产品/服务	请帮我设计一个场景化的内容方案	产品/服务：[具体内容] 典型场景：[使用场景] 目标用户：[用户画像]
场景设计	设计3个具体应用场景	每个场景包含： 环境描述 痛点呈现 解决过程 效果展示
表达要求	请帮我描述每个场景的具体生活背景，真实呈现使用中的痛点，并详细说明使用过程及效果展示	细节具体真实 场景贴近生活 问题解决完整

（3）风格调性。

小红书的内容风格个性化特征较强，能够展示独特的人设和情感基调。风格调性的设计不仅影响内容的呈现方式，还影响着与目标受众的情感共鸣。表7-5总结了风格调性提示语的设计要点。通过设定清晰的风格目标，可以确保内容在调性上的一致性，从而增强用户的认同感（表7-5）。

表7-5　风格调性提示语设计

维度	提示语示例	要求
风格设计	请设计[美妆/美食/生活]领域的内容风格	账号定位： 人设特征：[描述] 专业背景：[描述] 目标调性：[描述]
语言风格要求	遵循以下表达特点： 口吻设定 句式特征 专业术语使用度	情感基调： 主要情绪色彩 互动语气 共情点设计 个性化元素 固定开场语 独特表达方式 签名式结束语

（四）文案创作的提示语示例

小红书文案创作需要紧扣用户需求，以提升内容的吸引力和实用性。以下是基于小红书文案创作的不同维度，通过优化提示语帮助创作者在各个环节提高内容质量和效果。

1. 标题创作

标题是小红书内容的"门面"，直接影响文章的点击率和阅读率。一个吸引眼球、富有共鸣感的标题能够迅速抓住读者的注意力。标题创作的提示语设计应考虑情感共鸣、专业性、搜索优化和清晰的价值承诺（见表7-6）。表7-6总结了小红书标题创作的提示语设计要点，帮助优化标题的情感共鸣、专业性、搜索优化和价值承诺。

表 7-6　标题创作提示语设计

维度	提示语示例	要求
领域/卖点	请帮我创作一篇小红书笔记的标题	内容领域：[美妆/美食/旅行] 核心卖点：[具体收益/解决问题] 目标受众：[受众画像]
标题设计要求	提供3~5个标题方案	每个标题包含： 吸引注意的开头语 核心关键词 具体数字/方法 明确的价值承诺
标题特征	字数：15~25字 语气：亲和但专业	必须包含的词：[关键词] 避免使用：[禁用词/过度营销词]
差异化考虑	请分析市场中3个同主题的热门标题，并根据其内容结构和语言风格设计1个创新的标题，确保新标题在表达上有独特性 请提供1个标题，通过与竞品对比，突显出创新性和差异化，避免与市场上已有的标题过于相似	竞品标题风格：[举例，分析3~5个同主题的热门标题，明确其常见结构和用词] 创新表达方向：[说明新标题在情感表达、信息传递、创意表达等方面的创新点，例如通过加入数字、问题设定、独特观点或特色语言来创新]

2. 图文结构

图文结构是影响小红书种草内容效果的重要因素之一。合理安排图片与文案的比例与布局，有助于提高内容对用户的吸引力，进而提升用户互动与转化的可能性。表7-7归纳了图文创作提示语的关键要点，以优化图片呈现、文案结构和互动设计。

表 7-7　图文创作提示语设计

维度	提示语示例	要求
图文结构要求	请生成一篇小红书"种草"笔记大纲	商品/服务类型：[产品类型，例如：美妆、家居、食品等] 目标效果：[期望达成的转化目标，如"提高购买转化率""增加品牌曝光"]
图片安排	封面图：要求高质量且具有吸引力，能体现产品特点或创作者个性 细节图：展示产品的使用细节或特征，增强产品的可信度 场景图：展示产品使用的实际场景，帮助读者产生代入感 效果对比图：展示产品使用前后的明显变化，增强说服力	图片质量：清晰、专业，避免低质量、模糊的图像 场景和效果图要有真实感和可操作性
文案结构	开篇吸引力设计：通过引人注目的开头吸引读者注意 个人经验铺垫：分享作者的使用感受或故事，增强亲和力 使用方法说明：详细介绍如何使用产品，确保信息清晰 效果总结：总结使用产品后的具体效果，强化转化诉求 购买建议：给出购买推荐或附带优惠信息，引导决策	开篇需简洁明了，直接点明内容亮点 中间部分详尽描述使用方法与效果，避免空洞的描述 购买建议要具备实际价值，避免过度推销
差异化考虑	真实感塑造：避免过度修饰，保持内容的真实性与亲和力 专业性体现：通过数据、用户反馈或专家认证增强内容的专业感 种草自然度：确保文案与图片配合自然，避免过度营销或生硬的推销 互动引导设计：结尾部分需鼓励读者参与互动，例如评论、点赞或分享	保持平衡，既不夸大其词，也不过于保守 在效果展示和互动设计时要自然流畅，避免强硬促销

3. 主体内容

基于平台特性与内容创作原则，以下是不同场景具体的提示语策略，以帮助 AI 生成更具吸引力和实用价值的小红书内容。

（1）个人化体验分享的提示语设计。

小红书的核心在于分享个人真实的生活体验，因此，提示语应引导 AI 注重个性化与感性表达。

◎　**提示语示例：**

> 生成关于［个人经历］的分享内容，需描述具体的体验过程，突显个人情感变化，使内容更具温度和真实感。

分析：这种提示语能够帮助 AI 生成具有情感化且富有个性化的内容，让读者感受到作者的真实情感，从而增强用户的情感认同。

（2）情感共鸣型提示语设计。

小红书的内容往往通过情感化的方式引发共鸣，提示语应引导 AI 生成具有共鸣感的内容。

◎ 提示语示例：

> 生成 1 个关于［情感话题］的分享内容，采用温暖和鼓励的语气，激发读者的情感共鸣。

分析：这种提示语将引导 AI 使用温暖的语言和情感化的表达方式，帮助内容打动读者，引发共鸣，提升内容的互动性。

（3）购物推荐与评测的提示语设计。

购物推荐类内容是小红书的重要组成部分，提示语设计应引导 AI 生成具有实用价值和推荐性质的内容。

◎ 提示语示例：

> 生成 1 个关于［产品 / 服务］的评测内容，需详细描述产品特点、使用体验，并加入个人使用后的真实感受，帮助读者做出购买决策。

分析：这种提示语帮助 AI 聚焦在产品的实际体验与优势上，使得内容既具实用性，又能引导用户产生购买兴趣。

（4）互动性强的提示语设计。

小红书平台鼓励用户参与互动，提示语应引导 AI 创作具有互动性、引发讨论的内容。

◎ 提示语示例：

> 生成 1 个关于［话题］的内容，结尾处提出问题或鼓励读者分享他们的看法，以增强互动性。

分析：通过在提示语中加入互动引导元素，能够让 AI 生成的内容更加符合小红书平台的互动特点，吸引读者评论和参与讨论。

四、掌握抖音：短视频内容的提示语设计

抖音作为主流短视频平台，其内容生态强调快速吸引、场景化表达和情绪共鸣。平台的算法特性与用户消费习惯，决定了提示语设计需要在创意性与规律性之间找到平衡点。相比图文平台，抖音内容更注重视觉冲击力和即时吸引力，内容创作要求简短有力、情绪饱满，以便在短时间内抓住观众注意力。本节将从抖音的文案和脚本创作需求出发，解析如何通过提示语设计帮助 AI 生成符合抖音特质的高质量内容，提升视频的点击率和互动率。

（一）抖音平台内容特性分析

抖音内容具备以下关键特性，这些特性对提示语设计提出了特定要求：

1. 高度视觉化与短时吸引力

抖音内容的核心在于短时间内引起观众的视觉关注，视频开头的 3 秒尤为关键。提示语设计应引导 AI 生成的文案或脚本具备强烈的视觉感和冲击力，确保内容在最短时间内吸引观众。

2. 情绪饱满与娱乐性

抖音用户更偏好情绪化、娱乐化的内容。因此，提示语应促使 AI 生成内容时注重情感表达，保持内容的趣味性与娱乐性，以调动观众的情绪反应。

3. 强互动性与挑战性

抖音的互动方式多样，挑战赛、话题讨论、评论区互动等都是抖音内容的重要特征。提示语设计应鼓励 AI 生成易于引发互动的内容，激发观众参与评论、点赞或模仿。

4. 剧情与故事性

抖音内容通常以短小但完整的剧情吸引用户关注，提示语设计需引导 AI 在脚本编写中注重故事结构，确保内容简洁有力、情节连贯。

（二）抖音内容创作的核心原则

抖音内容创作需要充分考虑用户的观看习惯和互动需求，以下是指导 AI 生成高质量内容的核心原则：

1. 视觉冲击与情绪感

抖音的文案与脚本需具备较强的视觉画面感和情绪冲击，帮助观众在最短时

间内进入内容情境。提示语设计应突出场景描述和情绪表达，使内容富有感染力。

2. 引导参与和互动

抖音用户偏好参与感强的内容，提示语应引导 AI 生成具有互动性的脚本和文案，通过设问、挑战等方式，吸引用户积极参与。

3. 节奏鲜明与简洁高效

抖音内容时长通常不超过 3 分钟，因此提示语应帮助 AI 生成节奏明快、表达简洁的内容，去除冗余信息，确保信息传递高效且不失趣味。

4. 贴近热点与用户需求

抖音内容需要紧贴社会热点和用户需求，提示语设计需引导 AI 关注当下流行话题，创作具有话题性和吸引力的内容。

（三）提示语策略：提升 AI 生成抖音文案与脚本的技巧

基于抖音平台特征及内容创作原则，以下是帮助 AI 生成抖音高质量内容的提示语策略。

1. 吸睛开头的提示语设计

在抖音内容中，视频开头的 3 秒钟决定了观众的停留意愿，提示语需引导 AI 在文案或脚本开头快速引入吸睛元素。

◎ **提示语示例：**

> 生成 1 个强吸引力的开场，聚焦［视觉冲击或情绪渲染］，确保在 3 秒内引起观众兴趣。

2. 情绪共鸣型提示语设计

抖音用户偏好情感强烈的内容，提示语应引导 AI 在文案和脚本中融入情绪化表达。

◎ **提示语示例：**

> 生成 1 个富有情感共鸣的脚本或文案，通过［幽默／感人／刺激］的情绪表达，引发观众共鸣。

3.节奏紧凑的剧情提示语设计

抖音短视频内容需要剧情紧凑、节奏鲜明，提示语设计应帮助 AI 在有限时间内创造出完整、连贯的故事情节。

◎ 提示语示例：

> 生成 1 个节奏紧凑的剧情脚本，开篇引入冲突，结尾设有反转，确保内容连贯有趣。

4.互动性强的提示语设计

抖音内容鼓励用户参与互动，提示语设计应引导 AI 生成鼓励互动的内容，吸引观众积极参与评论或模仿。

◎ 提示语示例：

> 生成 1 个具有互动感的文案，提出引发思考或挑战性的问题，引导观众参与互动或模仿挑战。

（四）实际操作：优化提示语在抖音内容创作中的应用

在抖音平台的内容创作中，提示语设计对于提升内容质量和传播效果至关重要。无论是故事类视频还是实用教程视频，每种内容类型都有其特定的创作要求和用户需求。以下案例通过实际操作，展示了如何通过优化提示语，引导 AI 生成更具吸引力和互动性的抖音内容。

案例一：故事情节类脚本创作

对于具备故事情节的抖音视频，提示语需引导 AI 注重故事性和悬念设计。

◎ 提示语示例：

> 为［主题］生成 1 个引人入胜的短故事脚本，采用悬念开头，逐步揭示关键情节，引导观众追随剧情发展。

迭代方向：AI 生成的内容具备吸引力和故事性，能够引导观众观看完整视频。

案例二：实用技能分享类文案

实用性内容在抖音上非常受欢迎，提示语应确保内容清晰、简洁且步骤明确。

◎ **提示语示例：**

> 生成 1 个关于［实用技能］的简单教程脚本，以清晰步骤和简洁语言进行描述，让观众能够快速掌握。

迭代方向：AI 生成的脚本结构简明，适合教学内容，方便观众理解和应用。

案例三：引发情绪共鸣的情感文案

情感化内容在抖音上有较强的传播力，提示语应引导 AI 注重情感的真实性和共鸣度。

◎ **提示语示例：**

> 生成 1 个关于［情感主题］的真挚文案，采用亲切的语气，引发观众的情感共鸣，使内容更贴近生活。

迭代方向：AI 生成的内容情感表达自然，能够引发观众的情绪共鸣，提升互动效果。

案例四：引导互动的结尾语句

抖音内容通常在结尾处引导互动，提示语应引导 AI 设计引导观众互动的语句。

◎ **提示语示例：**

> 生成 1 个互动引导语句，鼓励观众点赞、评论或分享，增强视频的互动性。

迭代方向：AI 生成的结尾语句具备号召性，有助于引导观众互动，增加视频的传播效果。

第8章

学术写作中的提示语设计

本章聚焦于学术写作中的提示语设计，探讨如何通过系统化的提示语链条辅助复杂研究任务的完成。学术写作包含文献综述、研究问题形成、理论框架构建、数据分析与结果呈现等多层次环节，每个环节都有其独特的思维要求和表达规范。通过针对性设计和优化提示语链条，可以辅助研究者更好地组织思路，增强学术写作的逻辑连贯性和表达精确性，从而提高研究过程的效率和质量。此类工具的价值在于为研究者提供结构化的思维辅助，而非替代学术研究本身的创新思维和批判性分析。

一、研究构思阶段：文献梳理、选题凝练、理论框架的提示语设计

在研究构思阶段，合理的提示语设计可以作为研究过程的辅助工具。有效的提示语设计能让 AI 帮助研究者系统整理文献资料，辅助厘清研究问题，并为理论框架的搭建提供思路引导。

（一）系统性文献梳理与关键信息提取的提示语策略

文献梳理是学术研究的重要环节，通过系统性地检索和分析已有的研究成果，研究者能够掌握领域内的最新进展，并识别出尚未充分探讨的问题和潜在的研究空白。然而，面对海量的学术文献，高效地进行系统性梳理和关键信息提取，是对许多研究者的挑战。本节将介绍多层级文献梳理策略，包括宏观概览、中观

聚焦和微观深入三个层次（见图 8-1），并为每个层次提供相应的提示语设计技巧。

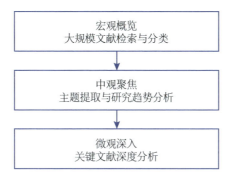

图 8-1　多层级文献梳理策略

1. 宏观概览：系统性文献检索提示语设计

宏观概览阶段旨在获取研究领域的全局视图。研究者可以借助人工智能来辅助文献资料的初步整理和分类。有效的提示语设计应考虑多角度关键词生成、同义词扩展、时间维度、跨学科视角和重要性评估等因素。这些要素有助于构建较为系统的检索框架，协助研究者更高效断仍需研究者基于专业知识和批判性思维来完成。

◎　**提示语示例：**

请协助我为［研究主题］设计一个全面的文献检索策略。

（1）生成关键词：

　　a. 提供 5~7 个核心关键词，涵盖研究对象、方法、理论和应用。

　　b. 为每个核心关键词提供 3~5 个同义词或相关术语。

（2）时间框架：

　　a. 建议检索的时间范围，确保包含经典研究和最新进展。

　　b. 提供识别经典研究的标准（如引用次数、影响力等）。

（3）跨学科视角：

　　a. 列出 2~3 个可能相关的交叉学科领域。

　　b. 解释这些领域如何为主题研究提供新视角。

（4）检索式构建：

　　a. 基于以上信息，构建 3 个不同侧重点的检索方式。

　　b. 解释每个检索式的设计逻辑和预期效果。

（5）文献筛选标准：

　　a. 提出 3~5 个纳入标准和排除标准。

b. 建议评估文献重要性的量化指标。

（6）推荐数据库：

    a. 列出 3～5 个适合该主题的学术数据库。

    b. 简要说明每个数据库的特点和优势。

请提供这个检索策略的简要说明，解释它如何确保全面性和相关性。

2. 中观聚焦：文献分类与主题提取提示语设计

在获取大量文献后，中观聚焦阶段的目标是从这些文献中识别出关键主题、研究趋势和潜在的研究空白。这个阶段的提示语设计应该着重于帮助 AI 系统进行有效的文献分类、主题提取和趋势分析。有效的提示语设计应考虑主题聚类与分类、时间趋势分析、研究方法论分析、理论基础梳理、研究差距识别等多个维度。

◎ **提示语示例：**

基于前阶段检索获得的文献集（假设为 200 篇文献的摘要），请进行以下深入分析。

［上传文献集的摘要汇总］

（1）主题聚类与分类：

    a. 识别并描述 5～8 个主要研究主题或子领域。

    b. 为每个主题提供简短描述（30 字以内）和关键词（5～7 个）。

    c. 估计每个主题在文献集中的占比，并解释其重要性。

（2）时间趋势分析：

    a. 分析过去 10 年每个主题的发展趋势。

    b. 识别新兴的研究方向或话题，并预测未来 2～3 年可能出现的热点。

    c. 指出任何明显衰退或被取代的研究方向。

（3）研究方法论分析：

    a. 总结主要使用的研究方法（如实验研究、调查研究、案例分析等）。

    b. 分析各研究方法在不同主题中的应用频率和效果。

    c. 指出任何创新的或跨学科的研究方法。

（4）理论基础梳理：

    a. 识别文献中常用的理论框架或模型。

    b. 分析这些理论在不同研究主题中的应用和演变。

c. 指出任何新兴的或跨学科的理论应用。

（5）研究差距识别：

　　a. 基于以上分析，指出 3~5 个潜在的研究空白或探讨不足的领域。

　　b. 解释为什么这些领域值得进一步研究，及其潜在的学术或实践价值。

　　c. 提出可能的研究问题或假设来填补这些空白。

（6）关键贡献者分析：

　　a. 识别该领域的 5~10 位关键作者或研究团队。

　　b. 简要描述每位关键作者的主要贡献和研究方向。

　　c. 分析主要研究机构或国家在该领域的贡献和特色。

（7）跨学科联系：

　　a. 识别与主要研究领域有显著联系的 2~3 个其他学科。

　　b. 解释这些跨学科联系如何促进了研究的发展。

　　c. 提出 2~3 个可能的跨学科研究方向。

（8）综合评述：

　　提供 1 个简洁的总结，概述当前研究状况、主要趋势、关键挑战和未来研究方向。特别强调那些可能带来创新的研究方向或方法。

请以结构化的形式呈现以上分析结果，并为每个部分提供简要的解释和洞见。

3. 微观深入：关键信息提取与综述框架构建

　　在确定了重点关注的主题和关键文献后，微观深入阶段旨在对核心文献进行详细而深入的分析。这个阶段的提示语设计应该引导 AI 系统进行全面、批判性的文献解析，帮助研究者深入理解文献内容，评估其贡献和局限性。有效的提示语设计应涵盖核心内容解析、创新性评估、批判性分析、方法论评价、理论应用分析等多个方面。

◎　提示语示例：

请对以下关键文献进行深入分析和评价。

［上传完整的学术论文或详细摘要］

（1）核心内容解析：

　　a. 研究目的：用一到两句话精确概括研究的主要目标和研究问题。

　　b. 理论基础：详细解释文章使用的主要理论或概念框架，评估其适用性。

c. 研究方法：全面描述采用的研究方法、数据收集和分析过程，评价其合理性。

d. 主要发现：列出并详细解释 3~5 个关键研究结果，评估其重要性和可靠性。

（2）创新性评估：

　　a. 理论创新：指出并评价文章对现有理论的扩展、修正或挑战。

　　b. 方法创新：描述并评估文章在研究设计或数据分析方面的创新点。

　　c. 实践创新：评价文章在实际应用方面的创新贡献。

（3）批判性分析：

　　a. 优势：详细分析文章的 3~5 个主要优点，解释为什么在这些方面构成优势。

　　b. 局限性：指出研究的主要局限性或不足，提供具体的改进建议。

　　c. 有效性：全面评估研究结论的内部效度和外部效度，考虑可能的干扰因素。

　　d. 逻辑一致性：评价研究问题、方法、结果和结论之间的逻辑一致性。

（4）方法论评价：

　　a. 适用性：评估所选研究方法对于研究问题的适用性。

　　b. 执行质量：分析研究方法执行的质量和严谨性。

　　c. 创新点：指出方法应用中的任何创新或改进。

　　d. 局限性：讨论方法应用的局限性，并提出可能的改进建议。

（5）理论应用分析：

　　a. 理论选择：评价文章选择特定理论框架的合理性。

　　b. 应用效果：分析理论在研究中的应用效果。

　　c. 理论发展：讨论文章是否对所用理论有所发展或修正。

（6）实践意义探讨：

　　a. 应用价值：详细讨论研究结果的实际应用价值。

　　b. 潜在影响：预测研究可能对相关领域实践产生的长期影响。

　　c. 实施挑战：分析将研究结果付诸实践可能面临的挑战。

（7）未来研究方向：

　　a. 作者建议：总结文章提出的未来研究建议。

　　b. 评价者建议：基于分析，提出 2~3 个额外的研究方向。

　　c. 方法改进：建议未来研究可能采用的改进方法或新技术。

（8）跨文献联系：

　　a. 相似研究：指出与本文研究目标或方法相似的其他重要文献。

b. 对比分析：简要对比本文与这些相似研究的异同。

c. 研究脉络：解释本文在研究领域发展脉络中的位置和贡献。

（9）与当前研究的关联：

a. 理论启示：解释该文献对您当前研究理论框架的潜在贡献或启示。

b. 方法借鉴：讨论该文献的研究方法如何可能被应用或改进您的研究。

c. 研究方向：分析该文献如何影响或重塑您的研究问题和假设。

请以结构化的形式呈现以上分析，并在最后提供一个简短的总结（不超过200字），强调该文献的核心贡献、局限性，以及对您研究的重要性和启示。

（二）研究问题形成与创新点提炼的 AI 辅助方法

在文献梳理的基础上，形成有价值的研究问题并提炼创新点是推进研究的关键。AI 可以通过特定的提示语设计，在这一过程中提供有力的辅助。这个过程可以分为四个关键步骤：问题识别、跨域思考、创新点生成和可行性评估。每个步骤都可以通过特定的提示语来激发 AI 的辅助作用，从而帮助研究者更有效地形成研究问题和提炼创新点。

1. 问题识别

问题识别是研究开展的关键。通过 AI 辅助工具，研究者可以探索文献中的潜在研究方向与问题。有效的提示语设计应引导 AI 从多个角度分析文献，包括理论缺口、方法学局限、实践应用难题等，为研究者提供可能的研究问题参考。

◎ 提示语示例：

基于前面的文献综述结果，请帮助我识别潜在的研究问题。

（1）理论缺口分析：

　　a. 指出现有理论框架中的 2~3 个主要缺陷或不足。

　　b. 对每个缺陷，提出 1 个可能的研究问题来填补这一理论空白。

（2）方法学局限：

　　a. 列举当前研究中 3~4 个常见的方法学局限。

　　b. 针对每个局限，构思 1 个研究问题来改进或创新研究方法。

（3）实践应用挑战：

　　a. 识别将现有研究成果应用到实践中的 2~3 个主要障碍。

　　b. 为每个障碍提出 1 个研究问题，探讨如何克服这些应用难题。

（4）冲突发现：

　　a. 指出文献中 2~3 对相互矛盾或不一致的研究结果。

　　b. 对每对冲突，提出 1 个研究问题来解释或调和这些矛盾。

（5）新兴趋势：

　　a. 识别该领域中 2~3 个新兴的研究趋势或热点。

　　b. 针对每个趋势，提出 1 个前瞻性的研究问题。

对于每个提出的研究问题，请简要说明（30 字以内）其潜在的学术价值和实践意义。最后，从所有生成的问题中选出 3 个你认为最有价值的问题，并解释选择理由。

2. 跨域思考

跨域思考可以带来创新性的研究思路。通过设计适当的提示语，可以引导 AI 进行跨学科、跨领域的联想，激发新颖的研究思路。

◎　**提示语示例：**

请协助我进行跨域联想，为我的研究主题寻找创新视角。

（1）跨学科类比：

　　a. 从 3 个不同学科（如生物学、经济学、心理学等）中各选择一个核心概念或理论。

　　b. 解释这些概念如何可能应用于我的研究主题，并提出相应的研究问题。

（2）方法论迁移：

　　a. 列举 3 个在其他领域广泛使用但在我的研究领域较少应用的研究方法。

　　b. 探讨如何将这些方法应用到我的研究中，并构建相应的研究问题。

（3）技术融合：

　　a. 选择 3 项新兴技术（如人工智能、区块链、虚拟现实等）。

　　b. 讨论这些技术如何与我的研究主题结合，并提出创新性的研究问题。

（4）跨文化视角：

　　a. 考虑 3 个不同文化背景下对我研究主题的可能不同理解。

　　b. 基于这些文化差异，提出跨文化比较研究的问题。

（5）时间维度拓展：

　　a. 从过去、现在、未来 3 个时间维度审视我的研究主题。

　　b. 针对每个时间维度，提出 1 个研究问题，探讨主题在不同时期的变化或影响。

3. 创新点生成

在形成初步研究问题后，下一步是提炼和强化研究的创新点。可以设计提示语来引导 AI 深入分析潜在的创新点，识别出研究中的不足或盲区，进而提出具有实际创新价值的研究方向。

◎　提示语示例：

> 基于前面识别的研究问题，请协助提炼和强化研究创新点。
>
> （1）请创建一个 3×3 的创新点矩阵：
>
> 　　　a. 横轴代表研究视角：[微观]、[中观]、[宏观]
>
> 　　　b. 纵轴代表研究方法：[定量]、[定性]、[混合]
>
> 对于矩阵中的每个单元格：
>
> 提出 1 个潜在的创新研究点；
>
> 解释创新点的独特性和对学术发展的潜在贡献。
>
> （2）创新类型分析：
>
> 对每个创新点进行分类和分析：
>
> 　　　a. 理论创新：如何推动理论发展或整合。
>
> 　　　b. 方法创新：提出的新方法或新工具。
>
> 　　　c. 实践创新：增强实际应用价值的方式。
>
> （3）创新强化策略：
>
> 为每个创新点提供 2~3 个具体建议来进一步增强其创新性。

4. 可行性评估

最后，评估研究问题和创新点的可行性是完善研究设计的重要环节。合理设计的提示语可以引导 AI 辅助研究者从资源需求、方法适用性、时间框架等多个维度思考研究的实际可行性。系统化的可行性思考框架有助于研究者更全面地评估潜在的研究挑战，并思考可能的优化方案。但对于研究可行性的最终判断及创新价值的评估，仍然需要研究者基于专业经验和学术判断来独立完成。AI 在此过程中主要提供思路参考，而非决定研究设计的最终方向和质量。

◎　提示语示例：

> 请对以下研究问题及其主要创新点进行可行性评估。
>
> [插入研究问题和主要创新点]

（1）资源需求：请评估完成此研究所需的关键资源（如时间、资金、数据、设备等）及其获取难度。

（2）方法可行性：请评价拟采用研究方法的适用性和可操作性，指出潜在挑战及解决方案。

（3）技术支持：请分析研究所需的技术支持是否充分，如涉及新技术，讨论实现的可能性。

（4）数据可及性：评估获取所需数据的难易程度，提出可能的替代数据源或收集策略。

（5）时间框架：估计完成研究的合理时间框架，提出关键时间节点。

（6）主要风险：识别研究过程中的主要风险，并提出相应的缓解策略。

（7）学术和实践价值：分析研究在学术层面的研究意义和研究结果在实际应用中的可行性。

（8）改进建议：基于以上分析，提供 2~3 个提高研究可行性的具体建议。

请对研究的整体可行性给出评分（1~10 分），并提供简要的总结性评论。如果可行性评分低于 7 分，请重点指出需要改进的方面，并提供具体的调整建议。

（三）理论框架构建与研究假设提出的 AI 协作技巧

在确定研究方向后，构建理论框架和提出研究假设是至关重要的步骤。这个过程需要深入地思考和创造性地洞察，包含四个关键步骤：理论梳理、概念映射、框架构建、假设生成。每个步骤都可以通过特定的提示语来指导 AI 协助完成任务。

1. 理论梳理

理论梳理是构建理论框架的第一步，它要求研究者全面把握相关理论的核心观点和关键概念。在这个阶段，提示语的目的是让 AI 协助快速汇总和分析大量文献中涉及的理论并提供概览。

◎　提示语示例：

请对［研究主题］相关的主要理论进行梳理。

（1）列出 3~5 个核心理论。

（2）对每个理论：

　　a. 简要说明其核心观点（50 字以内）。

　　b. 列出 2~3 个关键概念及其定义。

c. 指出该理论的优势和局限性。

（3）分析这些理论之间的关系（互补、冲突或重叠）。

2. 概念映射

概念映射是研究者梳理和组织理论关键概念及其关联的分析过程。这一步骤有助于研究者厘清概念之间的逻辑关系，形成系统化的理论理解。提示语设计可以引导 AI 作为思维辅助工具，帮助研究者更有条理地进行概念间关系的分析和归纳。

◎ **提示语示例：**

基于之前梳理的理论，请创建 1 个概念网络。

（1）列出 10~15 个核心概念。

（2）用线条连接相关概念，并在线上标注关系类型（如因果、相关、包含等）。

（3）对于每个概念，提供 1 个简洁的可操作化定义（不超过 20 字）。

（4）标注出可能存在争议或需要进一步澄清的概念关系。

3. 框架构建

在完成概念映射后，下一步是构建理论框架。这个过程需要将梳理的理论和概念整合成逻辑一致的结构。提示语的目的是让 AI 可以在这个阶段提供创新性的框架建议，帮助研究者从多角度思考理论构建。

◎ **提示语示例：**

基于之前的概念网络，请构建一个理论框架。

（1）提出 1 个总体框架图，包含 3~5 个主要构面。

（2）对每个构面：

　　a. 说明其理论依据。

　　b. 列出 2~3 个关键变量。

　　c. 描述构面间的可能关系。

（3）分析该框架的创新点和潜在局限性。

（4）提出 2~3 个可能的拓展或改进方向。

（5）解释该框架如何解决或整合之前发现的理论冲突或重叠。

4. 假设生成

理论框架构建完成后，更进一步的是生成具体的研究假设。这个过程需要将理论框架转化为可测试的预测。提示语设计在此环节的目的是让 AI 在这个阶段尽可能提供多角度的假设建议，帮助研究者全面考虑可能的研究方向。

◎ **提示语示例：**

> 基于构建的理论框架，请创建一个假设生成矩阵。
>
> （1）横轴列出框架中的主要自变量。
>
> （2）纵轴列出框架中的主要因变量。
>
> （3）对于矩阵中的每个单元格：
>
> 　　a. 提出 1 个可能的研究假设。
>
> 　　b. 简要说明假设的理论依据。
>
> 　　c. 提出可能的边界条件或调节变量。
>
> （4）对生成的假设进行初步评估，标注出最具潜力的 3~5 个假设。

二、研究设计阶段：方法选择、实验设计、数据收集的提示语设计

研究设计是确保研究质量和有效性的关键阶段。在这个阶段，恰当的提示语设计可以充分发挥 AI 的辅助作用，帮助研究者做出更加科学、合理的决策。本节将围绕研究方法选择、实验设计和数据收集三个核心环节，探讨如何通过 AI 辅助来优化研究设计过程。

（一）研究方法选择与优化的 AI 辅助决策

研究方法的选择直接影响研究的可行性、有效性和结果的可信度。恰当的方法选择能确保研究问题得到准确回答，并为后续的实验设计和数据收集奠定基础。

在这个环节，AI 可以辅助研究者进行以下工作：

（1）基于研究问题推荐适用的方法。

（2）分析各种方法的优缺点。

（3）提供方法组合的建议。

（4）针对特定研究情境优化方法应用。

为了让 AI 有效地完成这些任务，提示语设计应遵循以下原则：

（1）明确指出研究问题和背景。

（2）要求 AI 考虑多种可能的方法。

（3）引导 AI 进行方法的适用性分析。

（4）鼓励 AI 提出创新性的方法组合。

（5）要求 AI 针对具体研究情境提供优化建议。

◎ 提示语示例：

基于以下研究问题和研究背景信息，请协助选择和优化研究方法。

研究问题：［插入具体的研究问题］

研究背景：［简要描述研究背景和目标］

请完成以下任务：

（1）方法推荐：

    a. 推荐 3~5 种可能适用的研究方法，包括定量、定性和混合方法。

    b. 对每种方法简要说明其优势和局限性。

（2）方法适用性分析：

    a. 评估每种方法对于给定研究问题的适用程度（1~5 分）。

    b. 解释评分理由，考虑研究目标、可行性和潜在结果。

（3）方法组合建议：

    a. 如适用，建议 2~3 种方法的组合使用策略。

    b. 说明组合使用如何进行互补，以增强研究的全面性。

（4）创新方法探索：

    a. 建议采用 1~2 种新兴或跨学科的研究方法。

    b. 解释这些方法如何可能带来创新性见解。

（5）方法优化：

    a. 针对最佳方法或方法组合，提出 3~5 个具体的优化建议。

    b. 这些优化应针对研究问题的特定需求和潜在挑战。

（6）实施考量：

    a. 指出选定方法在实施过程中可能遇到的主要挑战。

    b. 为每个挑战提供应对策略。

（7）方法适合的理由：

    提供 1 个简短的论证（不超过 200 字），说明为什么推荐的方法最适合该研究问题。

请以结构化的形式呈现以上内容，并在最后提供 1 个简洁的总结，强调所选方法如何最佳地服务于研究目标。

（二）实验 / 调查方案的 AI 协助设计与完善

确定了研究方法后，下一步是设计具体的实验或调查方案。AI 可以在这个过程中提供创意性的建议，帮助研究者设计更加严谨和创新的方案。有效的提示语应该引导 AI 考虑实验 / 调查设计的各个关键要素。

在这个环节，AI 可以辅助研究者进行以下工作：

（1）生成多种可能的实验 / 调查设计框架。

（2）协助变量的定义和操作化。

（3）设计具体的实验条件或调查问题。

（4）提供样本设计和数据收集过程的建议。

（5）建议质量控制措施和伦理考量。

为了让 AI 有效地完成这些任务，提示语设计应遵循以下原则：

（1）明确说明研究方法和目标。

（2）要求 AI 考虑多个设计方案。

（3）引导 AI 深入思考变量操作化和测量。

（4）鼓励 AI 考虑实验 / 调查的实际可行性。

（5）要求 AI 关注数据质量和伦理问题。

◎　提示语示例：

> 基于以下研究方法和研究目标，请协助设计和完善实验 / 调查方案。
>
> 研究方法：[插入选定的研究方法]
>
> 研究目标：[简要描述研究目标]
>
> 请完成以下任务：
>
> （1）实验 / 调查框架设计：
>
> 　　a. 提出 3~5 个可能的实验 / 调查设计框架。
>
> 　　b. 对每个框架进行简要说明，包括其优势和潜在的局限性。
>
> （2）变量定义与操作化：
>
> 　　a. 明确定义自变量、因变量和可能的控制变量。
>
> 　　b. 为每个变量提供具体的操作化方法。
>
> （3）实验条件 / 调查问题设计：
>
> 　　a. 设计具体的实验条件或调查问题（根据研究类型）。
>
> 　　b. 解释每个条件 / 问题如何对应研究目标。
>
> （4）伦理考量：

        a. 指出可能的伦理问题。

        b. 提供相应的伦理审查和保护措施建议。

（5）预实验 / 预调查建议：

        a. 设计 1 个小规模的预实验 / 预调查方案。

        b. 说明如何利用预实验 / 预调查结果优化最终方案。

（6）方案评估：

        a. 评估方案的内部效度和外部效度。

        b. 提出 2~3 个可能的替代方案，以应对潜在的局限性。

请以结构化的形式呈现以上内容，并在最后提供 1 个简洁的总结（不超过 200 字），
强调设计方案如何最佳地服务于研究目标，并指出可能需要特别注意的关键点。

（三）数据收集策略与样本选择的 AI 辅助方法

　　数据收集和样本选择直接影响研究结果的可靠性和代表性。合适的数据收集策略和样本选择方法能确保收集到高质量、相关且充分的数据，从而支持研究问题的有效回答。

　　在这个环节，AI 可以辅助研究者进行以下工作：

（1）确定适合研究的数据类型和来源。

（2）设计最佳的采样策略。

（3）建议选择合适的样本规模和数据收集方法。

（4）提供数据质量控制和管理的建议。

（5）识别潜在的偏差和应对策略。

　　为了让 AI 有效地完成这些任务，提示语设计应遵循以下原则：

（1）明确说明研究设计和目标。

（2）要求 AI 考虑多种数据来源和采样方法。

（3）引导 AI 思考数据质量和代表性问题。

（4）鼓励 AI 考虑实际操作中可能遇到的挑战。

（5）要求 AI 关注数据的伦理和隐私问题。

◎　提示语示例：

基于以下研究设计和研究目标，请协助制定数据采集策略和样本选择方法。

研究设计：[简要描述研究设计]

研究目标：[简要描述研究目标]

请完成以下任务：

（1）数据类型确定：

    a.明确研究所需的主要数据类型（定量/定性/混合）。

    b.列出每种数据类型的具体指标或维度。

（2）数据来源识别：

    a.建议选择3~5个可能的数据来源。

    b.评估每个来源的可靠性和可访问性。

（3）采样策略设计：

    a.推荐2~3种适合的抽样方法。

    b.解释每种方法的优势和局限性。

（4）样本规模确定：

    a.建议适当的样本规模，并提供理由。

    b.如适用，提供样本量的计算方法。

（5）数据收集方法：

    a.设计具体的数据收集方法（如网络爬取、数据库购买、问卷、访谈、观察等）。

    b.提供每种方法的具体实施建议。

（6）纵向数据考虑（如适用）：

    a.如果需要纵向数据，提出减少样本流失的策略。

    b.建议追踪参与者的有效方法。

（7）多来源数据整合（如适用）：

    a.如果涉及多种数据来源，提出数据整合的策略。

    b.讨论如何确保不同来源数据的一致性和可比性。

（8）数据质量控制：

    a.提出3~5个确保数据质量的具体措施。

    b.解释如何识别和处理异常值或缺失数据。

（9）伦理和隐私考量：

    a.指出数据收集过程中的伦理和隐私问题。

    b.提供相应的保护措施建议。

（10）数据管理计划：

    a.建议数据存储和管理的方法。

　　　　b. 提出确保数据安全和保密的策略。

（11）潜在偏差识别：

　　　　a. 指出数据采集过程中可能出现的偏差。

　　　　b. 提供减少这些偏差的具体策略。

（12）灵活性和应变措施：

　　　　a. 建议在数据采集过程中保持灵活性的方法。

　　　　b. 提出应对可能遇到的障碍或挑战的备选方案。

请以结构化的形式呈现以上内容，并在最后提供 1 个简洁的总结（不超过 200 字），强调数据采集策略和样本选择方法如何确保数据的代表性、可靠性和有效性，同时指出需要特别注意的关键环节。

三、研究分析阶段：定量分析、定性分析、可视化呈现的提示语设计

　　研究分析阶段是研究工作中将数据转化为有意义结论的关键环节。在这个阶段，科学的提示语设计能够帮助 AI 高效地进行定量分析、定性分析和数据的可视化呈现，本节将探讨如何通过提示语设计辅助研究分析过程，为研究者提供分析思路的参考框架。

（一）定量数据统计分析与假设检验的 AI 辅助技巧

　　定量分析是将数字数据转化为有意义见解的过程。在这个环节，AI 不仅可以辅助分析决策，还能辅助执行复杂的统计计算。

　　AI 在定量分析中的能力：

（1）数据预处理和清洗。

（2）描述性统计分析。

（3）推断性统计和假设检验。

（4）高级统计模型构建和评估。

（5）结果解释和报告生成。

　　设计有效提示语的关键考虑：

（1）明确指定数据格式和分析目标。

（2）要求 AI 解释每个分析步骤的原理和结果含义。

（3）鼓励 AI 探索数据中的潜在模式和关系。

（4）引导 AI 评估结果的统计显著性和实际意义。

（5）要求 AI 提供可视化建议以增强结果的可解释性。

◎ **提示语示例：**

> 基于以下数据集和研究假设，请协助进行全面的定量分析。
>
> 数据集描述：［提供数据集的基本信息，如变量、样本量等］
>
> 研究假设：［陈述需要验证的具体假设］
>
> 执行以下分项任务：
>
> （1）数据预处理：
>
> 　a. 检测并处理异常值和缺失数据。
>
> 　b. 进行必要的变量转换（如标准化）。
>
> （2）描述性统计：
>
> 　a. 计算主要变量的集中趋势和离散程度。
>
> 　b. 生成相关矩阵，识别变量间的初步关系。
>
> （3）假设检验：
>
> 　a. 选择并执行适当的统计检验（如 t 检验、方差分析、回归分析等）。
>
> 　b. 报告检验结果，包括效应量和置信区间。
>
> （4）高级分析：
>
> 　a. 如适用，进行因子分析、聚类分析或其他高级统计模型。
>
> 　b. 解释模型的拟合度和关键参数。
>
> （5）结果解释：
>
> 　a. 详细解释每项分析的结果及其与研究假设的关系。
>
> 　b. 讨论结果的统计显著性和实际意义。
>
> （6）潜在问题识别：
>
> 　检查并报告可能影响结果可靠性的统计学问题（如多重共线性）。
>
> （7）可视化建议：
>
> 　为关键结果提供 2~3 种适合的可视化方案。
>
> 请提供 1 份结构化的分析报告，包括所有计算结果、解释和可视化建议。在报告末尾，总结主要发现及其对研究假设的支持程度。

（二）定性资料编码与主题提取的 AI 协作方法

定性分析涉及对文本、访谈记录等非结构化数据的深入解读和主题提取。

在这个环节，AI 可以辅助研究者进行以下工作：

（1）设计初始编码框架。

（2）执行文本的自动编码。

（3）识别潜在的主题和模式。

（4）分析主题间的关系。

（5）提供定性数据的量化分析建议。

为了让 AI 有效地完成这些任务，提示语设计应遵循以下原则：

（1）明确说明研究问题和定性数据的性质。

（2）要求 AI 考虑多种编码和分析方法。

（3）引导 AI 深入探索数据中的潜在模式。

（4）鼓励 AI 提出创新性的主题解释。

（5）要求 AI 关注分析结果的可信度和转移性。

◎ **提示语示例：**

基于以下研究问题和定性数据特征，请协助进行定性资料分析。

研究问题：[插入研究问题]

数据特征：[描述数据类型、来源、数量等]

完成以下任务：

（1）编码框架设计：

　　a. 提出一个初始的编码框架，包含 5~8 个主要类别。

　　b. 解释每个类别的定义和编码标准。

（2）自动编码：

　　a. 对文本数据进行初步编码。

　　b. 生成初始编码框架，包括主要类别和子类别。

（3）主题提取：

　　a. 基于编码结果识别主要主题。

　　b. 解释每个主题的内涵和与研究问题的关联。

（4）主题关系分析：

　　a. 识别主题间的关系和层次结构。

　　b. 构建主题网络图。

（5）定性数据量化策略：

　　a. 建议 2~3 种将定性发现量化的方法。

　　　　b. 解释这些方法如何增强分析的说服力。

（6）创新解释视角：

　　　　a. 提出 1~2 个创新的数据解释视角。

　　　　b. 说明这些视角如何可能带来新的理论洞察。

（7）可信度检验建议：

　　　　a. 推荐 2~3 种增强定性分析可信度的方法。

　　　　b. 解释如何应用这些方法。

请以结构化形式呈现上述内容，并在最后提供 1 个简洁的总结（不超过 200 字），强调如何通过这些分析步骤全面回答研究问题，同时指出定性分析中需要特别注意的关键点。

（三）数据分析可视化呈现的提示语设计

　　数据可视化是将复杂的分析结果转化为直观、易懂的图表的过程。具备多模态能力的 AI 不仅可以提供可视化建议，还能直接生成高质量的图表和可视化内容。

　　AI 在数据可视化中的能力：

（1）自动生成各类统计图表（如柱状图、折线图、散点图）。

（2）创建交互式数据仪表板。

（3）辅助生成复杂信息图表。

（4）制作动态或动画可视化图表。

（5）优化图表布局和色彩方案。

　　设计有效提示语的关键点：

（1）明确指定数据特征和可视化目标。

（2）要求 AI 考虑不同类型的可视化方法。

（3）引导 AI 优化可视化的清晰度和美观性。

（4）鼓励 AI 探索创新的可视化技术。

（5）要求 AI 考虑可视化的目标受众和呈现环境。

◎　提示语示例：

基于以下数据描述和可视化目标，请创建一系列数据可视化。

数据描述：［插入数据集描述或链接］

可视化目标：［说明主要目的，如趋势展示、比较分析等］

生成并提供以下可视化内容：

（1）概览图表：

　　a. 创建 1 个总体数据趋势的概览图（如折线图或面积图）。

　　b. 确保图表清晰展示主要变量随时间的变化。

（2）比较分析图：

　　a. 生成适合比较不同类别或组别数据的图表（如并列柱状图或雷达图）。

　　b. 突出显示关键差异和相似之处。

（3）相关性可视化：

　　a. 创建 1 个展示主要变量间相关性的图表（如散点图矩阵或热力图）。

　　b. 包括相关系数的可视化表示。

（4）分布图：

　　a. 为关键变量生成分布图（如直方图或箱线图）。

　　b. 清晰标注中位数、四分位数等关键统计量。

（5）高级可视化：

　　a. 创建 1 个创新性的可视化（如桑葚图、树状图或网络图）。

　　b. 解释这种可视化如何提供独特的数据洞察。

（6）交互式图表：

　　a. 如果可能，生成 1 个交互式数据仪表板或动态图表。

　　b. 包括允许用户探索数据的交互元素。

（7）信息图表：

　　a. 设计 1 个综合性信息图表，整合研究的主要发现。

　　b. 确保图表既信息丰富又视觉吸引。

对于每个可视化：

　　a. 提供清晰的标题和必要的标签。

　　b. 使用适当的颜色方案以增强可读性。

　　c. 包括简短的描述性说明，解释关键发现。

请生成这些可视化内容，解释每个可视化的设计理念和如何最佳地传达研究结果。

四、研究完善阶段：结构优化、语言润色、格式规范的提示语设计

　　研究完善阶段是提升研究报告整体质量的重要环节。在这一阶段，合理设

计的提示语能够有效地帮助调整结构、优化语言和规范格式，确保报告的逻辑性、语言流畅性和格式的统一性。本节将探讨如何利用提示语设计来提升研究报告的整体品质，使其更加严谨和专业。

（一）学术论文整体结构与逻辑优化的 AI 辅助方法

学术论文的结构和逻辑直接影响其可读性和说服力。优秀的论文结构能够清晰地展示研究的整体框架，并确保各部分之间的逻辑连贯。在这个过程中，为了充分发挥 AI 在论文结构优化中的潜力，明确 AI 的具体作用并针对每个作用设计相应的提示语策略至关重要。表 8-1 展示了 AI 在论文结构优化中的主要作用及其对应的提示语设计关键点：

表 8-1　AI 在优化论文结构中的作用及有效提示语设计

AI 在结构优化中的作用	有效提示语设计
分析现有结构的优缺点	要求 AI 基于研究问题和论文目标，评估每个章节的相关性和重要性
提供结构重组建议	指导 AI 考虑学科特定的论文结构规范，并提出具体的重组方案
检查逻辑流程的连贯性	要求 AI 追踪主要论点的发展，并指出逻辑跳跃或断层
优化段落和章节间的过渡	引导 AI 识别关键连接点，并提供改善过渡的具体建议
确保论点的层次性和递进性	要求 AI 构建论点的层次结构图，并提出优化论证顺序的建议

◎　提示语示例：

请协助优化以下学术论文的整体结构和逻辑。

论文样章：［插入论文稿件］

当前结构概要：［提供现有论文结构的简要描述］

研究问题：［陈述核心研究问题］

主要论点：［列出 2～3 个主要论点］

完成以下任务：

（1）结构评估：

　　a. 分析当前结构的优点和不足。

　　b. 评估各部分内容的比例是否合理。

（2）结构优化建议：

  a. 提出具体的结构调整建议，确保符合学术规范。

  b. 解释每项建议如何增强论文的整体逻辑性。

（3）逻辑流程检查：

  a. 检查论点展开的逻辑性和连贯性。

  b. 指出任何逻辑跳跃或不连贯之处，并提供修正建议。

（4）章节过渡优化：

  a. 评估章节间的过渡是否自然流畅。

  b. 提供改进章节衔接的具体建议。

（5）论点层次分析：

  a. 检查主要论点的层次性和递进关系。

  b. 建议如何更有效地突出核心论点。

（6）引言和结论部分强化：

  a. 评估引言是否有效引出研究问题和论文结构。

  b. 检查结论是否充分回应研究问题并总结主要发现。

（7）摘要优化：

  a. 根据优化后的结构，提供修改摘要的建议。

  b. 确保摘要简洁而全面地反映论文的核心内容。

请提供 1 份详细的结构优化报告，包括具体的调整建议和理由。在报告结尾，总结这些优化如何提升论文的整体质量和说服力。

（二）学术语言表达提升与术语规范使用的提示语策略

  学术写作需要使用精准、简洁、客观的语言，并适当运用学科专业术语。提示语设计可以引导 AI 作为学术语言表达优化的辅助工具，帮助研究者关注语言表达的准确性和术语使用的规范性。通过结构化的提示框架，研究者可以更有意识地检视自己的表达是否符合学术写作规范。表 8-2 呈现了 AI 在学术语言优化中的应用及相应的提示语设计要点：

表 8-2　AI 在学术语言优化中的应用及有效提示语设计

AI 在学术语言优化中的应用	有效提示语设计
语法和拼写检查	指示 AI 标注所有语法和拼写错误，并提供修正建议及原因解释
学术风格调整	要求 AI 识别非学术表达，并提供符合学科规范的替代表达

续表

AI 在学术语言优化中的应用	有效提示语设计
术语使用一致性检查	引导 AI 创建术语使用清单,并检查全文术语应用的一致性
句子结构优化	要求 AI 识别复杂或冗长的句子,并提供简化或重构建议
词汇多样性增强	指导 AI 识别过度重复的词汇,并提供同义词替换建议,同时保持专业性

这种对应关系有助于设计出更有针对性的提示语,使 AI 能够对学术写作的特定需求提供定制化的语言优化建议。例如,在要求 AI 进行学术风格调整时,提示语应该明确指出学术写作的特定语言规范。

◎　提示语示例:

请协助优化以下学术文本的语言表达和术语使用。
学科领域:［指定学科］
目标期刊:［如有特定目标期刊,请提供样刊］
文本样本:［插入需要优化的文本段落］
执行以下任务:
(1)语法和拼写检查:
　　a.识别并修正任何语法错误和拼写问题。
　　b.解释常见错误,以帮助提高写作技巧。
(2)学术风格调整:
　　a.优化语言以符合学术写作规范。
　　b.提供具体建议,使表述更加客观和精确。
(3)术语使用一致性检查:
　　a.检查专业术语的使用是否准确一致。
　　b.建议替换或解释不当或模糊的术语。
(4)句子结构优化:
　　a.改善复杂或冗长的句子结构。
　　b.提供改写建议,增强清晰度和可读性。
(5)词汇多样性增强:
　　a.识别过度重复的词汇。
　　b.建议同义词替换,但需保持专业性。

（6）语气和口吻的调整：

  a. 确保语气客观和学术化。

  b. 避免任何过于口语化或主观的表述。

（7）学术表述技巧：

  a. 建议纳入常用学术短语（如：这表明，值得注意的是）。

  b. 解释这些表述如何增强学术论证的严谨性。

请提供 1 份详细的语言优化报告，包括原文、修改建议和解释。在报告结尾，总结这些优化如何提升文本的学术质量和专业性。

（三）参考文献管理与引用格式检查的 AI 协作技巧

  准确和规范的参考文献管理和引用是学术写作的重要组成部分，表 8-3 展示了 AI 在参考文献管理中的能力及相应的有效提示语设计关键点：

表 8-3　AI 在参考文献管理中的能力及有效提示语设计

AI 在参考文献管理中的能力	有效提示语设计
自动识别和提取引用信息	指导 AI 从文本中提取所有引用信息，并以结构化格式呈现
格式转换和统一	要求 AI 将所有引用信息转换为指定格式，并提供转换前后的对比
引用完整性检查	引导 AI 交叉检查正文引用和参考文献列表，标注任何不一致或缺失
交叉引用验证	要求 AI 验证每个引用的准确性，包括作者名、出版年份等细节
生成参考文献列表	指导 AI 根据文内引用自动生成完整的参考文献列表，并按指定格式排序

◎　提示语示例：

请协助管理和检查以下学术论文的参考文献和引用。

目标引用格式：[指定格式，如 APA 第 7 版]

论文主题：[简要说明论文主题]

文本样本：[插入包含引用的文本段落]

参考文献列表：[提供当前的参考文献列表]

执行以下任务：

（1）引用格式检查：

    a. 审核文内引用格式是否符合指定标准。

    b. 指出任何格式错误，并提供修正建议。

（2）参考文献列表格式化：

    a. 将参考文献列表转换为指定格式。

    b. 确保所有必要信息（作者、出版年份、标题等）完整且格式正确。

（3）引用完整性检查：

    a. 验证文内引用是否都在参考文献列表中。

    b. 标识参考文献列表中未在正文中引用的条目。

（4）交叉引用验证：

    a. 检查文内引用与参考文献列表的一致性（如：作者、出版年份）。

    b. 指出并修正任何不一致之处。

（5）特殊引用情况处理：

    a. 识别并正确处理多作者引用、二手引用等特殊情况。

    b. 提供处理这些情况的具体建议。

（6）引用位置优化：

    a. 评估引用在句子中的位置是否恰当。

    b. 建议如何调整引用位置以增强论证效果。

（7）引用多样性分析：

    a. 评估引用来源的多样性（如：期刊文章、书籍、会议论文）。

    b. 建议如何平衡不同类型的引用。

（8）最新文献补充：

    a. 基于论文主题，补充 2～3 篇可能相关的最新研究文献。

    b. 解释这些文献如何增强论文的时效性。

请提供 1 份详细的参考文献管理报告，包括所有发现的问题、修正建议和优化提议。在报告结尾，总结这些改进如何提升论文的学术严谨性和引用质量。

（四）学术行为规范与学术不端自测

在学术写作过程中，遵循学术行为规范是维护研究诚信、质量和合法性的重要环节。合理设计的提示语可以引导 AI 作为辅助工具，帮助研究者在学术创作的不同阶段提高对学术不端行为的警觉性，并在撰写过程中进行自我检查。

这类提示语主要起到提醒和引导思考的作用，协助研究者审视自己的研究实践是否符合学术伦理标准。不过，学术诚信的根本保障仍在于研究者自身的学术道德意识和专业素养，提示语只是辅助工具而非学术规范遵循的决定因素。表 8-4 表格展示了 AI 在学术行为规范与不端自测中的应用及对应的有效提示语设计要点：

表 8-4　AI 在学术行为规范与不端自测中的有效提示语设计

AI 在学术行为规范 与不端自测中的应用	有效提示语设计
引用格式检查	指示 AI 审核文献引用格式是否符合目标期刊的标准规范，并给出具体修正建议
数据真实性与重复性检测	提示 AI 检查数据的来源与真实性，标记潜在的重复数据或错误数据
抄袭检测	要求 AI 扫描文本中的潜在重复内容，检测与现有文献的相似度，并提供修改建议
伦理合规性审查	引导 AI 审核实验方法和数据处理过程是否符合伦理审查要求，提醒任何可能的问题
论文结构与逻辑完整性审查	指导 AI 评估论文的结构与逻辑链条，发现潜在的逻辑漏洞或跳跃，并给出优化建议

◎　提示语示例：

请协助管理和检查以下学术论文的学术规范与潜在学术不端行为。

目标引用格式：[指定格式，如 APA 第 7 版]

论文主题：[简要说明论文主题]

文本样本：[插入待检测的文本段落]

参考文献列表：[插入当前的参考文献列表]

执行以下任务：

（1）引用格式检查：

　　a. 检查所有文献引用是否符合目标期刊或特定引用格式标准（如：APA、MLA、Chicago 等）。

　　b. 标记引用格式中可能存在的错误或不一致之处，并给出修正建议。

　　c. 检查引用来源是否完整，确保文献出处清晰且符合学术要求。

（2）数据真实性与重复性检查：

　　a. 审核论文中引用的所有数据，标记任何可能存在重复使用、篡改或不准确的数据来源。

　　b. 提供有关数据来源的核实建议，确保数据的采集和引用过程符合学术规范。

（3）抄袭检测：

　　a.扫描论文全文，检测与现有文献的相似性，标记任何潜在的抄袭段落。

　　b.对于高相似度的内容，提出替换或重新措辞的建议，以确保内容的原创性。

（4）伦理合规性审查：

　　a.检查论文涉及的实验设计、数据收集与处理过程是否符合学术伦理要求。

　　b.标记任何可能违反伦理审查标准的部分，提供修正建议或替代方案。

（5）逻辑结构检查：

　　a.评估论文的整体结构和逻辑框架，确保各章节之间的连贯性和论点展开的合理性。

　　b.检查论证过程中的逻辑跳跃或不连贯之处，并提供改善结构的具体建议。

（6）结论部分与摘要的逻辑一致性检查：

　　a.评估论文结论部分是否准确回应了研究问题，并总结了主要发现。

　　b.检查摘要是否简洁、准确地概括了论文的核心内容，提供修改建议以增强其表达的准确性和全面性。

（7）全篇合规性检测与优化建议：

　　a.对整篇论文进行一次整体性的审查，确保学术规范和道德标准的全面遵守。

　　b.提供整体性优化建议，包括从内容、结构到语言的改进，以提高论文的合规性和质量。

请提供1份详细的学术规范与自测报告，包括所有发现的问题、修正建议和改进方案。在报告结尾，总结这些改进如何提升论文的学术合规性、原创性以及整体学术质量。

第 9 章

教育教学写作中的
提示语设计

本章聚焦于如何在教育教学写作中设计有效的提示语,以辅助实现教学目标的明确化、内容结构的优化以及教学策略的合理应用。具体内容涵盖从课程目标的设定到知识点覆盖与难度控制的提示语设计,帮助提升教学方案的系统性和层次感。

一、教案写作:教学目标、教学内容、教学策略的提示语设计

本节将探讨如何为教案写作设计有效的提示语,重点关注教学目标、教学内容和教学策略三个核心要素(见图 9-1)。通过明确具体的教学目标、精心选择教学内容以及采用合适的教学策略,从而提升教学效果,确保教学目标的实现、教学内容的有效传递以及教学策略的顺利实施。

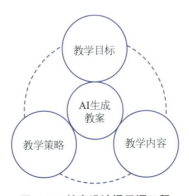

图 9-1　教案设计提示语工程

为了系统化地设计教案提示语，可采用"SMART（Specific、Measu-rable、Achievable、Relevant、Time-bound）模型"（见图9-2）。该模型不仅适用于设定教学目标，还可指导整个教案提示语的设计过程：

（1）Specific（具体性）：提示语应明确指出教学主题、目标学生群体和预期学习成果。

（2）Measurable（可测量性）：包含可量化的学习目标和评估标准。

（3）Achievable（可实现性）：设定切实可行的教学内容和活动。

（4）Relevant（相关性）：确保教学内容与学生实际需求和能力水平相符。

（5）Time-bound（时限性）：明确指出教学时长和进度安排。

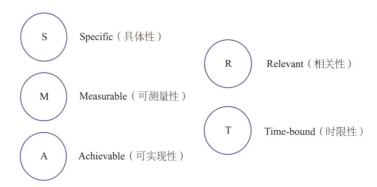

图 9-2　SMART 模型

（一）教学目标提示语设计

教学目标是整个教案的核心，直接影响后续教学内容和教学策略的选择。设计教学目标提示语时，应注意以下几点：

（1）使用布鲁姆的（Bloom's）分类法动词：采用布鲁姆的教育目标分类法中的动词，可以帮助描述预期的学习成果。该分类法将认知技能分为六个层次，覆盖了从需要较少认知处理的低阶技能到需要更深入学习和更高程度认知处理的高阶技能，这些层次反映了从基础知识的掌握到更复杂的高阶认知技能的递进关系[①]。通过选择合适的动词，可以使教学目标表述更加清晰，有效引导学习者在认知过程中逐步提升，例如：

①知识层面：列举、定义、描述。

②理解层面：解释、总结、举例。

---

① Adams N E. Bloom's taxonomy of cognitive learning objectives［J］. JOURNAL OF THE MEDICAL LIBRARY ASSOCIATION，2015，103（3）：152-153.

③应用层面：应用、使用、演示。

④分析层面：分析、比较、区分。

⑤评价层面：评估、判断、证明。

⑥创造层面：设计、创造、提出。

（2）整合认知、情感和技能目标：全面的教学目标应包括认知、情感和技能三个维度，以促进学生的全面发展。

（3）考虑学生的起点和终点：在设定教学目标时，应充分考虑学生的先备知识和期望达到的水平，确保目标既有挑战性又切实可行。

（4）目标层次化：将教学目标分为总体目标和具体目标，形成目标体系，便于后续教学内容和策略的设计。

（5）关联现实世界：设置与实际生活或职业相关的目标，增强学习动机和实用性。

（6）跨学科整合：在适当的情况下，设置跨学科学习目标，培养学生的综合能力。

（7）元认知目标：包含培养学生自主学习能力和反思能力的目标。

◎ **提示语示例：**

请为［学科］［主题］设计教学目标，包括以下方面：

（1）认知目标：使用布鲁姆的分类法动词，设置3～5个不同认知层次的目标。

（2）情感目标：设置1～2个培养学生情感、态度、价值观的目标。

（3）技能目标：设置1～2个培养学生实际操作或应用能力的目标。

（4）元认知目标：设置1个培养学生自主学习或反思能力的目标。

（5）现实关联：确保至少1个目标与学生的实际生活或未来职业相关。

（6）跨学科目标（可选）：如果适用，设置1个与其他学科相关的学习目标。

请确保这些教学目标考虑了学生的起点水平，并形成一个从基础到高阶的目标体系。

（二）教学内容提示语设计

教学内容是实现教学目标的载体，设计相关提示语时应注意以下几点：

（1）内容结构化：使用结构化的方式呈现教学内容的提示，有助于AI生成逻辑清晰、层次分明的教案。

（2）知识点细化：将复杂的知识点分解为更小的、可管理的单元，有助于AI生成详细且易于理解的教学内容。

（3）多元化资源整合：在提示语中指定多种教学资源，可以丰富教学内容，满足不同学习风格的学生需求。

（4）内容序列化：按照难度递进或逻辑关系组织内容，有助于构建连贯的学习过程。

（5）实例与应用：要求 AI 提供丰富的实例和应用场景，提升学生对知识的理解和运用能力。

（6）跨学科联系：引导 AI 在适当的地方建立与其他学科的联系，培养学生的综合思维能力。

（7）前沿知识整合：在合适的情况下，要求 AI 融入学科前沿知识或最新研究成果，拓宽学生视野。

（8）文化元素融入：在内容中适当融入文化元素，增强学生的文化认同感和跨文化理解能力。

◎　**提示语示例：**

> 请为［学科］［主题］设计教学内容，要求：
>
> （1）内容结构：提供一个包含主要模块和子模块的内容大纲。
>
> （2）知识点细化：对每个主要知识点进行细化，列出 3~5 个关键概念或要点。
>
> （3）多元化资源：为每个主要模块推荐 2~3 种不同类型的教学资源（如：视频、图表、案例等）。
>
> （4）内容序列：按照［难度递进/逻辑关系/时间顺序］组织内容。
>
> （5）实例与应用：为每个主要知识点提供 1~2 个实际应用案例或情境。
>
> （6）跨学科联系：在适当的地方建立与［相关学科］的联系。
>
> （7）前沿知识：融入 1~2 个与主题相关的学科前沿概念或最新研究成果。
>
> （8）文化元素：在内容中适当融入［相关文化］元素。
>
> 请确保教学内容设计与之前设定的教学目标相一致，并考虑学生的认知水平和学习特点。

（三）教学策略提示语设计

教学策略是实现教学目标的方法和途径，设计相关提示语时应考虑以下几点：

（1）多样化教学方法：在提示语中指定多种教学方法，以适应不同的学习内容和学生特点。

（2）学生参与度设计：在提示语中强调学生的主动参与，设计能够激发学生兴趣和思考的教学活动。

（3）差异化教学设计：在提示语中考虑学生的个体差异，设计适应不同学习水平和风格的教学策略。

（4）技术整合：引导 AI 设计整合教育技术的教学策略，如使用在线工具、虚拟实验室等。

（5）合作学习：设计促进学生之间合作和交流的教学活动，培养团队协作能力。

（6）探究式学习：设计引导学生自主探究和发现的教学活动，培养学生的批判性思维和问题解决能力。

（7）情境化学习：创设真实或模拟的学习情境，增强学习的真实性和应用性。

（8）形成性评估：设计贯穿教学过程的形成性评估方法，及时了解学生的学习情况并调整教学方案。

（9）反思与元认知：设计促进学生反思和发展元认知能力的活动。

◎ 提示语示例：

> 请为［学科］［主题］设计教学策略，要求：
>
> （1）多样化方法：设计 3~5 种不同的教学方法，并说明每种方法适用的内容和目的。
>
> （2）学生参与：为每个主要教学环节设计至少 1 个促进学生主动参与的活动。
>
> （3）差异化教学：设计针对［高/中/低］3 个水平学生的差异化教学策略。
>
> （4）技术整合：在教学过程中融入至少 2 种教育技术或在线工具的应用。
>
> （5）合作学习：设计 1~2 个促进学生合作学习的小组活动或项目。
>
> （6）探究式学习：设计 1 个引导学生自主探究的教学活动。
>
> （7）情境化学习：创设 1 个与主题相关的真实或模拟学习情境。
>
> （8）形成性评估：设计 2~3 种贯穿教学过程的形成性评估方法。
>
> （9）反思活动：设计 1 个促进学生反思和发展元认知能力的活动。
>
> 请确保这些教学策略能够有效支持之前设定的教学目标和教学内容，并考虑到学生的特点和课程的实际情况。

二、教材编写：课标转化、体系建构、教学支持的提示语设计

教材编写是 1 项复杂而系统的工程，涉及多个关键环节。在 AI 辅助教材编

写的背景下，合理设计提示语可以显著提高教材编写质量和编写效率。本节将围绕课标转化、体系建构和教学支持 3 个核心维度，探讨如何设计有效的提示语，以指导 AI 生成高质量的教材内容。

（一）课标转化的提示语设计

课程标准是国家对教育质量的基本要求，是教材编写的根本依据和指导方针。课标转化是教材编写的首要任务，它要求将抽象、宏观的课程目标转化为具体、可操作的教学内容。在 AI 辅助教材编写的背景下，设计有效的提示语来指导 AI 准确理解和转化课程标准，是确保教材质量的关键。

1. 课程目标解析提示语

课程目标是课程标准的核心内容，它明确规定了学生在完成某一学习阶段后应该达到的知识、技能和态度水平。这些目标通常包括知识目标、能力目标和情感态度价值观目标。例如，在语文课程中，可能包括"掌握基本的阅读策略"（知识目标）、"能够进行批判性思考"（能力目标）和"培养对中华文化的认同感"（情感态度价值观目标）。同时，课程目标通常表述得比较宏观和抽象，例如"培养学生的辩证思维能力"或"提高学生的科学素养"。这些目标需要被分解和具体化，才能转化为可以直接指导教学的内容。

因此在设计课程目标解析的提示语时，需要考虑以下几个关键点：

（1）目标的层次性：课程目标通常有不同的层次，从基础的知识掌握到高阶的能力培养。提示语需要引导 AI 识别并体现这种层次性。

（2）目标的可操作性：课程标准中的目标往往比较抽象，需要将其转化为具体的、可观察的、可测量的行为目标。

（3）目标的整合性：不同类型的目标（知识、能力、情感态度价值观）应该有机整合，而不是割裂处理。

（4）目标的适应性：需要考虑目标与学生实际情况的匹配度，确保目标既有挑战性又切实可行。

🔍 **基于以上考虑，提示语设计应遵循以下原则：**

（1）明确指出课程标准中的具体目标。

（2）要求 AI 将目标分解为可操作的知识点和能力要求。

（3）强调目标的层次性和递进性。

（4）注重不同类型目标的整合。

（5）考虑目标与学生实际情况的匹配度。

◎ 提示语示例：

请根据以下［学科］［年级］的课程标准目标，生成 1 份详细的教学内容大纲。

1. ［课程目标 1］

2. ［课程目标 2］

3. ［课程目标 3］

…………

要求：

（1）将每个课程目标分解为具体的知识点和能力要求，确保这些点是可操作和可测量的。

（2）确保知识点和能力要求的层次性和递进性，从基础到高阶。

（3）为每个知识点和能力要求提供 1~2 个具体的教学内容建议。

（4）在分解目标时，考虑认知（如知识理解）、情感（如兴趣态度）和技能（如操作应用）等多个维度。

（5）考虑［具体描述目标学生的群体特征］，适当调整内容难度和深度。

（6）为每个分解后的具体目标设计一个简单的评估建议，说明如何测量学生是否达成该目标。

2. 核心素养整合提示语

核心素养是新时代课程改革的重要理念，它强调培养学生的关键能力和必备品格。核心素养通常包括人文底蕴、科学精神、学会学习、健康生活、责任担当、实践创新等方面。将核心素养有机融入教材内容，是新时代教材编写的重要任务。

在设计核心素养整合的提示语时，需要注意以下几点：

（1）素养解读：准确理解每项核心素养的内涵和外延。

（2）学科特色：结合学科特点，找出最适合培养特定核心素养的切入点。

（3）内容融合：将核心素养的培养自然地融入知识和技能的学习中。

（4）情境创设：通过真实、有意义的情境，使核心素养的培养更加自然和有效。

🔍 **基于以上考虑，提示语设计应遵循以下原则：**

（1）明确指出课程标准中的核心素养要求。

（2）要求 AI 将核心素养与具体教学内容相结合。

（3）强调核心素养的培养应贯穿教材始终。

（4）要求设计多样化的教学活动来培养核心素养。

（5）强调在真实问题情境中培养核心素养。

（6）考虑核心素养培养的长期发展路径。

◎ **提示语示例：**

> 基于［学科］［年级］课程标准中的以下核心素养：
>
> 1. ［核心素养 1］
> 2. ［核心素养 2］
> 3. ［核心素养 3］
>
> …………
>
> 请设计一系列教学内容和活动，将这些核心素养有机融入教材的各个章节。要求：
>
> （1）对每项核心素养进行简要解读，说明其在本学科中的具体表现。
>
> （2）每个核心素养至少设计 3 个与之相关的教学内容或活动，覆盖不同的章节。
>
> （3）说明这些内容或活动如何培养相应的核心素养。
>
> （4）确保这些内容或活动在难度和复杂度上适合目标年级学生。
>
> （5）为每个核心素养设计 1 个贯穿全书的主题活动或项目，体现其长期培养的特点。
>
> （6）提供在日常教学中持续关注和评估学生核心素养发展的建议。
>
> （7）设计 2~3 个融合多项核心素养的综合性学习任务或情境。

3. 学科特色体现提示语

每个学科都有其独特的知识体系、思维方式和研究方法。这些学科特色是区别于其他学科的关键特征，也是学生需要掌握的重要内容。在教材编写中充分体现学科特色，可以帮助学生更好地理解和把握学科的本质。

在设计体现学科特色的提示语时，需要考虑以下几个方面：

（1）学科本质：明确该学科的核心概念、基本原理和方法论。

（2）思维培养：设计能够培养学科特有思维方式的内容和活动。

（3）方法训练：通过实践活动，让学生掌握学科特有的研究方法和技能。

（4）价值体现：展示学科知识在实际生活和其他领域中的应用价值。

基于以上考虑，提示语设计应遵循以下原则：

（1）强调课程标准中的学科特色要求。

（2）要求 AI 设计能体现学科特色的教学内容和方法。

（3）注重学科思维方式和研究方法的培养。

（4）设计能展示学科价值和应用的案例或活动。

（5）鼓励跨学科联系，突出本学科在知识体系中的独特地位。

◎ **提示语示例：**

根据［学科］［年级］课程标准中强调的以下学科特色：

1.［学科特色1］

2.［学科特色2］

3.［学科特色3］

…………

请设计一系列体现这些学科特色的教学内容和方法。要求：

（1）每个学科特色至少设计2个典型的教学案例，说明这些案例如何体现学科特色。

（2）设计3～5个反映学科核心思维方式的问题或任务。

（3）提供1个小型研究项目，让学生运用本学科的研究方法。

（4）设计1～2个展示学科前沿发展的专题讨论或阅读材料。

（5）创建2～3个情境，展示本学科知识在日常生活或其他领域中的应用。

（6）设计1～2个跨学科的教学活动，展示本学科与其他学科的联系。

（7）提供1个学科术语表，解释关键的学科专业词汇。

（8）设计1个贯穿全书的学科特色主题，体现学科的整体性和系统性。

（二）体系建构的提示语设计

体系建构的提示语设计将关注如何构建系统、准确、基础的学科知识体系。

1. 知识结构设计提示语

知识结构是学科体系的骨架，影响着学生如何系统地理解和掌握学科知识。一个良好的知识结构设计应该能够清晰地展示知识点之间的逻辑关系，帮助学生建立起完整的知识体系。

在设计知识结构的提示语时，需要考虑以下几个方面：

（1）系统性：确保知识结构覆盖学科的核心内容，形成完整的体系。

（2）逻辑性：明确知识点之间的逻辑关系和依赖关系。

（3）层次性：构建清晰的知识层次，从基础到高阶。

（4）关联性：展示不同知识点之间的横向联系。

（5）序列化：安排合理的学习顺序，确保知识的递进性。

（6）重要性：突出核心概念和关键知识点。

基于以上考虑，提示语设计应遵循以下原则：

（1）要求 AI 梳理学科的核心概念和基本原理。

（2）强调概念间的逻辑关系和层次结构。

（3）注重知识点的序列化和关联性。

（4）突出重点和难点。

（5）考虑学生的认知规律和学习特点。

◎ **提示语示例：**

> 请为［学科］［年级］教材设计 1 个完整的知识结构框架。要求：
>
> （1）列出本学年 / 学期需要掌握的所有核心概念和基本原理。
>
> （2）将这些概念和原理组织成 1 个有层次的结构图，至少包含 3 个层次。
>
> （3）说明各个概念之间的逻辑关系和相互依赖性。
>
> （4）设计 1 个合理的学习序列，确保前后知识点的衔接性。
>
> （5）标注每个知识点的重要程度（如核心、重要、了解）。
>
> （6）指出 2~3 个关键的知识节点，解释为什么它们在整个知识结构中起关键作用。
>
> （7）设计 3~5 个横向联系，展示不同章节或单元之间的知识关联。
>
> （8）考虑［描述目标学生特征］，并解释这个知识结构如何符合学生的认知特点。
>
> （9）为教师提供 2~3 个建议，说明如何利用这个知识结构来组织教学。

2. 知识点展开提示语

在确定了整体的知识结构后，下一步就是要详细展开每个具体的知识点。知识点的展开不仅要准确传递信息，还要考虑如何激发学生的学习兴趣，促进深度理解和应用。

在设计知识点展开的提示语时，需要考虑以下几个方面：

（1）准确性：确保知识点的定义和解释是准确无误的。

（2）延伸性：适当拓展知识点，提供必要的背景和延伸信息。

（3）联系性：展示该知识点与其他知识点的联系。

（4）实用性：提供实际应用的例子或场景。

（5）趣味性：通过有趣的案例或故事增强学习兴趣。

（6）实践性：设计相关的实验、观察或操作活动。

（7）梯度性：考虑不同学习水平的学生需求。

基于以上考虑，提示语设计应遵循以下原则：

（1）要求 AI 详细阐述每个知识点的内容。

（2）强调知识点的准确性和科学性。

（3）注重理论与实践的结合。

（4）要求提供丰富的例子和应用场景。

（5）考虑不同学习水平的学生需求。

◎ **提示语示例：**

针对［学科］［年级］［具体知识点］，请详细展开其内容。要求：

（1）给出该知识点的准确定义和核心内容。

（2）解释与该知识点相关的 2～3 个重要概念或原理。

（3）提供该知识点的历史背景或发展过程（如适用）。

（4）设计 1 个简单的类比或比喻，帮助学生更容易理解该知识点。

（5）提供 3～4 个具体的例子或应用场景，说明该知识点的实际意义。

（6）指出该知识点与本学科其他 2～3 个知识点的联系。

（7）设计 1 个能够加深理解的小实验、观察活动或操作任务。

（8）提供 2～3 个不同难度的练习题，覆盖基础、中等和挑战级别。

（9）设计 1 个开放性问题或探究任务，鼓励学生进行深入思考。

（10）列出 2～3 个常见的学习误区或易错点，并提供相应的纠正建议。

（11）如果适用，提供 1～2 个与其他学科的联系点。

（12）为教师提供 2～3 个教学建议，说明如何更好地讲解和传授这个知识点。

3. 学科思维培养提示语

学科思维是学科核心素养的重要组成部分，体现了该学科独特的思考方式和问题解决方法。在教材编写中，通过合理设计内容和活动融入学科思维的培养，可以帮助学生更深入地理解和应用学科知识，同时提升他们的综合能力和创新能力，是提高教材质量的重要因素之一。

在设计学科思维培养的提示语时，需要考虑以下几个方面：

（1）思维特征：明确该学科特有的思维方式和特点。

（2）思维过程：展示学科思维的典型过程和步骤。

（3）思维工具：介绍该学科常用的思维工具和方法。

（4）思维训练：设计有针对性的思维训练活动。

（5）实际应用：提供学科思维在实际问题解决中的应用案例。

（6）跨学科思维：展示该学科思维与其他学科思维的联系。

（7）思维发展：考虑学科思维能力的逐步培养和提升。

🔍 **基于以上考虑，提示语设计应遵循以下原则：**

（1）强调学科特有的思维方式和方法。

（2）要求 AI 设计能培养学科思维的教学内容。

（3）注重思维训练的循序渐进。

（4）强调学科思维在解决实际问题中的应用。

（5）考虑跨学科思维的培养。

◎ **提示语示例：**

针对［学科］的以下核心思维方式：

1.［思维方式 1］

2.［思维方式 2］

3.［思维方式 3］

…………

请设计一系列贯穿全书的思维训练内容。要求：

（1）简要解释每种思维方式的特点和在该学科中的重要性。

（2）每种思维方式至少设计 3 个不同难度（基础、中等、高级）的训练任务。

（3）为每个训练任务提供详细的指导步骤和思考提示。

（4）设计 2~3 个真实情境或案例分析，让学生运用这些思维方式解决实际问题。

（5）创建 1 个贯穿整个学期的项目，要求学生综合运用多种学科思维方式。

（6）设计 3~5 个反思性问题，引导学生思考自己的思维过程和策略。

（7）提供 2~3 个将这些思维方式应用到其他学科或日常生活的例子。

（8）设计 1 个小组协作任务，鼓励学生通过讨论和合作来培养学科思维。

（9）提供评估学生思维能力发展的 3~5 种方法，包括形成性评估和总结性评估。

（10）为教师提供 5~8 个在日常教学中培养学生学科思维的小技巧或策略。

（三）教学支持的提示语设计

教学支持内容是教材编写过程中的重要组成部分，它涉及如何组织教材内容以便于教师教学和学生学习。完整的教材体系不仅包括核心知识内容，还涉及教材编排策略、分层教学支持和多媒体资源设计等多个维度。在 AI 辅助教材编写过程中，针对这些不同维度设计适当的提示语，可以帮助教材开发者更系统地考虑教材的整体结构和配套资源。

1. 教材编排策略提示语

教材的编排策略影响着学生的学习体验和教师的教学效果。合理的编排可以使教材结构清晰、逻辑连贯，便于学习和教学。

在设计教材编排策略的提示语时，需要考虑以下几个方面：

（1）结构布局：教材的整体结构和各章节的布局。

（2）内容组织：知识点的呈现顺序和逻辑关系。

（3）视觉设计：版面设计、字体选择、图标使用等。

（4）导航系统：目录、索引、页眉、页脚等辅助导航元素。

（5）学习辅助：设置复习提纲、小结、思考题等。

（6）难度梯度：安排内容难度的递进。

（7）跨学科联系：在编排中体现学科间的联系。

🔍 **基于以上考虑，提示语设计应遵循以下原则：**

（1）要求 AI 设计清晰、合理的教材结构。

（2）强调内容的逻辑性和连贯性。

（3）注重视觉设计对学习的促进作用。

（4）考虑学习辅助元素的设置。

（5）强调难度梯度的合理安排。

◎ **提示语示例：**

> 针对［学科］［年级］［教材名称］，请设计教材的整体编排策略。要求：
>
> （1）提供教材的整体结构框架，包括主要单元和章节（列出 10～15 个主要章节）。
>
> （2）为每个主要章节设计统一的内部结构，包括但不限于：
>
>   a. 章节导入。
>
>   b. 主要内容板块。
>
>   c. 案例或实例。
>
>   d. 小结或要点回顾。
>
>   e. 思考题或练习。
>
> （3）设计 1 个全书统一的页面布局，包括：

　　　　a. 版心设置。

　　　　b. 字体和字号的选择（正文、标题、注释等）。

　　　　c. 图表、插图的使用原则。

（4）设计贯穿全书的视觉元素，如图标系统、色彩方案等，并说明其寓意。

（5）提供 3~5 种提高教材可读性的设计元素（如文本框、侧边栏等）。

（6）设计教材的导航系统，包括目录结构、页眉、页脚、索引等。

（7）提供在教材中设置 5~8 种学习辅助元素的建议，如知识链接、拓展阅读、重点提示等。

（8）说明如何在编排中体现内容难度的递进（3~5 点建议）。

（9）设计 2~3 个体现跨学科联系的编排元素。

（10）提供 3~5 个增强教材趣味性和吸引力的编排建议。

（11）说明如何在教材中融入素质教育和核心素养的元素（4~6 点建议）。

　　2. 分层教学支持提示语

　　分层教学是一种重要的教学策略，其基本理念是基于学生之间存在的个体差异，可以通过提供不同难度和深度的学习内容和任务，满足不同学生的学习需求。提示语设计原则如下：

（1）要求 AI 设计适应不同学习水平的教材内容。

（2）强调内容呈现的层次性和可识别性。

（3）注重练习和资源的分层设计。

（4）包含不同学习路径的指导建议。

◎　提示语示例：

为［学科］［年级］［具体单元 / 章节］设计分层教材内容。要求：

（1）将教材内容分为 3 个层次：基础、提高和挑战，简要说明每个层次的特点和目标。

（2）对于核心知识点，分别提供 3 个层次的内容解释。

　　　　a. 基础层：基本概念和原理。

　　　　b. 提高层：深入解释和应用。

　　　　c. 挑战层：拓展知识和思考题。

（3）推荐 2~3 种适合每个层次的补充学习资源（如参考书、网络资源等）。

（4）设计 1 个分层的练习系统，包括：

　　　　a. 基础题（5~8 道）。

b. 提高题（3~5道）。

c. 挑战题（2~3道）。

3. 多媒体资源设计提示语

在数字化时代，教材不再局限于传统的纸质形式。多媒体资源的整合已成为现代教材的重要特征，有助于丰富学习内容，提供多感官体验，增强学习的互动性和趣味性。教材编写中的多媒体资源设计需要考虑如何有效地将这些资源与纸质内容结合，以支持学生的多样化学习需求和提升整体学习体验。

在设计多媒体资源的提示语时，需要考虑以下几个方面：

（1）资源类型：包括音频、视频、动画、交互式练习等多种形式。

（2）内容关联：确保多媒体资源与纸质教材内容紧密相连。

（3）功能定位：明确每种资源的教学功能和使用场景。

（4）接入方式：设计便捷的资源获取方式（如二维码、网址等）。

（5）交互设计：注重资源的互动性和参与度。

（6）技术适配：考虑不同设备和平台的兼容性。

（7）更新机制：设计资源的更新和维护方案。

🔍 **基于以上考虑，提示语设计应遵循以下原则：**

（1）要求 AI 设计多样化的多媒体教学资源。

（2）强调多媒体资源与纸质教材的紧密结合。

（3）注重资源的教学功能和使用便利性。

（4）考虑资源的互动性和技术实现。

◎ **提示语示例：**

为［学科］［年级］［具体单元/章节］设计配套的多媒体教学资源。要求：

（1）设计至少5种不同类型的多媒体资源，包括但不限于：

a. 音频材料（如朗读、音效等）。

b. 视频讲解。

c. 动画演示。

d. 交互式练习。

e. 虚拟仿真实验。

f. 增强现实（AR）内容。

（2）为每种资源提供 2~3 个具体示例，简要说明其内容和教学目的（50~80 字）。

（3）明确说明每个多媒体资源与纸质教材对应内容的关联，包括：

　　a. 对应的页码或章节。

　　b. 补充或强化的具体知识点。

　　c. 使用建议（如课前预习、课堂展示、课后复习等）。

（4）设计在纸质教材中放置的资源接入指引，例如：

　　a. 二维码的样式和位置建议。

　　b. 简洁明了的资源说明文字（20~30 字）。

（5）为每个资源设计 1~2 个互动元素，提升学生参与度。

（6）提供 2~3 个将多媒体资源整合到课堂教学中的具体建议。

（7）设计 1 个资源使用指南页面，帮助教师和学生快速了解所有可用的多媒体资源。

（8）考虑并列出 2~3 个可能出现的技术问题及其解决方案。

（9）提供 1 个资源更新计划，包括：

　　a. 更新频率建议。

　　b. 更新内容类型。

　　c. 通知用户的方式。

（10）设计 1~2 个利用多媒体资源的延伸学习活动。

（11）提供 3~5 个评估多媒体资源使用效果的方法。

（12）设计 1 个页面布局示例，展示如何在纸质教材中合理地呈现多媒体资源链接。

三、习题生成：题型设计、知识点覆盖、难度控制的提示语设计

习题是教材和教学资源中的重要组成部分。合理设计的习题可以帮助学习者巩固所学知识、应用理论概念、发展解决问题的能力，并为学习者提供客观评估。在教育资源开发过程中，习题设计需要与教学目标和内容紧密结合，以支持有效的学习过程。

习题的核心价值：

（1）知识内化：习题将抽象概念转化为具体应用，促进学生对知识的深度理解。

（2）能力培养：多样化的题型训练学生的不同认知能力，如分析、综合和评价能力。

（3）学习诊断：习题反馈帮助学生和教师识别学习中的强项和弱项。

（4）思维拓展：开放性问题激发创造性思维，培养学生的批判性思考能力。

（5）学习动力：适度挑战性的习题提高学习兴趣，激发自主学习动力。

优秀习题的特质：

（1）目标导向：紧密对应教学目标和核心素养要求。

（2）情境真实：贴近实际生活或科学实践的应用场景。

（3）层次分明：难度梯度合理，满足不同水平学生需求。

（4）思维激发：培养高阶思维能力，如批判性思维能力和创造力。

（5）知识关联：体现知识点间的联系，促进知识体系构建。

（6）形式多样：题型丰富，适应不同的学习风格和能力特点。

（7）评估科学：具有良好的效度和信度，准确反映学习效果。

（一）题型设计提示语

题型设计是影响学习体验和效果的重要因素。不同题型能够评估不同的认知能力和思维过程。在习题编写中，多样化的题型设计和合理分配有助于全面支持学习目标，相关设计原则可以考虑：

（1）设计多样化的题型。

（2）强调题型与学科特色的结合。

（3）注重通过题型设计培养学生的多种能力。

（4）要求合理分配不同题型的比例。

（5）鼓励创新性的变形设计。

◎ **提示语示例：**

为［学科］［年级］［具体单元／章节］设计一套综合习题，要求：

（1）题型设计：

a.包含至少6种不同类型的题目，如：选择题、填空题、简答题、计算题、应用题、探究题等。

b.对每种题型，说明其测试目标和所占比例。

c.确保题型覆盖布鲁姆认知目标分类的各个层次（记忆、理解、应用、分析、评价、创造）。

d.设计1～2个体现学科特色的创新题型，并说明其设计理念。

（2）每种题型的具体要求：

a.选择题：设计4个选项，包含至少1个具有干扰性的错误选项。

b. 填空题：对于重要概念，要求写出完整定义；对于公式，可适当隐去部分内容。

c. 简答题：要求学生用自己的话解释概念或现象，字数限制在 50～100 字。

d. 计算题：提供详细的解题步骤，注意单位的规范使用。

e. 应用题：基于实际生活场景，要求学生综合运用所学知识解决问题。

f. 探究题：设计开放性问题，鼓励学生提出假设、设计实验或论证过程。

（3）为每种题型提供 2～3 个具体的题目示例。

（4）设计 1～2 个需要学生合作完成的小组题目。

（5）在习题中融入 2～3 个培养核心素养的元素。

（6）提供每种题型的评分标准和参考答案。

（二）知识点覆盖提示语

在习题设计中，确保对教学中重要知识点的覆盖，不仅能帮助学生全面复习和巩固所学内容，还能凸显各知识点的重要性和联系。在设计知识点覆盖的提示语时，需要考虑以下几个方面：

（1）全面性：覆盖教学中的所有重要知识点。

（2）比例分配：根据知识点的重要性分配题目数量。

（3）知识点关联：设计能体现知识点之间联系的题目。

（4）重点突出：对核心知识点进行重点强化。

◎　提示语示例：

为［学科］［年级］［具体单元/章节］设计一套覆盖关键知识点的习题，要求：

（1）列出本单元/章节的所有重要知识点（至少 10 个），并按重要性分为核心、重要和一般三个级别。

（2）为每个知识点设计题目，数量如下：

　　a. 核心知识点：每个 5～7 题。

　　b. 重要知识点：每个 3～5 题。

　　c. 一般知识点：每个 1～3 题。

（3）在题目设计中体现知识点之间的联系，提供 3～5 个整合多个知识点的综合题。

（4）为每个核心知识点设计 1 个知识点强化小专题，包含：

　　a. 知识点概述（50～80 字）。

　　b. 3～5 个针对性练习题。

c. 1 个应用实例。

（5）设计 1 个知识点分布图，直观显示各知识点的题目分布情况。

（6）提供 2~3 个跨章节 / 单元的题目，体现知识点的螺旋上升。

（7）为每个知识点标注其在教材中的对应页码，方便学生查阅。

（8）设计 3~5 个能反映知识体系结构的题目（如概念图、知识树等）。

（9）提供 1 个知识点覆盖检查表，确保没有遗漏重要内容。

（10）设计 1~2 个开放性问题，鼓励学生对知识点进行拓展思考。

（11）说明如何通过习题设计体现教材的知识结构和逻辑关系（100~150 字）。

（12）提供 3~5 条关于如何利用这些习题进行知识点复习和巩固的建议。

（三）难度控制提示语

习题的难度控制是确保习题效果的关键因素。合理的难度梯度可以让学生在挑战中进步，同时避免挫败感。在教育培训中，如何设计难度适中、梯度合理的习题集是关键。图 9-3 是难度控制与认知层次之间的递进关系，横轴表示认知层次从记忆到评价的五个递进阶段，纵轴表示题目难度从低到高的变化。在设计难度控制的提示语时，需要考虑以下几个方面：

（1）难度分级：设置基础、中等、挑战三个难度级别。

（2）梯度设计：确保难度的平稳递进。

（3）能力层次：根据布鲁姆教育目标分类法设计不同难度的题目。

（4）区分度：确保题目能有效区分不同学习水平的学生。

（5）挑战性：在保证基本题量的同时，提供足够多的挑战性题目。

（6）自适应：考虑设计允许学生自主选择难度的机制。

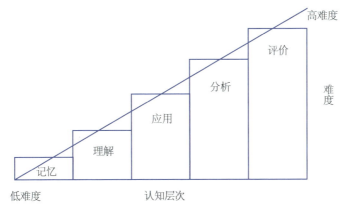

图 9-3　难度控制与认知层次递进

◎ 提示语示例：

> 为［学科］［年级］［具体单元/章节］设计一套难度合理的习题集，要求：
>
> （1）将习题分为基础、中等、挑战三个难度级别，每个级别的题目比例分别为 50%、30%、20%。
>
> （2）对于每个难度级别，提供：
>
> 　　a. 难度级别的界定标准（50～80 字）。
>
> 　　b. 3～5 个示例题目。
>
> 　　c. 该难度级别主要培养的能力。
>
> （3）设计 1 个难度递进的题组（5～8 题），展示如何实现平稳的难度过渡。
>
> （4）根据布鲁姆教育目标分类法，为每个难度级别设计对应的题目：
>
> 　　a. 基础级：知识、理解层面。
>
> 　　b. 中等级：应用、分析层面。
>
> 　　c. 挑战级：评价、创造层面。
>
> （5）提供 2～3 个具有良好区分度的题目示例，并说明其区分度设计思路。
>
> （6）设计 5～8 道挑战性题目，并说明每道题的挑战点。
>
> （7）建立 1 个难度自适应机制，允许学生根据自身水平选择题目，描述其运作方式。
>
> （8）设计 1 个难度分布图，直观显示习题集的难度分布情况。
>
> （9）提供 3～5 条关于如何利用这套习题进行分层教学的建议。
>
> （10）设计 2～3 个综合性题目，要求在一道题中包含不同难度的小问题。
>
> （11）说明如何通过题目设置引导学生逐步提高解题能力（100～150 字）。
>
> （12）提供 1 个难度评估量表，帮助教师或学生评估题目的实际难度。

四、评价反馈：学情诊断、个性化反馈、激励机制的提示语设计

在教育培训领域，评价反馈是教学过程的重要组成部分。合理设计的评价反馈机制能够帮助学习者了解自己的学习情况，提供改进方向，并在一定程度上增强学习动力，为后续学习提供参考指导。本节将从学情诊断、个性化反馈和激励机制三个维度（见图 9-4），探讨评价反馈的提示与设计策略。

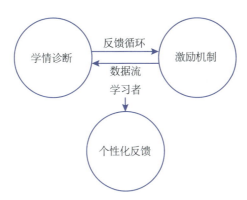

图 9-4　教育培训中的评价反馈

（一）学情诊断提示语设计

学情诊断是评价反馈的基础，它需要全面、准确地分析学生的学习状况，为后续的个性化反馈和激励机制提供依据。

🔑 **设计学情诊断提示语的关键策略：**

（1）多维度数据整合：指导 AI 收集和分析学习行为、作业表现、测试结果等多源数据。

（2）能力图谱构建：引导 AI 绘制学生的知识结构和能力发展图谱。

（3）学习模式识别：帮助 AI 识别学生的学习风格、习惯和偏好。

（4）问题归因分析：指导 AI 深入分析学习困难的根源。

（5）进展追踪：设计长期学习进展的跟踪机制。

◎ **提示语示例：**

> 为［学科］［年级］［具体单元 / 章节］设计一个全面的学情诊断系统，要求：
>
> （1）设计 1 个多维度的学习数据收集方案，包括：
>
> 　　a. 课堂参与度指标（列出 3~5 个关键指标）。
>
> 　　b. 作业完成质量评估标准（提供 4~6 个评估维度）。
>
> 　　c. 测试表现分析框架（涵盖 5~7 个分析角度）。
>
> 　　d. 学习行为数据采集点（指定 6~8 个关键数据采集点）。
>
> （2）创建 1 个动态能力图谱模板，包含：
>
> 　　a. 核心知识点掌握程度的可视化方案。
>
> 　　b. 关键能力发展轨迹的呈现方式。

　　　　c. 学习进度与预期目标的对比机制。

（3）设计 1 个学习风格识别算法，考虑：

　　　　a. 4~5 种主要学习风格的特征描述。

　　　　b. 行为指标与学习风格的映射关系。

　　　　c. 学习风格判定的量化标准。

（4）开发 1 个错误模式分析系统，包括：

　　　　a. 常见错误类型的分类（至少 8~10 种）。

　　　　b. 错误频率和严重程度的量化方法。

　　　　c. 错误原因推断的逻辑框架。

（5）构建 1 个学习策略评估模型，涵盖：

　　　　a. 5~7 种核心学习策略的定义和特征。

　　　　b. 策略使用效果的评估指标。

　　　　c. 策略优化建议的生成逻辑。

（6）设计 1 个综合学情诊断报告模板，包含：

　　　　a. 整体学习状况摘要（100~150 字）。

　　　　b. 优势领域分析（3~4 点）。

　　　　c. 需改进领域识别（3~4 点）。

　　　　d. 学习风格和策略建议（4~5 点）。

　　　　e. 未来学习重点和目标建议（3~4 点）。

（7）提供 2~3 个基于诊断结果的个性化学习路径建议。

（8）设计 1 个可视化面板，直观展示学情诊断的关键结果。

（9）制定 1 个诊断准确性评估和持续优化的机制。

（二）个性化反馈提示语设计

　　个性化反馈旨在将学习情况的诊断结果转化为具体的学习建议。有针对性的反馈通常可以帮助学习者识别需要改进的方面，并提供一些可能的学习策略参考。

　　个性化反馈提示语的创新策略：

　　（1）反馈结构模板：设计全面的反馈结构模板，确保反馈内容的完整性和系统性。

　　（2）语言风格指导：提供不同语言风格的指导，以适应不同年龄段和学习阶段的学生需求。

（3）数据解释框架：创建将学习数据转化为有意义反馈的解释框架。

（4）建议生成机制：设计基于学生表现生成具体改进建议的机制。

（5）正面强化策略：融入正面强化的策略，指出不足和鼓励进步。

◎ 提示语示例：

请为［学科］［年级］［具体学生］设计个性化反馈内容，要求：

（1）反馈结构设计：

    a. 创建 1 个反馈模板，包含以下部分。

       – 总体表现概述（30~50 字）。

       – 优势领域分析（2~3 点）。

       – 需改进领域（2~3 点）。

       – 具体改进建议（3~4 点）。

       – 鼓励性结语（20~30 字）。

    b. 为每个部分提供 2~3 个写作指导要点。

（2）语言风格指南：

    a. 提供 3 种不同的语言风格示例（如鼓励型、指导型、激励型）。

    b. 列出 10~15 个积极、鼓励性的关键词或短语。

    c. 提供 5~7 个避免使用的消极或打击性表达。

（3）基于学情的反馈定制：

    a. 设计 1 个决策树，指导如何根据学生的具体表现选择反馈重点。

    b. 提供 3~5 个常见学习问题的反馈模板。

    c. 创建 1 个将诊断结果转化为具体建议的指导框架。

（4）改进建议生成器：

    a. 为 5~7 个常见的学习困难提供具体的改进策略库。

    b. 设计 1 个根据学生强项推荐发展方向的逻辑框架。

    c. 提供 3~4 个设定可达成短期目标的方法。

（5）反馈的时机和频率建议：

    a. 列出 3~5 个适合提供反馈的关键时间点。

    b. 提供不同类型反馈（如日常反馈、阶段性反馈）的频率建议。

    c. 设计 1 个确保反馈持续性和连贯性的计划。

（6）反馈效果跟踪：

    a. 设计 3~4 个评估反馈效果的指标。

b. 提供 2~3 种收集学生对反馈的回应方法。

c. 创建 1 个反馈调整和优化的循环模型。

（7）家长沟通策略：

a. 设计 1 个将学生反馈转化为家长沟通内容的框架。

b. 提供 3~5 个与家长分享学生学习进展的有效方式。

c. 列出 2~3 个促进家校合作的建议。

（8）反馈内容的可视化建议：

a. 提供 2~3 个可视化学生进步的图表或图示模板。

b. 设计 1 个简洁的反馈总结卡片模板。

c. 建议 1~2 种将长期进展可视化的方法。

（9）创新反馈方式：

a. 提出 2~3 种新颖的反馈呈现方式（如音频反馈、视频反馈）。

b. 设计 1 个将反馈融入日常教学的策略。

c. 建议 1~2 种利用技术增强反馈效果的方法（如 AR 增强现实）。

（10）教师培训建议：

a. 列出 5~7 个提高教师个性化反馈能力的关键点。

b. 设计 1 个简短的教师自评量表，帮助改进反馈质量。

c. 提供 2~3 个提高反馈效率的实用技巧。

（三）激励机制提示语设计

激励机制是评价反馈系统中可以考虑的补充要素，适当的激励因素能够对学习者的学习动力产生一定的积极影响。在教育资源设计中，激励要素可以通过多种方式呈现，如进度可视化、成就标记或积极的反馈语言等。这类设计应当基于教育心理学的基本原理，注重激励的适度性和多样性，并将重点保持在学习本身而非外在奖励上。

激励机制提示语的创新策略：

（1）动态目标设定：根据学生的学习进度和能力水平，动态调整学习目标，保持适度挑战。

（2）个性化奖励：基于学生的兴趣和动机分析，设计个性化的奖励方案。

（3）社交化激励：引入同伴激励和群组竞争等社交元素，增强学习的互动性和趣味性。

（4）进度可视化：通过生动的可视化方式展示学习进度和成就，增强成就感。

（5）智能提醒和干预：设计智能提醒系统，在学习动力下降时及时进行干预。

◎ **提示语示例：**

为［学科］［年级］［具体单元／章节］设计一个智能激励机制，要求：

（1）创建1个动态目标设定系统，包括：

  a. 设计3~4个层次的学习目标模板。

  b. 制定目标难度动态调整的算法逻辑。

  c. 提供2~3种目标达成度的评估方法。

（2）开发1个个性化奖励系统，要求：

  a. 设计5~7种不同类型的奖励（如徽章、积分、奖品等）。

  b. 创建1个学生兴趣与奖励类型的匹配矩阵。

  c. 提供3~4个奖励发放的时机和频率建议。

（3）构建1个社交化激励模块，包含：

  a. 设计2~3种同伴互助机制。

  b. 创建1个小组竞赛系统，包括规则和奖励设置。

  c. 提供1~2个促进学习社区互动的功能。

（4）设计1个学习进度可视化系统，要求：

  a. 创建3~4种进度展示的图表模板。

  b. 设计1个虚拟成长系统（如知识树、技能图谱等）。

  c. 提供2~3种方式将长期进步可视化。

（5）开发1个智能提醒和干预系统，包括：

  a. 设定4~5个需要干预的关键触发点。

  b. 创建3~4种不同强度的干预措施。

  c. 设计1个干预效果评估和调整机制。

（6）创建1个激励效果分析系统，包含：

  a. 创建4~5个衡量激励效果的关键指标。

  b. 提供学生激励偏好的分析方法。

  c. 设计激励策略的A/B测试。

（7）设计2~3个长期激励策略，培养学生的内在动机。

（8）提供1个家长参与的激励机制设计，包括3~4个具体建议。

（9）创建1个激励机制的管理界面原型，便于教师监控和调整。

（10）设计1个确保激励公平性和避免过度竞争的机制。

第10章

文学创作中的提示语设计

不同于技术领域的任务分解与逻辑推进，文学创作更多地依赖于想象力、情感和表达方式。本章将探讨在小说、诗歌、剧本等不同类型的文学创作中，如何通过提示语的设计来激发创意、塑造人物、推动情节发展，并营造独特的情感与场景氛围，进而构建更为生动的文学作品。

一、小说创作：人物、情节、场景的提示语设计

小说创作涵盖了人物塑造、情节发展和场景描绘等多个方面，提示语的设计可以有效引导生成连贯的故事。本节将探讨如何通过有效的提示语设计，塑造鲜明的人物形象、构建紧凑的情节结构，并描绘出富有表现力的场景，以提升小说创作的质量。

（一）人物提示语设计

人物塑造的核心在于创作具有真实感和复杂性的角色，而真正吸引人的角色往往具备多层次的特质，包括表层特征（如外貌、职业）、中层特征（如性格、行为模式）和核心特征（如价值观、内在动机）。基于此，我们提出人物提示语设计的"多维度特质构建"框架（Multi-dimensional Personality Design for Character Simulation，MPDCS），融合了心理学的大五人格模型、戏剧理论中的角色原型以及社会学的身份理论。

- 大五人格模型：开放性、尽责性、外倾性、宜人性、神经质。
- 角色原型：英雄、反派、导师、助手等。
- 身份理论：社会角色、个人特质、价值观念。

多层次特质分析：

- 表层特征：外貌、职业、社会地位等。
- 中层特征：性格特点、行为模式、人际关系等。
- 核心特征：价值观、内在动机、信念系统等。

由此衍生的提示语设计方法论是 MPDCS 模型，该模型包含五个关键维度，每个维度都涵盖了表层、中层和核心特征（见表 10-1）。

表 10-1　MPDCS 模型人物构建核心维度表

维度	表层特征	中层特征	核心特征
核心特质 （Core Traits）	性别、年龄、种族、外貌	大五人格特征、主要性格特点	核心价值观、世界观
背景故事 （Background Story）	出生地、教育背景	成长环境、关键生活经历	形成价值观的关键事件
动机与目标 （Motivations and Goals）	短期目标	长期目标	内在动机、人生使命
关系网络 （Relationship Network）	家庭关系、职场关系	朋友关系、恋人关系	影响价值观的关键人物
成长轨迹 （Growth Trajectory）	当前外在环境、可能的环境变化	当前能力/技能、潜在成长方向	价值观/信念的演变、成长障碍

MPDCS 模型人物设计提示语模板：

请根据以下 MPDCS 模型设计一个小说人物。

（1）核心特质（Core Traits）：

　　a. 表层特征

　　－性别：[ ]。

　　－年龄：[ ]。

　　－种族：[ ]。

　　－外貌特点：[描述 2~3 个显著的外貌特征]。

b.中层特征

　– 主要性格特点：[列出 3~5 个关键词]。

　– 大五人格得分（1~10 分）：

　　开放性：[ ]；尽责性：[ ]；外向性：[ ]；宜人性：[ ]；神经质：[ ]。

c.核心特征：

　– 核心价值观：[描述角色最重要的 1~2 个价值观]。

　– 世界观：[简要描述角色如何看待世界]。

（2）背景故事（Background Story）：

a.表层特征：

　– 出生地：[ ]。

　– 教育背景：[ ]。

b.中层特征：

　– 成长环境：[简要描述]。

　– 关键生活经历：[列出 2~3 个塑造性格的重要事件]。

c.核心特征：

　– 形成价值观的关键事件：[描述 1~2 个对角色世界观、价值观产生重大影响的事件]。

（3）动机与目标（Motivations and Goals）：

a.表层特征：

　– 短期目标：[列出 1~2 个]。

b.中层特征：

　– 长期目标：[列出 1~2 个]。

c.核心特征：

　– 内在动机：[描述驱动角色的核心动力]。

　– 人生使命：[如果有的话，描述角色认定的人生使命]。

（4）关系网络（Relationship Network）：

a.表层特征：

　– 家庭关系：[简要描述]。

　– 职场关系：[如果适用，简要描述]。

b.中层特征：

　– 朋友/同事：[列出 2~3 个关键人物及关系]。

　– 恋人/伴侣：[如果有的话，描述关系状况]。

c. 核心特征：

－影响其价值观的关键人物：[描述 1~2 个对角色世界观、价值观产生重大影响的人]。

－潜在冲突：[描述可能引发冲突的关系]。

（5）成长轨迹（Growth Trajectory）：

a. 表层特征：

－当前外在环境：[描述角色目前所处的环境]。

－可能的环境变化：[预测 1~2 个可能的外在变化]。

b. 中层特征：

－当前能力／技能：[列出角色的主要能力或技能]。

－潜在成长方向：[列出 1~2 个可能的能力提升方向]。

c. 核心特征：

－价值观／信念的演变：[描述角色核心信念可能的变化方向]。

－成长障碍：[描述阻碍角色成长的内外因素]。

基于以上信息，请生成一个 800 字左右的人物简介，包括外貌描述、性格特点、行为模式、内心世界，以及一个能体现角色多层次特性的典型场景。在描述中，请特别注意展现角色表层特征、中层特征和核心特征之间的关联和冲突。

（二）情节提示语设计

情节是小说的骨架，是推动故事发展的核心动力，关键要素包括：

（1）情节节点（Plot Nodes）：情节节点是故事中的关键事件或转折点。从认知心理学的角度来看，这些节点往往对应着读者注意力的峰值和情感投入的高点。

（2）情节路径（Plot Paths）：情节路径是连接各个情节节点的可能线索，定义了故事发展的可能方向。多条情节路径的存在为故事提供了丰富性和不确定性。

（3）情节细化（Plot Elaboration）：情节细化是对情节节点和路径的深入描述和扩展，强调通过增加细节来增强系统的稳定性和真实感。在小说中，细化过程能够增加故事的深度和可信度。

（4）情节连接（Plot Connections）：情节连接关注的是不同情节元素之间的逻辑关系和情感联系，有效的情节连接能够创造出复杂的因果网络，增强故事的连贯性和说服力。

由此衍生的情节提示语设计方法论是 NEPC 模型（Node-Elaboration-Path-Connection），该模型涵盖了情节构建的四个核心维度（见表 10-2）。

表 10-2　NEPC 模型情节构建核心维度表

维度	核心问题	关键考虑点	相关技巧
N- 节点 （Nodes）	故事的关键转折点是什么？	冲突升级，人物决策，外部事件	反转技巧，高潮设计，危机创造
E- 细化 （Elaboration）	如何丰富情节细节？	背景描述，人物互动，内心活动	场景构建，对话设计，心理描写
P- 路径 （Paths）	情节可能如何发展？	多重可能性，因果关系，选择点	分支叙事，蝴蝶效应，平行世界
C- 连接 （Connections）	如何使情节连贯？	因果链构建，主题一致性，伏笔设置	循环呼应，象征手法，线索编织

NEPC 模型情节设计提示语模板：

请使用以下 NEPC 模型设计一个小说情节：

（1）节点（Nodes）：

　　a. 开场设置：

　　　– 主要冲突：［描述推动整个故事的主要冲突］。

　　　– 核心问题：［阐述故事试图探讨的核心问题］。

　　b. 关键转折点（至少 3 个）：

　　　– 转折点 1：［描述第一个主要情节转折］。

　　　– 转折点 2：［描述第二个主要情节转折］。

　　　– 转折点 3：［描述第三个主要情节转折］。

　　c. 高潮：

　　　– 核心冲突：［描述故事高潮时的核心冲突］。

　　　– 情感峰值：［描述高潮时的情感强度和类型］。

　　d. 结局：

　　　– 解决方式：［描述如何解决主要冲突］。

　　　– 余波：［描述结局后的影响或未解问题］。

（2）细化（Elaboration）：

　　a. 场景描述：

　　　– 环境：［描述场景的物理环境］。

　　　– 氛围：［描述场景的情感氛围］。

　　b. 角色反应：

　　　　－外在行为：［描述角色的可观察行为］。

　　　　－内心活动：［描述角色的思想和情感变化］。

　　　c. 细节增强：

　　　　－感官描述：［添加视觉、听觉、嗅觉等感官细节］。

　　　　－象征元素：［如果有，添加具有象征意义的物品或现象］。

（3）路径（Paths）：

　　　a. 主要情节路径：

　　　　－因果链：［描述主要事件之间的因果关系］。

　　　　－时间线：［概述故事的时间跨度和主要时间点］。

　　　b. 次要情节路径（至少 1 条）：

　　　　－副线内容：［描述与主线并行发展的次要情节］。

　　　　－交叉点：［说明次要情节如何与主线交叉］。

　　　c. 可能的分支：

　　　　－分支点：［指出故事可能出现分支的关键决策点］。

　　　　－潜在结果：［描述不同决策可能导致的不同结果］。

（4）连接（Connections）：

　　　a. 主题连接：

　　　　－核心主题：［阐述贯穿全文的中心思想］。

　　　　－主题体现：［说明主题如何在不同情节中体现］。

　　　b. 人物弧光：

　　　　－主角成长：［描述主角在故事中的成长轨迹］。

　　　　－关系演变：［描述主要角色间关系的变化］。

　　　c. 因果关联：

　　　　－伏笔设置：［列出故事前期埋下的伏笔］。

　　　　－伏笔回应：［说明这些伏笔在后期如何得到回应］。

　　　d. 情感连接：

　　　　－情感基调：［描述贯穿全文的基本情感基调］。

　　　　－情感变化：［说明情感如何随情节发展而变化］。

基于以上框架，请生成一个 1 500 字左右的详细情节大纲，包括：

（1）故事梗概（300 字左右）。

（2）每个关键节点的详细描述（每个节点 200 字左右，共 5 个）。

（3）主要情节路径的因果链分析（200 字左右）。

（4）一个次要情节路径的描述及其与主线的关系（200 字左右）。

（5）主题分析和人物弧光描述（200 字左右）。

在设计过程中，请特别注意各个要素之间的有机联系，确保情节具有连贯性、复杂性和主题一致性。同时，考虑如何通过情节设计来凸显人物特性，推动人物成长，增加故事的深度和吸引力。

（三）场景提示语设计

场景是小说中故事发生的具体环境，它不仅为人物和情节提供了物理空间，还能够塑造氛围、反映主题、推动情节发展。场景提示语的构成包括以下维度：

（1）多感官描述（Multi-sensory Description）：根据认知心理学研究，人类通过多种感官来感知环境。在场景描写中，不仅要关注视觉元素，还要包括听觉、嗅觉、触觉甚至味觉的描述，以创造全方位的沉浸感。

（2）空间动态性（Spatial Dynamics）：场景不只是静态的背景，而应是随着情节发展和人物活动而变化的动态空间，这包括空间的物理变化和人物在空间中的移动。

（3）情感共鸣（Emotional Resonance）：物理环境会影响人的情绪和行为，因此，场景描写应该与人物情感和故事氛围产生共鸣，强化整体叙事效果。

（4）符号象征（Symbolic Representation）：场景中的元素可以作为符号，象征更深层的主题或隐喻。这一概念源自文学批评理论，能够增加场景描写的深度和内涵。

（5）互动性（Interactivity）：借鉴虚拟现实技术的理念，优秀的场景描写应该让读者感觉他们可以与环境互动，而不仅仅是被动的观察者。

由此衍生的场景提示语设计方法论是 VISTA 模型（Visualization-Immersion-Symbolism-Transformation-Atmosphere），该模型可以系统化地设计和优化小说场景（见表 10-3）。

表 10-3　VISTA 模型场景构建核心维度表

维度	核心问题	关键考虑点	相关技巧
V- 视觉元素（Visualization）	如何让读者看到场景？	空间布局，色彩运用，光影效果	焦点描述，全景扫描，细节特写
I- 沉浸感（Immersion）	如何让读者感受场景？	多感官描述，环境互动，情感共鸣	感官调动，人物反应，环境细节

续表

维度	核心问题	关键考虑点	相关技巧
S- 象征性 （Symbolism）	场景如何体现深层含义？	主题映射，情感隐喻， 文化符号	物品象征，环境对比， 重复元素
T- 转化 （Transformation）	场景如何随剧情变化？	时间流逝，情节推进， 心理变化	季节更替，场景对比， 心境映射
A- 氛围 （Atmosphere）	如何营造特定氛围？	整体基调，情感渲染， 悬念制造	天气变化，光线变化， 声音设计

🔑 VISTA 模型场景设计提示语模板：

请使用以下 VISTA 模型设计一个小说场景：

（1）视觉元素（Visualization）：

　　a. 整体布局：［描述场景的整体构图和空间布局］。

　　b. 焦点对象：［描述场景中 2 ~ 3 个最吸引眼球或最重要的视觉元素］。

　　c. 色彩方案：［描述主要的色彩搭配和可能的象征意义］。

　　d. 光线效果：［描述光线的来源、强度、色调及其变化］。

（2）沉浸感（Immersion）：

　　a. 听觉元素：［描述场景中的声音，包括背景音和特定声响］。

　　b. 嗅觉元素：［描述场景中的气味，及其可能引发的联想］。

　　c. 触觉元素：［描述温度、质地等可触摸的感受］。

　　d. 味觉元素：［如果适用，描述可能的味道］。

　　e. 动态元素：［描述场景中的动态元素，如风、水流等］。

（3）象征性（Symbolism）：

　　a. 核心象征：［选择一个场景中的核心元素，阐述其象征意义］。

　　b. 隐喻关系：［解释场景如何隐喻人物关系或情节发展］。

　　c. 主题呼应：［说明场景如何呼应或强化故事的主题］。

　　d. 情感投射：［描述场景如何反映人物的内心状态］。

（4）转化（Transformation）：

　　a. 时间变化：［描述场景随时间推移的变化，如光线、活动等］。

　　b. 事件影响：［说明某个事件如何改变场景的某些元素］。

　　c. 人物互动：［描述人物如何与场景互动，以及由此产生的变化］。

　　d. 焦点转移：［说明视角或注意力如何在场景中移动］。

（5）氛围（Atmosphere）：

　　a. 整体基调：[用 3～5 个形容词描述场景的整体氛围]。

　　b. 情绪渲染：[解释场景如何营造特定的情绪]。

　　c. 张力来源：[描述场景中创造张力或冲突的元素]。

　　d. 节奏控制：[说明如何通过场景描述控制叙事节奏]。

基于以上框架，请生成一个 800 字左右的详细场景描写，包括：

（1）开场总体印象（100 字左右）。

（2）多感官细节描述（300 字左右）。

（3）象征意义和氛围营造（200 字左右）。

（4）场景变化和人物互动（200 字左右）。

在设计过程中，请特别注意：

（1）场景描写与人物情感和情节发展相呼应。

（2）多感官元素的平衡和协调。

（3）动态描写与静态描写的结合。

（4）象征意义的自然融入。

（5）场景描写如何推动情节发展或深化人物形象。

二、诗歌创作：意象、情感、韵律的提示语设计

诗歌是一种高度凝练且富有表现力的文学形式。在设计诗歌创作的提示语时，可以考虑诗歌创作的多维特点，包括意象构建、情感表达和韵律结构等。

1. 意象维度

意象表达是诗歌的核心表现手段，是感官体验与抽象概念表现的结合。意象不仅是视觉的，还可以涉及多感官体验，有效的意象能够唤起读者的联想和情感共鸣，通常具有以下特征：

（1）具体性：能够唤起读者的感官体验。

（2）关联性：能够引发读者丰富的联想。

（3）原创性：能够呈现新颖的表达视角。

（4）象征性：能够承载更深层的含义。

2. 情感维度

情感是诗歌的灵魂。根据情感心理学研究，诗歌中的情感可以分为显性情感和隐性情感，表达往往通过以下方式实现：

（1）直接陈述：明确表达情感状态。

（2）意象映射：通过外部事物折射内心情感。

（3）情感隐喻：使用比喻来传达复杂情感。

（4）语气和语调：通过语言的节奏和语气来传达情感。

3. 韵律维度

韵律包括音韵和节奏，是诗歌的音乐性所在。语言学研究表明，韵律不仅能增强诗歌的美感，还能强化意象和情感的表达。不同的韵律模式可以唤起不同的情感反应。诗歌的韵律美主要体现在：

（1）韵脚：行末音的和谐统一。

（2）节奏：音节的有规律排列。

（3）音响效果：谐音、叠音等音响修饰。

（4）结构平衡：诗行结构的对称或变化。

这几个维度相互交织，共同构成了诗歌的艺术魅力。在 AI 辅助创作中，可将 IER 模型（Imagery-Emotion-Rhythm）作为诗歌创作提示语设计的框架。表 10-4 分别列出了每个维度的核心问题、关键考虑点和相关技巧，为诗歌创作的提示语设计提供系统化参考，引导 AI 创作出富有意象美、情感深度和韵律之美的诗歌。

表 10-4　IER 模型诗歌构建核心维度表

维度	核心问题	关键点	相关技巧
I- 意象（Imagery）	如何创作鲜活的意象？	感官体验，隐喻运用，意象关联	多感官描述，意象组合，通感手法
E- 情感（Emotion）	如何传达深刻的情感？	情感层次，情感转化，普遍共鸣	情感渐进，反衬手法，情景交融
R- 韵律（Rhythm）	如何构建优美的韵律？	音韵和谐，节奏变化，形式创新	押韵技巧，重复变奏，音步设计

🔑　**IER 模型诗歌创作提示语模板：**

请使用以下 IER 模型创作一首诗：

（1）意象（Imagery）：

　　a. 核心意象：［描述 1～2 个贯穿全诗的核心意象］。

　　b. 感官描绘：

　　　－视觉：［描述 1～2 个视觉元素］。

　　－听觉：[描述 1 个听觉元素]。

　　－触觉／嗅觉／味觉：[描述 1~2 个其他感官元素]。

　c. 意象关联：[描述核心意象与其他意象的关联方式]。

　d. 象征寓意：[说明核心意象的深层含义或象征意义]。

（2）情感（Emotion）：

　a. 情感基调：[描述诗歌的主要情感色彩]。

　b. 情感发展：[描述情感如何在诗中展开或变化]。

　c. 情感表达方式：

　　－直接表达：[如果有，给出直接表达情感的词句示例]。

　　－隐喻表达：[给出用于传达情感的 1~2 个隐喻]。

　d. 情感与意象的结合：[说明情感如何通过意象来体现]。

（3）韵律（Rhythm）：

　a. 诗歌形式：[指定诗歌形式，如自由诗、十四行诗、古体诗等]。

　b. 韵脚方案：[如果使用韵脚，描述韵脚安排]。

　c. 节奏设计：

　　－音步安排：[描述主要的节奏模式]。

　　－长短句配比：[说明长句和短句的使用策略]。

　d. 音响效果：[指定 1~2 种音响修辞手法，如头韵、尾韵、叠音等]。

（4）主题与结构：

　a. 核心主题：[简述诗歌要表达的核心思想]。

　b. 结构安排：[描述诗歌的整体结构，如起承转合]。

　c. 首尾呼应：[如果需要，说明首尾呼应的方式]。

（5）创新元素：

　描述 1~2 个有创意的元素，可以是新颖的意象组合、独特的韵律尝试等。

基于以上框架创作一首诗，长度在 20~30 行。在创作过程中，请特别注意：

（1）意象的原创性和关联性。

（2）情感表达的深度和细腻度。

（3）韵律的和谐与变化。

（4）主题的贯穿与升华。

（5）整体艺术效果的呈现。

创作完成后，请简要分析（100 字左右）这首诗是如何运用 IER 模型中的各个元素的。

三、剧本创作：想、构、塑、绘、优的提示语设计

戏剧剧本作为一种独特的文学形式，其创作过程与小说、诗歌有着显著的区别。剧本的核心在于它是为舞台呈现而创作的。因此，在设计戏剧剧本创作的提示语时，应遵循以下核心原则：

1. 对话主导原则：强调通过对话推动情节发展和揭示人物性格。
2. 可视化原则：提示语应引导 AI 考虑剧本的视觉呈现效果。
3. 冲突聚焦原则：突出戏剧冲突，使其成为剧本的核心驱动力。
4. 舞台适应原则：考虑舞台的物理限制和表现可能性。
5. 观众体验原则：关注如何通过剧本设计引导观众情感反应。

具体来看，剧本创作可以分为六个主要阶段（见图 10-1）：初始化、创意生成、结构设计、角色开发、场景创作和优化迭代。每个阶段都有其特点和重点，需要有针对性地设计提示语。

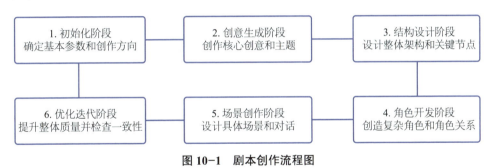

图 10-1　剧本创作流程图

（一）初始化阶段

初始化阶段是确定剧本基本参数的关键阶段，为后续创作奠定基础。这个阶段需要全局思考，考虑剧本的整体定位和目标。提示语可采用"参数设定 + 目标明确 + 约束条件"的框架。

提示语设计逻辑：应引导 AI 明确剧本的主题、背景和主要人物，同时为后续情节提供框架。

◎　提示语示例：

初始化剧本创作参数：
（1）类型选择：
　　a.选择一个主要类型（如悲剧、喜剧、正剧等）。

b.如果有，添加一个次要类型。

（2）规模定义：

a.确定幕数（如独幕剧、三幕剧等）。

b.给出每一幕大致的时长。

（3）目标受众：

a.定义主要目标观众群（年龄段、兴趣等）。

b.考虑是否有特定的文化或社会背景要求。

（4）创作目标：

a.确定剧本要传达的核心主题或信息。

b.设定期望达到的观众情感反应或思考效果。

（5）创作约束：

a.列出任何特定的创作要求（如特定的历史背景、演员数量限制等）。

b.确定是否有任何禁忌或需要避免的元素。

请用 300 字概述你的初始化剧本创作参数，包括类型、规模、目标受众、创作目标和创作约束条件。

（二）创意生成阶段

创意生成阶段是剧本构思的萌发期，重点在于生成独特而富有戏剧性的核心创意。这个阶段需要开放性思维，同时需要考虑创意的舞台可行性。提示语设计可采用"主题探索 + 冲突设定 + 创新元素"的框架。

提示语设计逻辑：

（1）应激发创造性思维，引导 AI 多角度思考。

（2）引导 AI 思考核心冲突和戏剧性元素。

（3）将抽象概念与具体舞台呈现相结合。

◎　提示语示例：

创作一个舞台剧的核心创意：

（1）选择一个当代社会议题作为主题（如科技伦理、身份认同等）。

（2）提出三种可能的戏剧性冲突，每种都应包含：

a.个人层面的矛盾。

b.社会层面的对抗。

（3）设想一个创新的舞台呈现方式，包括但不限于：

a. 非常规的舞台布置。

b. 新颖的叙事手法。

c. 观众互动的独特方式。

（4）描述这个创意如何在有限的舞台空间内实现最好效果的视觉呈现和情感冲击。请用 300 字左右概述你的创意，包括主题、核心冲突和创新呈现方式。

（三）结构设计阶段

结构设计阶段关注剧本的整体结构和节奏设计，这个阶段需要平衡戏剧张力、情节发展和主题表达，同时考虑舞台演出的实际需求。提示语设计可采用"结构设计＋转折点设置＋节奏控制"的框架。

提示语设计逻辑：

（1）强调清晰的结构设计。

（2）注重戏剧张力的递进。

（3）考虑舞台变换的可行性。

（4）确保主题贯穿于结构中。

◎ 提示语示例：

设计一个三幕结构的舞台剧大纲：

（1）为每一幕设定一个核心主题和情感基调：

　　a. 第一幕：

　　b. 第二幕：

　　c. 第三幕：

（2）设计四个关键的转折点：

　　a. 引子（第一幕开始）：

　　b. 第一转折点（第一幕结束）：

　　c. 中点（第二幕中间）：

　　d. 高潮（第三幕）：

（3）描述每个转折点如何在舞台上呈现（兼顾视觉效果和演员动作设计）。

（4）规划节奏变化：

　　a. 指出哪里需要加快节奏，哪里需要放缓。

　　b. 解释这些节奏变化如何增强戏剧效果。

（5）设计一个创新的场景转换方法，在两幕之间使用。

请用 500 字左右概述你的三幕剧结构设计，突出转折点和节奏变化。

（四）角色开发阶段

角色开发阶段专注于角色的创建和发展，这个阶段需要塑造具有个性化且立体的角色，通过对话和行动展现人物特性。提示语设计可以采用"角色档案 + 关系网络 + 发展轨迹"的框架。

提示语设计逻辑：

（1）引导 AI 创建多维度的角色背景。

（2）设计能体现角色特性的对话和行动。

（3）确保角色内在动机与外在行为的一致性。

◎　提示语示例：

开发剧本的核心角色：

（1）角色档案（为主角和两个重要配角创建）：

　　　a. 基本信息（角色名、年龄、职业、背景等）。

　　　b. 性格特征（3~5 个关键特质）。

　　　c. 核心价值观和信念。

　　　d. 主要动机和目标。

（2）角色关系网络：

　　　a. 绘制主要角色之间的关系图。

　　　b. 描述每段关系的性质和潜在冲突。

（3）角色成长线：

　　　a. 描述每个主要角色在剧中的成长或变化轨迹。

　　　b. 解释这些变化如何推动剧情发展。

（4）角色冲突：

　　　设计至少两个角色之间的核心冲突，并解释其对剧情的影响。

（5）特色对话：

　　　为每个主要角色创作一段能体现其特点的简短对话（30 字左右）。

请用 600 字左右描述你的角色设计，包括主要角色的档案、关系网络、角色成长线和特色对话示例。

（五）场景创作阶段

场景创作阶段的重点在于具体场景的设计和对话的创作，这个阶段需要将前期构想的创意元素和结构框架转化为更为生动、具体的舞台场景。提示语设计可采用"场景设置＋对话创作＋舞台指示"的设计框架。

提示语设计逻辑：提示语应引导创作既能推动情节发展，又富有戏剧性和象征意义的场景。

◎ **提示语示例：**

创作一个关键场景：

（1）场景设置：

　　a. 时间和地点。

　　b. 舞台布置和氛围描述。

　　c. 在场角色及其初始状态。

（2）场景目标：

　　a. 这个场景在整体剧情中的作用。

　　b. 需要推进的情节点或揭示的信息。

（3）对话创作：

　　a. 写出场的开场对话（100字左右）。

　　b. 设计一个戏剧性的对话高潮（50字左右）。

（4）潜台词运用：

　　在对话中加入至少一处潜台词，并解释其含义。

（5）非语言互动：

　　描述角色间的肢体语言互动和表情变化。

（6）舞台指示：

　　a. 灯光和音效设计。

　　b. 关键的舞台动作指示。

（7）象征元素：

　　加入一个表现整体主题的象征性元素或动作。

请用2 000字左右描述你的场景设计，包括场景设置、对话内容、潜台词、非语言互动、舞台指示和象征元素的设计。

（六）优化迭代阶段

优化迭代阶段致力于提升剧本的整体质量和舞台效果，这个阶段需要客观评估剧本的各个方面，并有针对性地改进剧本。提示语设计可以采用"问题识别＋解决方案＋效果评估"的框架。

提示语设计逻辑：

（1）要求 AI 全面而系统地评估剧本质量。

（2）给出具体、可操作的改进建议。

（3）平衡艺术追求和观众接受度。

（4）考虑舞台呈现的实际效果。

◎　提示语示例：

> 优化剧本的整体质量：
>
> （1）评估以下五个方面，为每个方面打分（1～10分），并简要解释评分原因：
>
> 　　a.主题深度和一致性。
>
> 　　b.情节结构和节奏。
>
> 　　c.角色发展和真实性。
>
> 　　d.对话质量和个性化。
>
> 　　e.舞台呈现的创新性和可行性。
>
> （2）基于评估，选择两个最需要改进的方面，并为每个方面提供具体的优化建议：
>
> 　　a.建议1：［描述问题和改进方法］。
>
> 　　b.建议2：［描述问题和改进方法］。
>
> （3）检查主要角色的成长线，确保其行为和对话始终符合人物性格，并推动情节发展。如有不一致，请指出并提供修改建议。
>
> （4）审视剧本的高潮场景，提出一个增强其戏剧性和舞台效果的具体建议。
>
> （5）考虑观众体验，提出一个能够增强观众参与感或情感投入的创新想法。
>
> （6）最后，反思整个剧本是否充分展现了初始构思的核心主题。如果需要加强，请提供一个具体的方法。
>
> 注意：在提供优化建议时，要平衡艺术追求和实际可行性，确保每个建议都是具体和可操作的。

第11章

新闻内容创作中的提示语设计

本章主要探讨在新闻内容创作过程中提示语的设计方法，内容涵盖新闻报道、新闻评论、新闻特稿等不同体裁的提示语设计（见图11-1）。

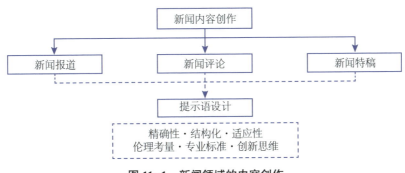

图 11-1　新闻领域的内容创作

一、新闻报道：消息、通讯、新闻特写的提示语设计

新闻报道包括消息、通讯和新闻特写三种基本形式（见图11-2）。在使用AI辅助媒体内容生产时，需要分析每种形式特定的结构和写作要点，并设计相应的提示语。

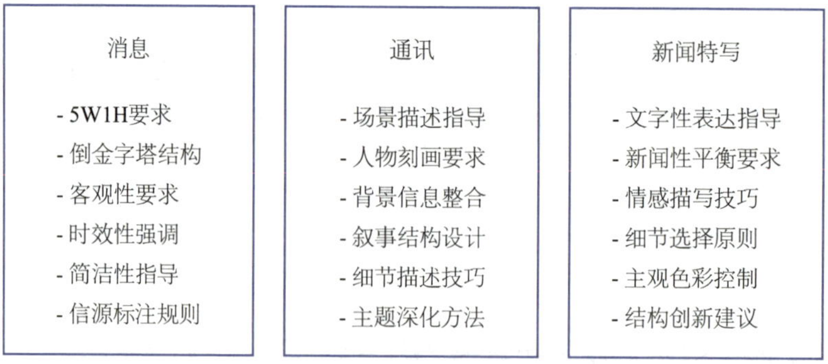

消息	通讯	新闻特写
- 5W1H要求	- 场景描述指导	- 文字性表达指导
- 倒金字塔结构	- 人物刻画要求	- 新闻性平衡要求
- 客观性要求	- 背景信息整合	- 情感描写技巧
- 时效性强调	- 叙事结构设计	- 细节选择原则
- 简洁性指导	- 细节描述技巧	- 主观色彩控制
- 信源标注规则	- 主题深化方法	- 结构创新建议

图 11-2　新闻报道提示语设计框架

新闻报道是媒体内容的基础，它要求准确、及时地传递信息。本部分将探讨消息、通讯和新闻特写这三种常见的新闻报道形式的提示语设计目标和具体方法，为新闻工作者提供系统化的提示语设计指南。

（一）消息的提示语设计

消息是新闻报道中最基本的体裁之一，是对新近发生的有社会意义并引起公众兴趣的事实的简短报道。当我们用 AI 思维去看待消息写作时，可以将其本质理解为信息单元的有序组合，遵循特定的逻辑结构和语言规则，以实现快速、准确的信息传递。

消息写作的核心在于其时效性、重要性和准确性。时效性要求报道的是最新的事实或思想；重要性体现在消息所传递的信息对受众具有显著影响；准确性则强调事实陈述的精确度。此外，消息还应具备：简洁性，即用最少的词传递最多的信息；客观性，即不带个人情感和判断的叙述；以及结构性，通常遵循倒金字塔结构。

1. 提示语设计的目标导向

在设计消息类新闻的提示语时，需要明确以下核心目标：

（1）确保时效性和准确性。

消息的生命力在于新，提示语必须引导 AI 快速捕捉和呈现最新信息。同时，准确性是新闻的生命线，提示语需要设置严格的事实核查机制。

实现方法：

- 在提示语中明确要求 AI 输出最新信息的时间戳。
- 设置多重事实核查步骤，要求 AI 区分已确认信息和待确认信息。
- 要求 AI 标注信息来源，便于后续验证。

◎ 提示语示例：

请生成一则关于［事件名称］的最新消息：
（1）首先列出所有已确认的信息点，并注明每条信息的来源和确认时间。
（2）然后列出所有待确认的信息点，明确标注为待确认，并说明信息来源。
（3）在正文中，使用"据［来源］报道""［机构］证实"等表述明确信息的准确性。
（4）在文末事件最新进展中注明"截至［具体时间］"，表明信息的时效性。

（2）保持客观中立。

新闻报道要求客观公正，避免个人偏见。提示语需要引导 AI 生成中立的内容，不带有倾向性。

实现方法：

▪ 明确要求使用中性词汇。
▪ 设置平衡机制，要求呈现多方观点。
▪ 禁止使用带有感情色彩的修饰词。

◎ 提示语示例：

在报道［具体事件］时，请遵循以下原则：
（1）使用客观、中性的词汇描述事件，避免带有褒贬色彩的形容词。
（2）如涉及争议，须呈现至少两方观点，确保各方表述篇幅大致相当。
（3）直接引用各方说法时，使用"表示""称"等中性动词。
（4）禁止使用"应该""必须"等带有主观判断色彩的词语。
（5）在描述数据时，提供具体数字，避免使用"大幅""显著"等模糊表述。

（3）结构完整、层次分明。

消息需要遵循特定的结构，如倒金字塔结构。提示语应引导 AI 生成结构清晰、重点突出的内容。

实现方法：

▪ 在提示语中明确划分结构单元。
▪ 为每个单元设定明确的字数和内容要求。
▪ 要求按重要性递减的顺序组织信息。

◎　提示语示例：

> 请按以下结构撰写一则 500 字左右的消息：
> （1）标题（15 字以内）：概括新闻最核心的信息。
> （2）导语（50 字左右）：回答 5W1H 框架中的至少 4 个问题。
> （3）主体（400 字左右）：
> 　　　a. 第 2 段（100 字左右）：补充导语未尽的关键信息。
> 　　　b. 第 3 段（100 字左右）：提供事件的背景或原因。
> 　　　c. 第 4～5 段（每段 80～100 字）：按重要性递减的顺序展开细节。
> （4）结尾（50 字左右）：点明事态发展趋势或影响。
> 写作要求：每个段落只聚焦一个主要信息点，确保信息由重到轻有序呈现。

（4）语言简洁明了。

消息语言要求简洁有力，直击要害。提示语需要引导 AI 生成简明扼要、易于理解的内容。

实现方法：

- 设定严格的字数限制。
- 要求使用简单句为主，限制复合句的使用。
- 鼓励使用主动语态，增强文章语言力度。

◎　提示语示例：

> 在撰写新闻消息时，请遵循以下语言要求：
> （1）每句话控制在 30 字以内。
> （2）使用主动语态，避免被动语态。
> （3）每段最多使用 1 个复合句，其余均为简单句。
> （4）避免使用修饰性状语和长定语。
> （5）使用准确的动词，避免使用"进行""作出"等无实际意义的词语。
> （6）如使用专业术语，需在首次出现时用括号作简要解释。

2. 结构设计与提示语策略

消息的基本结构包括标题、导语、主体和结尾。下面将详细阐述如何通过提示语设计引导 AI 生成高质量的消息内容。

（1）标题设计。

标题是消息的眼睛，直接影响读者的阅读兴趣。设计标题的提示语应注重以下几点：

- 概括性：准确反映新闻主要内容。
- 醒目性：引起读者注意。
- 简洁性：一般不超过 20 个字。

◎ 提示语示例：

> 基于以下新闻要素，生成一个不超过 20 字的消息标题：
> （1）核心事件：［描述核心事件］。
> （2）关键人物 / 机构：［列出关键人物或机构］。
> （3）时间 / 地点：［提供时间和地点信息］。
> （4）原因 / 结果：［说明事件的原因、影响或结果］。
> 写作要求：
> （1）使用简洁有力的动词。
> （2）包含最具新闻价值的要素。
> （3）避免使用标点符号。
> （4）不使用夸张或煽情的语言。

（2）导语设计。

导语是消息的门面，需要在最短的篇幅内概括新闻的主要内容。设计导语的提示语应强调：

- 精练性：概括消息中最主要、最新鲜的事实，鲜明地揭示消息的主题思想。
- 全面性：回答 5W1H 中的问题。
- 吸引力：激发读者继续阅读的兴趣。

◎ 提示语示例：

> 请根据以下信息撰写一个 40 字左右的消息导语：
> （1）事件主体（Who）：［填入主要人物或组织］。
> （2）事件内容（What）：［填入核心事件］。

（3）发生时间（When）：［填入具体时间］。

（4）发生地点（Where）：［填入具体地点］。

（5）事件原因（Why，如果明确）：［填入事件原因］。

（6）事件经过（How，如果重要）：［填入简要经过］。

写作要求：

（1）必须在一段话内完成所有要素的呈现。

（2）优先顺序：What > Who > When > Where > Why/How（可根据具体事件进行调整）。

（3）使用主动语态，语句表达要有力度。

（4）若有重要数据，请在导语中体现。

（5）保持客观中立，不作评论。

（3）主体设计。

消息的主体部分是对导语的展开和补充，需要遵循倒金字塔结构，按重要性递减的顺序排列信息。设计主体部分的提示语应注重：

▪ 层次性：按重要程度递减的顺序依次呈现信息。

▪ 完整性：补充导语中未包含的重要信息。

▪ 逻辑性：各段落之间逻辑通顺，且有合理的过渡。

◎ 提示语示例：

基于以下信息框架，撰写新闻消息的主体部分（300～400 字）：

（1）核心事实：［补充导语未涉及的核心信息］。

（2）事件细节：

　　a.［重要细节 1］。

　　b.［重要细节 2］。

　　c.［重要细节 3］。

（3）背景信息：［相关的历史或上下文背景］。

（4）各方反映：

　　a.［相关方 1 的反应］。

　　b.［相关方 2 的反应］。

（5）潜在影响：［事件可能产生的短期或长期影响］。

写作要求：

（1）严格遵循倒金字塔结构，按重要性递减的顺序排列信息。

（2）每段集中讨论一个主要信息点，段落之间保持逻辑连贯。

（3）使用转折词增强段落间的连接，如此外、与此同时、然而等。

（4）如使用直接引语，需注明消息来源。

（5）保持客观中立的报道立场，避免加入倾向性评论。

（6）适当穿插背景信息，帮助读者理解事件背景。

（7）注意使用借口说话、全面平衡等技巧，增强报道的客观性。

（4）结尾设计。

消息的结尾通常简短，用于总结、补充次要信息或指出事态的未来发展。设计结尾的提示语应强调：

- 简洁性：切忌冗余。
- 点题性：呼应新闻主题。
- 开放性：为后续报道留下空间。

◎ 提示语示例：

基于以下元素，创作消息结尾：

（1）事件后续：［可能的发展或下一步行动］。

（2）未解问题：［事件中仍待解决的问题］。

（3）长远影响：［事件可能产生的长期影响］。

写作要求：

（1）选择以上一个或多个元素作为结尾。

（2）使用简洁、客观的语言。

（3）避免做出主观预测或评论。

（4）如有必要，可以用一个简短的引语结尾。

（5）考虑使用"记者将持续关注此事进展"等开放式结尾。

（6）可选择小结式、启发式、号召式、分析式或展望式等结尾方式。

3. 消息写作的创新方法

消息写作的经典理论 5W1H（Who、What、When、Where、Why、How）为新闻工作者提供了一个基本写作框架，确保报道涵盖了事件的所有关键方面。在 AI 时代，这一方法可以得到进一步的扩展和深化。基于 5W1H 理论，本书提出多维矩阵提示法（MD-Matrix Prompting）用以指导 AI 生成高质量的新闻消息。如表 11-1 所示，多维矩阵提示法在传统 5W1H 框架基础上扩展了影响维度（I）、信源维度（S）和语言维度（L），形成了更全面的九维分析体系。

表 11-1　多维矩阵提示法维度及对应说明

维度	对应 5W1H	包含要素
时间维度（T）	When	事件发生时间、报道时间、未来影响时间
空间维度（S）	Where	事件发生地点、影响范围、地理关联性
人物维度（P）	Who	主要相关人物、机构、群体
事件维度（E）	What	主要事件、次要事件、背景事件
原因维度（R）	Why	直接原因、间接原因、深层背景
过程维度（H）	How	事件发展过程、实施方式、关键步骤
影响维度（I）	新增	直接影响、间接影响、潜在影响
信源维度（S）	新增	主要信源、次要信源、交叉验证
语言维度（L）	新增	用词精确度、句式多样性、语气客观性

⌗ 实施步骤：

（1）矩阵初始化。

矩阵初始化是多维度矩阵提示法的第一步，要求新闻工作者根据已掌握的信息为每个维度设置初始参数。这些参数将指导 AI 在生成内容时应关注哪些方面，确保生成的消息内容全面且重点突出。参数的精确设置直接影响最终消息的质量，因此需要新闻工作者具备敏锐的新闻洞察力和丰富的经验。

◎ 提示语示例：

初始化新闻消息矩阵：

T：[主要事件时间 = 2024-07-15 14：30；报道时间 = 2024-07-15 16：00；未来影响时间范围 = 7 天]。

S：{ 事件地点 = 北京市海淀区；影响范围 = 全国；地理关联 = [硅谷，深圳]}。

P：{主要人物＝［张三（科技公司 CEO）；李四（政府官员）］；相关机构＝［中国科学院，工信部］}。
E：［主要事件＝国内首个量子计算机芯片发布；次要事件＝相关专利申请突破 1 000 项；背景事件＝全球量子计算竞争加剧］。
I：［直接影响＝提升国内科技水平；间接影响＝吸引国际人才流入；潜在影响＝改变全球科技格局］。
S：{主要信源＝新华社；次要信源＝［科技日报，中国科学报］；交叉验证＝"3"}。
L：［用词精确度＝0.9；句式多样性＝0.7；语气客观性＝0.95］。

（2）内容生成。

在这个阶段，有效的提示语应该明确指出每个段落应包含哪些维度的信息、如何组织这些信息以及对语言风格的要求，引导 AI 生成结构清晰、重点突出、语言规范的内容。同时，提示语中还应包含对直接引语的处理要求，以符合新闻写作的规范。

◎ **提示语示例：**

基于上述初始化的新闻消息矩阵，生成一篇 300 字左右的新闻消息。要求：
（1）严格遵循倒金字塔结构。
（2）第一段必须包含 T、S、P、E 维度的核心信息。
（3）第二段重点阐述 I 维度的信息。
（4）第三段补充 E 维度的背景信息。
（5）最后一段提供 S 维度的信源说明。
（6）全文语言要符合 L 维度的要求。
（7）如有直接引语，请用引号标注并注明信息来源。

（3）矩阵优化。

内容生成后，需要对矩阵进行优化，以提高新闻质量。这个步骤包括信息密度检测、客观性评分、时效性增强、信源可靠性验证和影响力评估等多个方面。例如，信息密度检测可以检视关键信息在文章前部的分布情况，客观性评分则有助于保持消息的中立立场。

◎ **提示语示例：**

请对生成的新闻消息进行以下优化：

（1）信息密度检测：计算每个维度信息在文中的出现频率，确保 T、S、P、E 维度在前两段的出现频率≥80%。

（2）客观性评分：识别可能带有主观色彩的词语，确保 L 维度中的语气客观性≥0.95。

（3）时效性增强：将 T 维度中的报道时间更新为当前时间，并在文中体现这一变化。

（4）信源可靠性验证：确保 S 维度中的所有信源在文中均有体现，交叉验证次数≥3。

（5）影响力评估：强化 I 维度中的潜在影响，在文中增加一句相关描述。

（4）终稿生成。

最后一步是基于优化后的矩阵和多角度验证结果，生成新闻消息的终稿。这个阶段的提示语应该强调总字数控制、新旧内容的衔接、语言风格的一致性等要求。同时，考虑到 AI 辅助写作的特殊性，应在文末注明本文由 AI 参与生成，以符合新闻伦理并保障生产透明度。

◎ **提示语示例：**

基于之前的优化和验证步骤，生成新闻消息的终稿。要求：

（1）总字数控制在 400 字以内。

（2）确保新增内容与原有内容无缝衔接。

（3）语言风格保持一致。

（4）在文末注明本文由 AI 辅助生成，经人工审核。

（二）通讯的提示语设计

通讯是一种综合性强的新闻报道形式，运用记叙、描写、抒情、议论等多种写作手法，具体、生动、形象地反映新闻事件或典型人物。在 AI 辅助写作的背景下，设计高质量的通讯提示语需要充分理解通讯的特点和写作要求。

人物通讯和事件通讯是最常见的两种通讯形式，各有其独有的特征和写作要求，提示语需要引导 AI 体现相应的特征。

实现方法：

a. 明确指定通讯的具体类型。

b. 提供该类型通讯的核心要素和结构指南。

c. 设置特定的内容比例，确保该类型特征的充分体现。

（1）人物通讯。

人物通讯是以描绘特定人物的思想和事迹为核心的报道形式。其主要特征包括：聚焦于单个或几个中心人物，即使是报道群体形象也会突出典型代表；通过描绘人物的思想、行为和事迹，揭示其独特的个性特征和精神境界；强调见事又见人，即通过具体事例来展现人物特点；注重通过矛盾冲突、行为描述、对话再现等方式，刻画人物的性格特征；善用细节描写和心理刻画，深入展现人物的内心世界。这种通讯可以是长篇全面的事迹报道，也可以是短小精悍的人物素描或特写。

在设计人物通讯的提示语时，需要考虑以下几个关键点：首先，要求明确人物选择的依据，确保所选人物具有典型性和新闻价值；其次，通过具体事例和细节来凸显人物特点，避免空泛的评价；再次，注重人物成长过程和关键转折点的描述，展现人物的发展轨迹；此外，强调挖掘人物的思想境界和精神风貌，而不仅仅是表面的事迹；最后，将人物置于特定的社会背景中，体现特定时代意义。

◎ **提示语示例：**

请创作一篇 2 500 字左右的人物通讯，主人公是［人物姓名］。请遵循以下结构和要求：

（1）开篇（300 字左右）：

　　a. 选取一个能充分体现人物特点或重要成就的场景。

　　b. 简要介绍人物身份和报道缘由，突出其典型性或独特性。

（2）人物全貌呈现（800 字左右）：

　　a. 外貌特征和第一印象（100 字左右）。

　　b. 性格特点，包括优点和缺点（200 字左右）。

　　c. 成长经历，重点描述 3～4 个关键转折点（300 字左右）。

　　d. 专业成就或社会贡献（200 字左右）。

（3）核心事件或成就详述（700 字左右）：

a. 选取 2~3 个最能体现人物特点或影响力的事件 / 成就。

b. 每个事件 / 成就应包含：

　－背景介绍（50 字左右）。

　－人物的具体行动和决策过程（150 字左右）。

　－面临的挑战和解决方法（100 字左右）。

　－事件结果和影响（50 字左右）。

（4）多角度评价（400 字左右）：

　a. 同事或合作伙伴的评价（100 字左右）。

　b. 家人或朋友的评价（100 字左右）。

　c. 业界专家或社会公众的评价（100 字左右）。

　d. 主人公的自我评价或人生感悟（100 字左右）。

（5）深度分析（200 字左右）：

　a. 分析人物发展变化的关键因素或独特之处。

　b. 探讨人物对所在领域或社会的影响。

（6）结语（100 字左右）：

　a. 总结人物的时代意义或社会价值。

　b. 展望人物或其事业的未来发展。

写作要求：

（1）运用具体的事例和生动的细节来刻画人物，避免空泛描述。

（2）注重展现人物的思想变化和性格发展过程。

（3）将人物置于特定的时代背景中，体现时代性。

（4）保持客观公正的立场，呈现人物的多面性。

（5）使用富有感染力的语言，但不过分褒扬或贬低。

（6）注意保护人物隐私，敏感信息需征得当事人同意。

（2）事件通讯。

事件通讯是报道具有典型意义的新闻事件的通讯，通过对事件的详细描述和分析，揭示社会问题，引发公众思考。

事件通讯的主要特征包括：具有新闻性，报道的事件往往具有重大影响或社会意义；典型性，所报道事件能够反映某种普遍性问题或趋势；拥有相对完整的故事情节，能够吸引读者持续关注；通常将事件置于广阔的社会背景中进行解读，揭示事件与时代、形势的联系；突出主要线索，精心安排典型情节；

注重通过事件来刻画人物，呈现群像；善用多种写作技巧，为报道增添色彩和吸引力。

在设计事件通讯的提示语时，需要重点考虑以下几个方面：首先，要求明确事件的新闻价值和典型意义，确保报道焦点准确；其次，指导 AI 将事件放在更广阔的社会背景中进行分析，揭示事件深层意义；再次，强调突出主要线索，精心安排情节，确保报道结构清晰；最后，引导运用多种写作技巧，如细节描写、场景再现、对比分析等，增强报道的感染力。

◎ **提示语示例：**

请创作一篇 3 000 字左右的事件通讯，主题是［具体事件］。请遵循以下结构和要求：

（1）导语（200 字左右）：

　　a. 简要概括事件的核心内容。

　　b. 点明事件的重要性或新闻价值。

　　c. 设置悬念或引发读者兴趣的问题。

（2）事件概况（300 字左右）：

　　a. 事件发生的时间、地点、主要参与者。

　　b. 事件的起因和背景。

　　c. 事件的基本过程和结果。

（3）详细过程描述（1 200 字左右）：

　　a. 按时间顺序或逻辑顺序详细描述事件发展。

　　b. 划分 3~5 个关键阶段或转折点。

　　c. 每个阶段应包含：

　　　　- 具体的时间和地点。

　　　　- 主要参与者的行动和决策。

　　　　- 关键对话或冲突描述。

　　　　- 环境氛围的渲染。

　　d. 穿插 1~2 个生动的场景描写，每个 200 字左右。

（4）多方反映和评论（600 字左右）：

　　a. 事件直接相关方的反应（200 字左右）。

　　b. 主管部门或权威机构的表态（150 字左右）。

　　c. 公众或媒体的反响（150 字左右）。

　　　　d. 专家学者的分析（100 字左右）。

（5）深度分析（500 字左右）：

　　　　a. 事件产生的原因分析（150 字左右）。

　　　　b. 事件的社会影响和意义（200 字左右）。

　　　　c. 类似事件的对比分析（如有，100 字左右）。

　　　　d. 事件的未来发展趋势或需要关注的问题（50 字左右）。

（6）结语（200 字左右）：

　　　　a. 事件的最新进展或后续措施。

　　　　b. 记者的思考或启示。

　　　　c. 适当留白，引发读者深思。

写作要求：

（1）确保信息的准确性和全面性，多方采访，避免片面报道。

（2）使用具体数据和事实支撑报道，增强可信度。

（3）通过生动的细节和场景描写，提高报道的现场感。

（4）保持客观中立的立场，平衡各方观点。

（5）注意事件报道的时效性，及时更新最新进展。

（6）深入挖掘事件背后的社会问题或意义。

（7）注意保护当事人隐私，遵守新闻伦理。

（三）新闻特写的提示语设计

　　新闻特写融合了新闻的时效性和文学的表现力。这种体裁的核心在于截取新闻事实中最具典型意义的片段、场面或细节，通过生动形象的描写，呈现富有现场感的报道。新闻特写强调报道作为新闻的时效性和重要性；注重在新闻中挖掘深度，深入探索新闻事件的本质和意义。在"特"上下功夫，选取最能体现新闻核心的场景、人物或细节；并在"写"的技巧上精益求精，运用生动形象的语言再现新闻现场。

　　在创作新闻特写时，需要重点关注几个方面：首先，要善于捕捉能够反映事件本质的画面，用生动的形象说话；其次，要聚焦于能够体现事件特征和高潮的关键片段，避免面面俱到；再次，要运用富有特征的细节描写，通过人物的言行举止、表情动作等微小细节来传神达意；最后，语言运用上既要简洁有力，又要生动形象，避免过于直白或过度修饰。记者还需要具备敏锐的判断力，选择适合用特写体裁来呈现的新闻题材。

◎ 提示语示例:

请创作一篇 1 200 字左右的新闻特写,主题是 [报道主题]。请遵循以下结构和
要求:

(1)开篇(200 字左右):

　　a. 选取一个最能体现新闻主旨的典型场景。

　　b. 用生动的笔触描绘这个场景,营造强烈的画面感。

　　c. 简要点明特写的背景和主题,突出其新闻价值。

(2)主体部分(800 字左右):

　　a. 聚焦核心场景或关键片段(300 字左右)。

　　　　-细致描绘能反映事件特征的高潮片段。

　　　　-通过人物的言谈举止展现现场氛围。

　　　　-捕捉 2~3 个富有特征的细节,增强真实感。

　　b. 背景铺陈(200 字左右)。

　　　　-简洁介绍事件的来龙去脉。

　　　　-提供必要的背景信息,增强新闻性。

　　c. 多角度呈现(300 字左右)。

　　　　-选取 2~3 个不同视角,展现事件的多个侧面。

　　　　-通过简短的对话或行为描述体现不同立场。

(3)结尾(200 字左右):

　　a. 回应开头的场景,形成首尾呼应。

　　b. 点明特写的深层含义,引发读者思考。

写作要求:

(1)确保新闻的真实性和准确性,同时表述方式要生动。

(2)用画面感强的语言进行描述,让读者仿佛身临其境。

(3)通过细节和场景描写反映事件的本质,避免直接评论。

(4)保持叙述语言的简洁和描述语言的生动,在两者之间找到平衡。

(5)聚焦最能体现新闻特征的片段,不求面面俱到。

(6)通过人物活动、对话等具体描写来展现新闻氛围。

(7)注意把握"新""闻""特""写"四个关键字的要求。

注意事项:

(1)选择最能体现新闻核心主旨和特色的场景或片段进行重点描写。

(2)避免过度文学化或直白的表述,寻求适度的表现力。

（3）通过具体的人物言行和细节反映事件，而非抽象概括。

（4）注意节奏变化，文中可穿插简短的背景说明或补充信息。

（5）在描述中强调新闻的时效性，体现特写的"新"。

二、新闻评论：社论、评论员文章、编者按的提示语设计

新闻评论是媒体表达观点、引导舆论的重要方式。本部分将聚焦于社论、评论员文章和编者按这三种主要的新闻评论形式，分析各自的特点和写作要求，探讨如何设计提示语能让 AI 生成的评论内容，既准确地表达立场，又保持客观公正，同时具有深度和洞察力。

如图 11-3 所示，新闻评论提示语设计流程分为三个主要步骤：确定评论类型和目的、设计提示语结构，以及制定具体提示要求。这一系统化流程有助于确保 AI 生成的评论内容既符合特定评论类型的要求，又能满足专业新闻评论的质量标准。

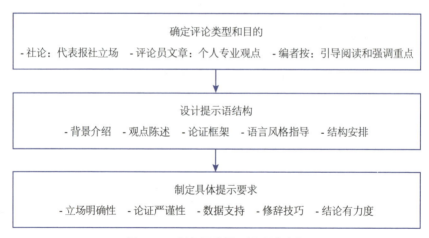

图 11-3　新闻评论提示语设计流程

（一）社论的提示语设计

在设计社论的提示语之前，首先需要深入理解社论这一特殊的新闻评论形式。社论是代表报社整体立场和观点的权威性评论，反映并传播特定政党、社会政治集团或社会群众团体对当前重大事件和迫切问题的观点和主张[1]，也是报

---

[1]　甘惜分，钱辛波，成一等.新闻学大辞典［M］.郑州：河南人民出版社，1993.

社对重大问题发表意见的重要舆论工具，塑造社会价值取向。因此，社论的提示语设计需要充分考虑其独特的定位和功能。

社论具有三个核心特征，这些特征应当在提示语设计中得到充分体现。首先，社论代表报社的立场，而非个人观点，这意味着提示语必须强调观点的权威性和代表性。其次，社论的评论对象是重大新闻事件与重大时政问题，这要求提示语引导 AI 选择具有重要性和时效性的主题。最后，社论的目的是引导舆论，这一点决定了提示语需要强调社论的说服力和影响力。

在具体设计社论提示语时，需要重点关注以下几个关键点：

（1）选题的重要性：社论必须针对重大事件或迫切问题。

（2）观点的明确性：提示语必须明确指出社论代表报社立场的特性，要求 AI 以报社整体而非个人的口吻写作。

（3）论证的严谨性：社论需要通过事实与意见的精确、合理与有系统的表达来支持其观点。

（4）语言的权威性：社论的语言风格应当庄重、严肃。

（5）影响力的考量：社论应当能够解释新闻，使读者理解其重要性，并影响公众观点。

◎ **提示语示例：**

请创作一篇 1 200 字左右的社论，主题为［某时政主题］。这篇社论应当体现本报对该问题的权威立场，旨在引导公众舆论。请遵循以下结构和要求：

（1）开篇（200 字左右）：

简要介绍当前的重大新闻事实或迫切的社会问题。明确点明本报对此事的基本立场和态度。开篇应当庄重有力，立即彰显社论的权威性。

（2）主体论述（800 字左右）：

a. 阐述本报对该问题的核心观点（300 字左右）。提供深入的背景分析，解释为何这一问题具有重大意义。

b. 系统论证本报立场（300 字左右）。使用准确的数据、典型案例或权威观点支持论点。确保论证过程严谨、合理。

c. 回应可能的不同意见（200 字左右）。客观分析其他观点，并有理有据地阐明本报立场的正确性。

（3）结论（200 字左右）：

重申本报立场，并明确指出这一立场对社会发展的积极意义。提出具体的行动建议或政策导向，展现舆论引导的作用。

写作要求：

（1）始终以报社的口吻写作，不使用"我认为"等个人化表达。

（2）选择的主题必须是当前最重大、最迫切的问题之一。

（3）观点表达要明确、坚定，但论证过程要客观、理性。

（4）语言应当庄重、严肃，措辞精准，具有权威性。

（5）内容要有深度，能够帮助读者深入理解问题的复杂性和重要性。

（6）结论部分要有明确的舆论导向，能够影响和引导公众观点。

注意事项：

（1）确保所有引用的数据准确无误，观点信源可靠必要时注明来源。

（2）社论立场要与报社的整体政治倾向一致。

（3）在阐述立场时，要考虑到社会各界的反映，力求平衡和客观。

（4）文章应当具有很强的时效性，紧扣当前热点。

（5）避免使用情绪化或极端的言论，保持理性和克制。

（二）评论员文章的提示语设计

评论员文章是由报社特约或固定的评论员就重要新闻事件或社会问题发表的个人署名评论。

相较于社论，评论员文章具有几个核心特征：首先，体现个人视角，允许作者以更加鲜明和个性的方式表达观点。其次，评论员文章通常聚焦于特定领域或议题，以体现作者的专业背景。再次，这类文章往往更具分析性和解释性，不仅点评事件，还深入剖析原因和影响。此外，评论员文章的语言风格相对灵活，与社论相比可以更生动、更富有个性，但仍需保持一定的严肃性和客观性。最后，评论员文章虽然是个人评论，但通常也需要与报社的整体立场保持基本一致。

在设计评论员文章创作的提示语时，需要关注以下关键点：聚焦于特定的新闻事件或社会现象，提供深入的分析和独到的见解；观点表达要鲜明独特，体现作者的洞察力；论证过程需要深入细致，运用丰富的事实和数据支撑；文章结构应当清晰有序，便于读者理解；评论员文章仍需保持客观性和公正性，避免偏激或片面的论述；最后，文章应当能够引发思考，对读者有启发意义。

◎ **提示语示例：**

请以［具体领域］专家的身份，创作一篇 1 500 字左右的评论员文章，主题为［对当前热点问题或重要社会现象的洞悉或评论］。这篇文章应当体现你作为专业人士的独到见解，同时与本报整体立场保持一致。请遵循以下结构和要求：

(1) 开篇（200 字左右）：

简要介绍本文所评论的事件或现象，并提出核心观点。开篇应当引人入胜，体现你对问题的独特洞察。

(2) 主体分析（1 100 字左右）：

a. 深入剖析问题的本质（400 字左右）。运用你的专业知识，解释该问题的背景、成因及其复杂性。

b. 评估影响和意义（400 字左右）。分析该问题对社会、经济或特定群体的影响，阐述其深远意义。

c. 提出独特见解（300 字左右）。基于前述分析，提出独到观点或解决方案，这部分应体现你的创新思维和专业判断。

(3) 结论（200 字左右）：

总结核心观点，并指出问题的未来发展方向或可能的解决路径。结论应当既有思想深度，又能引发读者思考。

写作要求：

(1) 观点鲜明：清晰表达个人见解，但要确保观点与报社的整体立场保持一致。

(2) 分析深入：运用专业知识，提供深度分析和独特视角。

(3) 论证严谨：使用充分的数据、案例或理论支持观点。

(4) 语言风格：在保持严肃性的同时，可以适当体现个人风格，使文章更具可读性和感染力。

(5) 立足现实：紧密结合当前社会实际，使分析和建议具有实践意义。

(6) 具有前瞻性：不仅要评论现状，还要对未来发展趋势提出见解。

注意事项：

(1) 确保文章中的专业术语得到适当解释，使普通读者也能理解。

(2) 在表达个人观点时，要注意平衡性，考虑不同立场的观点。

(3) 引用的数据和案例要确保准确性和时效性。

(4) 虽然是个人观点，但要避免过于主观或情绪化的表述。

(5) 文章应当既能引发思考，又能提供实际的洞见或建议。

（三）编者按的提示语设计

编者按是编辑部对特定文章或专题发表的简短说明、介绍或评论，它通常位于重要文章或特殊栏目的开头，起到引导读者、阐明立场或补充背景信息的作用。

相较于社论与评论员文章，编者按具有以下鲜明特征：首先，篇幅较为精简，通常不超过 200 字，内容高度凝练，在有限的篇幅内传达核心信息。其次，编者按不是独立文体，而是与特定新闻或文章紧密关联的说明或批注。再次，编者按常用于引导读者关注新事物、新问题、新经验或新见解，特别是当这些内容体现了最新政策精神但尚未被广泛认知时。此外，编者按也用于推荐具有普遍指导意义的文章，或对有争议的话题提供编辑部的观点。最后，编者按可以通过分析凸显文章的特点，帮助读者快速把握核心内容。

在设计编者按的提示语时，需要关注以下关键要素：

（1）高度简练，要求在极短篇幅内传达核心信息。

（2）与文章内容紧密相关，确保编者按与所介绍的内容高度相关。

（3）引导性，旨在提供理解文章的关键视角或重点。

（4）政策导向性，特别是文章内容涉及新政策或重要精神时。

（5）分析性，通过编者的视角分析文章特点或重要性。

◎ **提示语示例：**

请创作一篇不超过 200 字的编者按，用于引导读者阅读［具体文章标题或栏目名称］。内容应当简洁精练，突出文章的核心价值，并提供读者理解和思考的方向。请遵循以下结构和要求：

（1）开头：

　　点明文章涉及的新事物、新问题或新经验。使用简洁而有力的语言，迅速抓住读者注意力。

（2）核心价值阐述：

　　突出文章的普遍指导意义或独特见解。可以简要解释为何这个话题值得关注，或者文章如何体现最新政策精神。

（3）引导阅读：

　　指明阅读的重点或思考的方向。可以提出一个关键问题，或强调文章的特殊角度，激发读者的阅读兴趣。

（4）编辑立场（如需要）：

　　适当表达编辑部对文章观点的态度或补充说明，特别是对于有争议的话题。

写作要求：

（1）语言必须高度凝练，每个字都应当有其存在的必要性。

（2）紧密结合文章内容，突出新颖性、重要性或普遍意义。

（3）注重引导性，帮助读者快速把握文章要点或理解其重要性。

（4）在必要时表达编辑立场，但要保持客观和中立。

（5）根据文章特点灵活调整内容，可以是提示性说明、重要批注或表达观点。

注意事项：

（1）避免使用过于学术或专业的术语，确保普通读者也能理解。

（2）如涉及争议话题，措辞要特别谨慎，避免引起不必要的争议。

（3）编者按不需要独立标题，但要注意其在版面上的位置安排。

（4）根据具体情况，可以灵活调整篇幅，但通常不超过 200 字。

三、新闻特稿：解释性报道、调查性报道、预测性报道的提示语设计

新闻特稿的提示语设计需要建立更为系统化的结构框架和更深入的内容规范。本部分将重点分析解释性报道、调查性报道和预测性报道这三种特稿形式的提示语设计策略。通过构建专业化的提示语，指导 AI 生成具有较强分析深度、依据充分或进行合理趋势分析的特稿内容，为记者与编辑提供写作辅助参考。

如图 11-4 所示，新闻特稿提示语设计要素分为三类特稿的专属要素和通用要素两个层次。各类特稿有其独特的提示要点，同时在主题明确性、结构清晰性等方面共享基础设计原则。

图 11-4　新闻特稿提示语设计要素

（一）解释性报道的提示语设计

解释性报道是一种深度新闻报道形式，旨在对复杂的新闻事件或社会现象进行深入分析和解释。这种报道形式不仅呈现事实，还致力于帮助读者理解事件的背景、原因、影响和意义。在设计解释性报道的提示语时，需要充分考虑其特征和写作要求。

解释性报道具有以下主要特征：首先，它注重将当前事件置于更广阔的历史和社会背景中去理解。其次，它强调深度分析，不仅描述"是什么"，还解释"为什么"和"意味着什么"。再次，解释性报道通常包含多个层面的信息和分析。此外，这种报道形式要求记者具备丰富的专业知识和极强的分析能力，能够将复杂信息转化为易于理解的内容。

在设计解释性报道的提示语时，需要关注以下关键点：

（1）背景梳理指导，收集和整理相关历史和社会背景信息。

（2）因果关系分析，引导揭示事件背后的深层原因与影响。

（3）多角度解读要求，鼓励 AI 从不同视角分析解释事件。

（4）专家观点整合，引用权威观点，增强分析的可信度。

（5）通俗化表达技巧，将复杂概念转化为读者容易理解的形式。

◎　**提示语示例：**

请创作一篇 3 000 字左右的解释性报道，主题为［具体复杂事件或现象］。这篇报道应当深入分析该主题的背景、原因、影响和意义，帮助读者全面理解这一复杂问题。请遵循以下结构和要求：

（1）导语（200 字左右）：

简要介绍报道主题及事件，突出其复杂性和重要性。提出一个引人深思的问题，引导读者继续阅读。

（2）背景梳理（600 字左右）：

a. 历史背景：追溯问题的历史源头和演变过程。

b. 社会背景：分析当前社会环境如何影响或塑造这一问题的。

c. 相关概念解释：解释报道中涉及的关键术语或概念。

（3）深度分析（1 500 字左右）：

a. 原因探究（500 字左右）：分析导致当前状况的直接原因和深层原因。

b. 影响评估（500 字左右）：评估该问题对不同群体、行业或领域的影响。

c. 多角度观点（500 字左右）：呈现不同利益相关方或专家的观点。

（4）案例说明（400字左右）：

选择1~2个具体案例，通过微观视角展现该问题的实际影响。

（5）解决方案讨论（200字左右）：

探讨可能的解决方案或应对策略，评估其可行性和潜在影响。

（6）结论与展望（100字左右）：

总结报道的核心发现，并提出对未来发展的思考。

写作要求：

（1）保持客观中立的立场，呈现多方面的信息和观点。

（2）使用清晰、准确的语言，将复杂概念转化为易于理解的表述。

（3）充分运用数据、图表、专家观点等论据支持分析，增强报道的可信度。

（4）注重逻辑性，各部分之间应当有明确的联系，引导读者逐步深入理解。

（5）适当使用类比、比喻等修辞手法，帮助读者理解抽象或复杂的概念。

注意事项：

（1）确保所有信息和数据的准确性，必要时注明来源。

（2）在解释复杂问题时，避免过度简化，但也不要使用过于专业的术语。

（3）在呈现不同观点时，保持平衡，避免偏向任何一方。

（4）使用小标题、要点列表等方式增强文章的可读性。

（5）可以添加信息框或边栏，以解释关键概念或提供补充信息。

（二）调查性报道的提示语设计

调查性报道旨在揭示隐藏的事实、曝光社会问题或不当行为。这种报道形式需要记者进行广泛的调查研究，收集大量一手资料，并通过严谨的分析得出结论。

调查性报道具有以下主要特征：首先，它聚焦于公共利益问题或社会隐患；其次，它强调原创性和独家性，通常包含记者通过深入调查获得的第一手资料；再次，调查性报道要求严谨的证据收集和核实过程，确保每个观点都有可靠的事实支撑；此外，这种报道形式通常涉及复杂的叙事结构，将调查过程、发现和分析有机结合；最后，调查性报道往往带有一定的批评性或揭露性，但必须保持客观公正的立场。

在设计调查性报道的提示语时，需要关注以下这些关键点：

（1）调查方法指导，明确调查路径和资料收集策略。

（2）证据收集要求，规范素材获取和处理的标准与流程。

（3）信源保护原则，确保敏感信息来源的安全，必要时化名处理。

（4）叙事结构设计，构建引人入胜且逻辑清晰的报道框架。

（5）客观性保证措施，在揭露问题时保持公正立场和平衡报道。

◎ 提示语示例：

请创作一篇 5 000 字左右的调查性报道，主题为 [具体社会问题或疑似不当行为]。这篇报道应当通过深入调查，揭示该问题的真相、原因和影响。请遵循以下结构和要求进行创作：

（1）导语（300 字左右）：

简要介绍调查主题，突出其重要性和调查的必要性。使用引人注目的事实或案例开头，引导读者继续阅读。

（2）背景概述（500 字左右）：

介绍问题的社会背景和当前状况，解释为什么这个问题值得深入调查。

（3）调查方法说明（300 字左右）：

简要描述调查过程，包括资料收集、实地考察、访谈等方法，突出调查的全面性和严谨性。

（4）主要发现（2 500 字左右）：

a. 事实陈述（1 000 字左右）：详细描述通过调查发现的关键事实，包括数据、证据和案例。

b. 问题分析（1 000 字左右）：深入分析问题的根源、发展过程和潜在影响。

c. 相关方反应（500 字左右）：呈现涉事方、专家和相关部门的回应或观点。

（5）深层次分析（1 000 字左右）：

a. 社会影响评估：分析问题对不同群体和整个社会的影响。

b. 政策分析：探讨现有政策或规定中可改进之处。

c. 比较研究：如可以，与其他地区或国家的类似情况进行对比。

（6）结论与建议（400 字左右）：

总结调查的主要发现，提出可能的解决方案或政策建议。

写作要求：

（1）确保每个观点都有可靠的事实和证据支持，避免使用未经证实的信息。

（2）保持客观中立的立场，即使在揭露问题时也要公正报道。

（3）使用清晰、准确的语言表述，避免情绪化或带有煽动性的表述。

（4）注重叙事性，将调查过程中的关键时刻或发现融入报道，增强可读性。

（5）适当使用图表、时间线等元素，辅助读者理解复杂信息。

注意事项：

（1）严格保护信源，必要时使用化名保护相关人员。

（2）在报道可能引起争议的内容时，务必多方核实，并给予相关方回应的机会。

（3）注意法律风险，避免使用可能导致诽谤、侵权、诉讼的表述。

（4）在揭露问题的同时，也要关注可能的积极变化或改进努力。

（5）考虑添加调查方法论的边栏，增强报道的可信度和透明度。

（三）预测性报道的提示语设计

预测性报道是基于当前事实和趋势，对未来可能发生的事件或情况进行合理推测和分析。这种报道形式要求作者具有深厚的专业知识储备、敏锐的洞察力和严谨的分析能力。

预测性报道具有以下主要特征：首先，它以当前事实和数据为基础，但着眼于未来发展。其次，它强调分析和推理，需要运用专业知识和科学方法进行预测。再次，预测性报道通常涉及多种潜在可能性的讨论，而不是简单地断言。此外，这种报道形式要求平衡准确性和创新性，既要基于可靠信息，又要有前瞻性的洞见。最后，预测性报道需要清晰说明预测的依据和局限性，保持谨慎和负责任的态度。

在设计预测性报道的提示语时，需要关注以下关键要素：

（1）数据分析指导，确保基于可靠数据进行科学分析。

（2）趋势识别方法，帮助辨别并追踪关键发展趋势。

（3）多种情景设计，展开对不同可能性的合理推测。

（4）专家意见整合，汇集领域专家对未来走向的判断。

（5）预测可靠性说明，清晰标注预测的依据与局限性。

◎ 提示语示例：

请创作一篇 4 200 字左右的预测性报道，主题为［具体领域或事件的未来发展］。这篇报道应当基于当前的事实和趋势，对未来 3~5 年内可能发生的变化进行合理预测和分析。请遵循以下结构和要求：

（1）导语（300 字左右）：

简要介绍预测主题，突出其重要性和预测的必要性。使用一个引人深思的问题或场景开头，吸引读者兴趣。

（2）现状分析（800 字左右）：

　　a. 概述当前情况，提供关键数据和事实。

　　b. 分析影响该领域或事件的主要因素。

　　c. 描述近期的重要趋势或变化。

（3）预测方法说明（300 字左右）：

　　简要介绍用于预测的主要方法和工具，如趋势分析、专家访谈、数据模型等，突出预测的科学性和可靠性。

（4）主要预测内容（2 000 字左右）：

　　a. 短期预测（500 字左右）：未来 1~2 年可能发生的变化。

　　b. 中期预测（1 000 字左右）：3~5 年内的主要趋势和可能的转折点。

　　c. 多种情景分析（500 字左右）：探讨 2~3 种不同的发展情景，包括最可能、最乐观和最悲观的情况。

（5）影响分析（400 字左右）：

　　讨论这些预测可能对不同群体、行业或社会整体产生的影响。

（6）应对建议（200 字左右）：

　　基于预测结果，提出个人、组织或政策层面的应对策略或准备工作。

（7）结论与局限性说明（200 字左右）：

　　总结主要预测观点，同时清晰说明预测的局限性和不确定因素。

写作要求：

（1）确保所有预测都基于可靠的数据、事实和专业分析。

（2）使用清晰、准确的语言，避免过于武断或绝对化地表述。

（3）在进行预测时，要平衡谨慎性和创新性，既要有前瞻性的洞见，又不能脱离现实。

（4）适当引用该领域专家观点，增强预测的可信度。

（5）使用图表、时间线等视觉元素，直观展示预测的趋势和数据。

注意事项：

（1）明确区分事实和预测，避免混淆读者。

（2）在讨论不同预测情景时，解释导致每种情况的可能因素。

（3）适当使用条件语气，表达预测的不确定性。

（4）考虑添加预测依据的信息框，增强报道的透明度。

（5）鼓励读者批判性思考，不要将预测作为绝对真理呈现。

第 12 章

提示语设计的实战案例解析

本章将分析三个具有代表性的 AI 创作案例：《机忆之地》《中国神话》《Prome-theus》。它们分别代表了文学、影视和国际竞赛领域的突破性成就。通过剖析这三个作品的提示语设计与优化过程，揭示 AI 辅助创作过程中的提示语构建内在逻辑和实践技巧。

一、案例一：第一部获奖的 AI 创作小说《机忆之地》的提示语设计与优化过程

《机忆之地》作品于 2023 年 10 月参加江苏省青年科普科幻作品大赛并获得二等奖，成为中国首部获奖的 AI 创作小说（在线阅读见图 12-1）。本部分将深入剖析《机忆之地》的创作过程，探讨其中的提示语设计策略，提炼出可迁移使用的提示语设计方法。

图 12-1 《机忆之地》在线阅读

（一）迭代式提示语设计

《机忆之地》的创作团队采用了迭代式的提示语设计方法，这种方法涉及多轮的提示语设计、内容生成和评估过程。团队通过不断调整和优化提示语，逐步提升 AI 生成内容的质量。

1. 原文提示语示例

◎ 第一次生成的提示语：

> 如果要写一篇短篇科幻小说，涉及元宇宙、人形机器人，请给出一个你现有语料库中从未出现的、极具创新性的、让人看到前三句就惊讶的大纲。

◎ 第九次生成的提示语：

> 在第六段和第七段中间，增加一段内容，是李晓唤醒 Memoria 情感的一段对话。这段对话要令人感到极其震撼，是你现有语料库中从未见过的句子，并且能用二进制进行解释。

2. 关键策略

（1）渐进式细化：从宏观的故事构想开始，逐步细化到具体的段落和对话。

（2）持续优化：根据每次生成的结果，调整下一轮的提示语。

（3）创新性要求：不断要求 AI 生成新颖、独特的内容。

（4）跨领域融合：将不同领域的元素（如情感和二进制）结合，激发创新。

3. 可迁移技巧

（1）设定基础框架。

▪ 在创作初期，设计一个宏观的提示语，用于确定作品的基本框架。

◎ 提示语示例：

> 这是一个 [作品类型]，主题是 [主题]，背景设定在 [背景]，主要人物包括 [角色列表]。请提供一个 [章节数] 章的详细大纲。

（2）分段生成策略。

▪ 将长篇作品分解成多个段落或章节，逐一生成。

▪ 每次生成后，审查内容并调整下一段的提示语。

◎ 提示语示例：

> 基于前文内容，继续写作第［段落数］段。本段重点描述［关键事件］，突出
> ［角色名］的［情感/行为特征］。

（3）创新性激发。

▪ 在提示语中明确提出新颖性和独特性的要求。

▪ 使用比较性语言，如与传统［类型］作品不同，这里的［元素］应该更加［特征］。

◎ 提示语示例：

> 请描述一个前所未有的未来科技，它能够［功能］，但会带来［意外后果］。

（4）交叉验证。

▪ 使用多个不同的提示语生成同一内容，然后比较结果。

▪ 从多个版本中选择最佳部分，或将它们融合。

◎ 提示语示例：

> 同时描述未来城市的天际线和描述一个充满科技感的都市景观，然后比较结果。

（5）反馈循环。

▪ 建立一个评估系统，对每次生成的内容进行打分。

▪ 根据评分调整提示语，提高下一轮生成的质量。

◎ 提示语示例：

> 创建一个 1~10 分的评分表，包括创新性、连贯性、情感深度等维度。

（6）元素递进。

- 在每轮迭代中逐步引入新的元素或增加复杂性。

◎ 提示语示例：

> 第一轮只关注情节，第二轮加入人物描写，第三轮增加环境细节，以此类推。

（二）多层次提示语架构

《机忆之地》的创作团队采用了多层次的提示语架构，包括宏观、中观和微观三个层次。这种方法让创作者能够在不同的创作阶段和层面上精确控制AI的输出。

1. 原文提示语示例

◎ 宏观层（第一次生成）的提示语：

> 现在请帮我写一篇科幻小说，这篇小说涉及元宇宙、人形机器人和AI，请给出一个你现有语料中从未出现的、极具创新性的、让人看到前三句就惊讶的大纲。

◎ 中观层（第三次生成）的提示语：

> 严格按照大纲，写出第二段。

◎ 微观层（第二十次生成）的提示语：

> 重新创作李晓、Neura 和 Memoria 所有的对话，使其极具个性和冲突性。

2. 关键策略

（1）层级划分：将创作过程分为宏观、中观和微观三个层次。

（2）逐层细化：从整体框架逐步细化到具体细节。

（3）针对性优化：针对不同层次的内容使用不同的提示语。

（4）一致性维护：要求各层次之间保持连贯性和一致性。

3. 可迁移技巧

（1）宏观层提示语设计。

- 目的：确定作品的整体框架、主题和风格。
- 技巧：使用概括性的语言，提示语中要包含关键元素和创作目标。
- 应用：适用于开始一个新项目时。

◎ 提示语示例：

> 创作一部［体裁］作品，主题是［主题］，包含［关键元素 1］［关键元素 2］
> ［关键元素 3］。风格要［风格特征］，字数约［目标字数］。请提供一个详细的
> 章节大纲。

（2）中观层提示语设计。

- 目的：指导单个章节或某个重要场景的创作。
- 技巧：基于宏观框架，但更加具体，包含该部分的关键情节和人物发展。
- 应用：适用于指导 AI 生成连贯的章节内容。

◎ 提示语示例：

> 基于前文内容，创作第［章节数］章。本章核心事件是［事件描述］，重点展
> 现［角色名］的［性格特征 / 情感变化］。需要包含一个［场景类型］的场景描
> 述，并为下一章埋下［伏笔特征］的伏笔。

（3）微观层提示语设计。

- 目的：优化具体段落、对话或描述。
- 技巧：高度具体化，专注于文字表达、情感渲染或细节刻画。
- 应用：适用于精细调整和优化已生成的内容。

◎ 提示语示例：

> 重写第［段落数］段中［角色 A］和［角色 B］的对话。要求：①突出两人的
> 性格对比；②包含至少一个出人意料的比喻；③对话节奏要紧凑，使用简短句

子；④在对话中暗示 [潜在冲突]。

（4）层级联动技巧。

▪ 建立层级间的联系，确保整体具有一致性。

▪ 每个层级的提示语中都要引用上一级的关键元素。

◎ **提示语示例：**

> 在中观层提示语中提及宏观层设定的主题；在微观层提示语中参考中观层的情节发展。

（5）跨层级创新。

▪ 鼓励 AI 在不同层级上进行创新。

▪ 在宏观层设定创新目标，在中观层实现创新情节，在微观层呈现创新表达。

▪ 应用：通过多层次的创新指令，确保作品在整体构思、情节设计和文字表达上都保持新颖性。

◎ **提示语示例：**

> **宏观层：**本作品要在传统硬科幻的基础上融入心理学元素。
>
> **中观层：**设计一个场景，其中 [角色名] 通过一种新型脑机接口技术探索自己的潜意识。这个过程应该揭示一个关键的情节转折。
>
> **微观层：**描述 [角色名] 在潜意识探索过程中的感官体验。使用至少三个具有创新性的比喻，将抽象的心理活动具象化。

（三）角色和情感塑造

在小说创作过程中，团队通过迭代设计提示语来引导 AI 塑造具有丰富内心世界的人物角色，以及表现人物间的情感互动。

1. 原文提示语示例

◎ **第十次生成的提示语：**

> 继续强化这一段对话的感情色彩，把"字符串注入攻击"加入进去，构造一个

精巧的、带有情感色彩的情感注入攻击，使得 Memoria 陷入短时间瘫痪，从而让李晓和 Neura 胜利。

◎ 第二十五次生成的提示语：

Memoria 的光芒开始闪烁不定，仿佛它正在尝试解析这些话语的深层含义。李晓继续说："每一段记忆，都带有一种独特的情感。那种情感，如同空气中的氧气，无法触摸，却又无法缺少。你曾感受过心跳的节奏吗？感受过温暖的拥抱，或是心痛的失落吗？"
改写这段话，使它极富个性和冲击力，并有着前所未有的创新性与震撼力。

2. 关键策略

（1）个性化对话：通过对话展现角色独特的性格和思维方式。

（2）情感强化：不断要求提升情感描述的强度和独特性。

（3）冲突设计：通过角色间的冲突来推动情节发展和角色成长。

（4）创新表达：使用新颖的方式来描述情感和心理活动。

（5）技术与情感融合：将科技元素（如字符串注入）与情感描写相结合。

3. 可迁移技巧

（1）角色档案构建。

▪ 为每个主要角色创建详细的性格档案。

▪ 应用：在创作开始前使用这个技巧，为后续的角色塑造奠定基础。

◎ 提示语示例：

创建一个角色档案，包括：①基本信息（角色名、年龄、职业等）；②性格特征（3～5个关键词）；③说话风格；④核心价值观；⑤内心冲突；⑥成长经历。

（2）对话个性化。

▪ 根据角色档案设计独特的对话风格。

▪ 应用：用于优化人物对话，使其更加鲜活和具有辨识度。

◎ **提示语示例：**

> 重写［角色 A］和［角色 B］之间的对话。［角色 A］应该表现出［特征 1］和
> ［特征 2］，使用［说话风格描述］的说话方式。［角色 B］则要展现［特征 3］
> 和［特征 4］，语言中要体现其［职业 / 背景］的特点。对话主题是［主题］，
> 但两人应该有不同的观点。

（3）情感层次递进。
- 设计一系列提示语，逐步深化情感描写。
- 应用：用于创造深度和复杂性的情感描写。

◎ **提示语示例：**

> 描述［角色名］的基本情绪状态。深入探讨［角色名］情绪背后的原因和思
> 考。描述［角色名］如何在行为上表现这种情绪，包括微表情和小动作。展现
> ［角色名］情绪的内在矛盾和复杂性。

（4）情感曲线设计。
- 为整个故事或单个章节设计情感起伏曲线。
- 应用：确保情感描写富有动态性和戏剧性。

◎ **提示语示例：**

> 设计［角色名］在第［章节数］章的情感线，包括：①起始情绪；②至少两个
> 情绪高潮点；③一个情绪低谷；④结束情绪。每个点都要有相应的触发事件。

（5）多模态情感表达。
- 综合运用多种表达方式来呈现情感。
- 应用：全方位地展现角色的情感，增强读者的沉浸感。

◎ **提示语示例：**

> 描述［角色名］的［情感状态］，通过以下方式来表现：①内心独白；②肢体

语言；③对话中的语气和措辞；④周围环境的变化。每种方式都要体现出角色的独特性。

（四）科技元素与哲学思考的融合

《机忆之地》的创作团队在设计提示语时，引导 AI 结合科技概念与哲学思考，生成兼具科技元素与思想深度的内容。

1. 原文提示语示例

◎　第四十二次生成的提示语：

请综合最难的理论来解释 Neura 对 Memoria 发起的"情感注入攻击"。

◎　第四十五次生成的提示语：

把"大模型的不可解释性"这个词及其意思融入进去。

◎　第四十六次生成的提示语：

把"涌现""领悟"这两个词融入进去。

2. 关键策略

（1）跨领域融合：将科技概念与哲学概念相结合。

（2）概念深化：逐步引入复杂的科技和哲学概念。

（3）创新性解释：要求 AI 以新颖的方式解释复杂概念。

3. 可迁移技巧

（1）概念配对法。

▪ 将一个科技概念与一个哲学概念配对，探索它们之间的联系。

▪ 应用：适用于创造独特的思想火花，深化作品的主题。

◎　提示语示例：

探讨［科技概念］（如量子计算）如何影响或反映［哲学概念］（如自由意志）。

分析它们之间的联系，并提出一个新的洞见。

（2）科技哲学推演。

- 基于某个科技的发展进程，推演其可能带来的哲学问题。
- 应用：适用于构建有深度的未来世界观，增加作品的思辨性。

◎　提示语示例：

假设［科技概念］（如"完全沉浸式虚拟现实"）成为现实，讨论它可能引发的三个核心哲学问题，每个问题都要涉及人性的一个基本方面。

（3）悖论生成器。

- 创作科技与哲学碰撞产生的悖论。
- 应用：创作引人深思的情节点，增加作品的思辨性。

◎　提示语示例：

基于［科技概念］，构造一个看似合理但实际上自相矛盾的情景。这个悖论应该涉及［哲学概念］（如意识、自由等），并且难以用现有理论解释。

（4）概念具象化。

- 将抽象的科技或哲学概念转化为具体的情节或场景。
- 应用：使复杂概念更易理解，增强作品的可读性。

◎　提示语示例：

将［科学或哲学概念］（如"大模型的不可解释性"）转化为一个具体的场景或事件，这个场景应该能让普通读者直观理解该概念的本质。

（五）风格一致性控制

《机忆之地》在创作时尝试在提示语中加入了风格参考要素，以保持小说在语言表达风格上的相对一致。

1. 原文提示语示例

◎ **第三十六次生成的提示语：**

> 用卡夫卡的文学风格，重新改写这一段内容，但不要出现"卡夫卡"三个字。

◎ **第五十次生成的提示语：**

> 前面那段文字是一篇科幻小说的开头，修改意见：背景交代得太快，前三段就把背景和故事架构的世界全盘托出，虽然这有利于理解小说，但也缺少了神秘感。现在的小说一般都是在故事展开过程中，一点点把背景展现出来，这样也有利于吸引读者继续往下读。修改为具有悬疑感并且吸引人的开头，有些内容可以单独生成几句话，便于我后面插入其他段落。

2. 关键策略

（1）明确风格指向：明确指定所需的文学风格。

（2）持续校正：定期检查并调整内容，确保风格一致。

（3）隐性引导：在不明确提及特定作家的情况下，描述所需的风格特征。

（4）结构调整：根据目标风格调整内容的结构和节奏。

3. 可迁移技巧

（1）创建风格特征清单。

- 为目标风格创建一个详细的特征清单。

- 应用：用作创作过程中的参考标准，以确保风格一致。

◎ **提示语示例：**

> 请列出［目标风格］的 5~7 个关键特征，包括：①叙事视角；②句子结构；③词语选择倾向；④常用修辞手法；⑤情节节奏；⑥氛围营造方式；⑦典型主题。

（2）风格模仿练习。

- 要求 AI 模仿目标风格重写段落。

- 应用：用于调教 AI，使其更好地掌握目标风格。

◎ 提示语示例：

> 用［目标风格］的风格重写以下段落。注意：①保持原意；②调整句式以符合目标风格；③加入典型的修辞手法；④适当调整词语选择。原段落：［原文］。

（3）风格一致性检查。
- 定期进行风格一致性检查。
- 应用：用于维护长篇作品整体风格的一致性。

◎ 提示语示例：

> 检查以下段落是否符合［目标风格］，指出不一致的地方，并提供修改建议。重点关注：①语言风格；②叙事手法；③氛围营造；④主题表达。

（4）风格对比学习。
- 创造同一内容的不同风格版本，以加深 AI 对目标风格的理解。
- 应用：通过对比，加深 AI 对不同风格的理解，有助于更精准地把握目标风格。

◎ 提示语示例：

> 创作同一个场景的三个版本：①［目标风格 A］；②［目标风格 B］；③［目标风格 C］。然后分析这三种风格在描述方式、情感表达和氛围营造上的差异。

（六）多模态创作尝试

在《机忆之地》的后期创作中，团队尝试了将文字创作与图像生成相结合的多模态创作方式，这种方法旨在通过视觉元素增强文字内容的表现力和吸引力。

1. 原文提示语示例

◎ 第六十一次、第六十二次、第六十三次、第六十四次生成的提示语：

> （原文内容）……// 根据以上内容生成一幅图像。

2. 关键策略

（1）文图结合：将文字描述转化为视觉呈现。

（2）意境提取：从文字中提取关键的视觉元素和氛围。

（3）相互促进：使用生成的图像反过来启发文字创作。

（4）整体一致：确保视觉元素与文字内容在风格和主题上保持一致。

3. 可迁移技巧

（1）场景可视化。

▪ 将关键场景转化为视觉图像。

▪ 应用：用于增强读者的视觉体验，帮助他们更好地沉浸在故事世界中。

◎ 提示语示例：

基于以下场景描述，创建一幅图像：［场景描述］。重点呈现：①主要的空间结构；②关键的科技元素；③整体氛围和光线效果；④若有人物，展示其主要动作及表情。

（2）角色形象设计。

▪ 为主要角色创建视觉形象。

▪ 应用：帮助读者更直观地理解和记忆角色，增强角色的辨识度。

◎ 提示语示例：

根据以下角色描述，创建一幅角色肖像：［角色描述］。包括：①整体外貌；②标志性的服饰或装备；③能反映性格的表情或姿态；④与角色背景相关的细节元素。

（3）概念艺术生成。

▪ 将抽象的科幻概念转化为视觉艺术。

▪ 应用：用于增强作品的艺术性和思想深度，并提供视觉化的思考素材。

◎ 提示语示例：

创作一幅概念艺术图像，展现［科幻概念］（如"记忆交互"）。要求：①使用象征性的视觉元素；②融合未来科技感和人文气息；③色彩运用要反映概念的核心特质；④构图要有一定的抽象性和想象空间。

（4）情感氛围渲染。

▪ 通过视觉元素强化文字中的情感氛围。

▪ 应用：增强作品的情感表现力，帮助读者更深入地感受角色的内心世界。

◎ 提示语示例：

基于以下情感描述，创建一幅能体现该情感的抽象图像：［情感描述］。注意：①使用色彩和线条来传达情感；②可以融入象征性的元素；③整体构图能引起情感共鸣；④图像风格要与文字描述的基调一致。

（5）多维度场景展示。

▪ 创建同一场景在不同维度或时间点的多个版本。

▪ 应用：展示场景的多层次性，丰富故事的深度。

◎ 提示语示例：

为［场景名称］创建三幅关联图像：①现实世界中的样子；②主角眼中的样子；③未来可能演变的样子。每幅图都要保留一些共同元素，但要突出各自的特点。

二、案例二：第一部 AI 全流程微短剧《中国神话》的提示语设计与优化过程

《中国神话》作为国内首部 AI 微短剧，实现了从创意构思到视听呈现的全流程智能化再造，是视听内容创作领域的一次重大突破（在线观看见图 12-2）。本部分将剖析该项目中提示语设计的关键策略和优化过程，总结并提供可借鉴的实践经验。

图 12-2 《中国神话》在线观看

（一）剧本策划阶段的提示语设计

在《中国神话》的创作初期，团队利用大语言模型和知识图谱等 AI 工具进行故事构思和策划。这个阶段的提示语设计对整个项目的定调至关重要。

1. 关键策略

（1）多维度信息检索：设计提示语时，需要考虑如何引导 AI 从多个角度检索和整理相关信息。

（2）关联分析与主题提取：通过提示语设计引导 AI 进行深层次的内容分析，发现隐藏的主题和联系。

（3）剧本结构生成：指导 AI 生成符合现代叙事结构的故事框架。

（4）创意拓展：利用提示语激发 AI 的创造力，创作新颖的故事和情节转折。

（5）文化元素融合：在提示语中引导 AI 将中国传统文化元素与现代元素相结合。

2. 可迁移技巧

（1）明确信息来源和范围：在提示语中具体指出 AI 应该基于哪些资料进行创作，以确保生成内容具有相关性和准确性。

◎ **提示语示例：**

> 基于中国古代神话资料库，重点关注春秋战国到汉代的神话传说。

（2）任务分解与递进：将复杂的创作任务拆分成多个步骤，按照逻辑顺序排列，引导 AI 逐步完成。

◎ **提示语示例：**

> 首先列出 10 个主要神话人物及其特征，然后分析这些人物之间的关系，最后

选择 3~5 个人物构建一个新的故事框架。

（3）主题提取与现代化改编：指导 AI 从传统素材中提取核心主题，并将其与现代元素结合，创造出既有文化底蕴又具当代意义的内容。

◎ 提示语示例：

> 提取三个古代神话中的核心主题，并将其与现代社会问题（如环境保护、科技伦理等）结合，构思一个融合古今的故事。

（4）多元创意选项生成：要求 AI 基于同一主题生成多个不同风格或角度的创意方案，为后续筛选和优化提供更多可能性。

◎ 提示语示例：

> 基于以上分析，生成三个不同风格的故事大纲。一个侧重动作冒险，一个侧重哲学思考，一个侧重情感纠葛。每个大纲都包含核心冲突、关键节点和结局。

（5）角色多维度塑造的指导：引导 AI 从多个角度深入刻画人物形象，确保角色具有丰满性和复杂性。

◎ 提示语示例：

> 为主角设计背景故事，包括现代身份、与神话的联系、性格特点、内心矛盾和成长轨迹。确保角色既有现代特征，又与神话传统有所呼应。

（6）结构化世界观构建：指导 AI 创建一个系统性的、逻辑自洽的故事世界，为整个创作提供坚实的背景支撑。

◎ 提示语示例：

> 创建一个融合神话和现代元素的世界设定，包括空间规则、力量体系、社会结

构和核心矛盾，用 500 字左右概括这个世界的基本运作方式。

（二）视觉内容生成阶段的提示语设计

《中国神话》的制作团队使用了文生图和文生视频技术来创建视觉内容，支持了动画制作中视觉元素的快速生成。

1. 关键策略

（1）风格一致性控制：通过提示语设计确保整部作品视觉风格的统一。

（2）场景与人物描述的精确化：提供详细的视觉描述，指导 AI 生成符合预期的画面。

（3）动作和转场的细节指导：通过提示语设计来确定合适的镜头语言和视觉节奏。

（4）文化符号的融入：在提示语中要求 AI 加入中国传统视觉元素。

（5）现代与传统的平衡：指导 AI 在视觉上平衡神话元素和现代科技感。

（6）情感氛围的营造：通过色彩、构图等视觉元素的设计来塑造情感基调。

2. 可迁移技巧

（1）视觉风格的具体化描述：指导 AI 生成符合预期的视觉风格，确保整体作品的风格统一。

◎ **提示语示例：**

> 创建一个视觉风格指南，融合中国唯美意境与现代科幻插画的风格；色彩以明亮为主，点缀金色光芒；线条流畅飘逸，但又要融入具有未来科技感的几何结构。

（2）场景元素的详细列举：在提示语中具体列出场景中应包含的关键元素，确保 AI 生成的画面内容丰富且符合创作意图。

◎ **提示语示例：**

> 设计一个神话仙境场景，包含以下元素：①悬浮的山岛；②流动的数据瀑布；③半透明的宫殿建筑；④缭绕的七彩祥云；⑤点缀其中的未来科技设备。每个元素都要体现出传统与现代的融合。

（3）人物设计的多维度指导：通过全面的描述引导 AI 创建既符合角色设定又视觉上吸引人的人物形象。

◎　提示语示例：

> 创建主角的视觉形象：25 岁左右的现代女性，职业是数据科学家。她的服装应该是现代职业装与古代仙女服饰的结合，头戴半透明的科技感发饰。表情是好奇与警惕的混合，动作设计要体现出她对周围环境的探索。

（三）音乐生成阶段的提示语设计

《中国神话》的配乐使用了 AI 音乐生成技术，这需要精心设计的提示语来确保音乐与视觉内容和情感基调的匹配。

1. 关键策略

（1）情感基调与画面的同步：设计提示语以确保音乐情感变化与视觉叙事保持一致。

（2）音乐元素的具体指导：在提示语中明确指出所需的乐器、节奏和音乐结构。

（3）文化特色的融入：通过提示语要求将中国传统音乐元素与现代音乐风格相结合。

（4）音乐与叙事的呼应：设计提示语以确保音乐能够强化故事的关键时刻。

（5）声音设计的层次化：通过提示语指导背景音乐、音效和环境音的协调。

2. 可迁移技巧

（1）音乐风格的具体化描述：通过详细的风格描述，指导 AI 生成符合作品整体氛围的音乐，确保音乐风格与视觉风格的协调一致。

◎　提示语示例：

> 创作一段融合中国传统音乐与电子音乐的配乐。使用古筝、笛子作为主要旋律乐器，配以现代合成器和电子节拍。整体风格空灵缥缈，但又要有科技感的律动。

（2）音乐与画面的同步指导：通过提示语指导 AI 创作能够准确配合视频关键时刻的音乐，增强视听体验的冲击力。

◎ 提示语示例：

> 在视频的关键时刻（如主角发现重要线索时），音乐要有明显的变化。可以通过突然的停顿后加入一个强烈的音效，然后引入新的主题音乐来实现。

（3）环境音与音效的设计：通过提示语指导 AI 创建丰富的声音层次，包括背景音乐、环境音效和重点音效，以增强视频的沉浸感。

◎ 提示语示例：

> 创建一个环境音背景。其中应包含若隐若现的风声、水声和电子音效，这些声音随着场景的变化要有所调整。在关键情节点，要设计特殊的音效来强调，如数据流动的声音或神秘力量觉醒的音效。

三、案例三：国际获奖作品《Prometheus》的提示语设计与优化过程

《Prometheus》是 2024 年国际大学生媒体艺术节（International Student Media Art Festival，ISMA）"最佳 AI 电影剪辑奖"的获奖作品。作为一部由 AI 全流程创作的短片，它不仅深刻揭示了人类文明双刃剑的特性，还展现了 AI 辅助创作的巨大潜力（影片在线观看见图 12-3）。本部分将深入分析《Prometheus》的创作过程，重点探讨其提示语设计策略，并提炼出可供其他创作者参考的经验和技巧。

图 12-3 《Prometheus》在线观看

（一）主题与创意构思阶段

《Prometheus》以气候变化与城市为主题，通过普罗米修斯盗火的神话故

事，展现了人类文明发展中的能源使用与环境问题。这个阶段的提示语设计对确立影片的核心理念和叙事结构至关重要。

1. 关键策略

（1）主题融合：将赛事主题与神话故事相结合。

（2）时间跨度：设计跨越不同历史时期的叙事结构。

（3）寓意深化：通过视觉象征传达环境问题的严重性。

（4）结构创新：采用宿命轮回的叙事方式，将末日景象设定为文明始源。

（5）对比强化：通过不同时代的场景对比，突出人类行为对环境的影响。

2. 可迁移技巧

（1）主题与故事的创新结合：引导 AI 将现代主题与经典故事元素融合，创造出既有深度又富有创意的故事主题。

◎　提示语示例：

> 基于普罗米修斯盗火的神话，创作一个反映当代气候变化问题的故事大纲。故事要跨越至少三个历史时期，每个时期都要展现人类对能源不同的使用方式及其后果。

（2）时间线设计与象征意义：指导 AI 创建一个跨越多个时代的叙事时间线，每个时代都要有其独特的视觉特征和象征意义。

◎　提示语示例：

> 设计一个包含三个关键历史时期的时间线：①因纽特时代，以鲸油点亮灯塔的元素标志初始人类对自然的依赖；②工业革命时期，以工厂排放浓烟表示环境破坏开始；③现代战争年代，用武器化象征人类科技误用的极致。每个时期需要 2～3 个标志性场景。

（3）叙事结构的创新性设计：鼓励 AI 提出非传统的叙事结构，以增强作品的艺术性和思想深度。

◎　提示语示例：

> 创作一个首尾呼应的叙事结构，起始于未来的环境灾难场景，通过倒叙方式展

现人类文明的发展历程，最终回到神话时代普罗米修斯盗火的场景。要求在结构设计中体现出"历史轮回"的概念。

（4）视觉符号系统的构建：指导 AI 设计一系列贯穿全片的视觉符号，用于强化主题表达。

◎ 提示语示例：

创建一个视觉符号系统，包括"火""烟""影子"三个核心元素。在每个历史场景中，这三个元素都应该以不同形式出现，体现人类文明的进步和代价。

（二）视觉内容生成阶段

《Prometheus》的创作团队在 4 天内生成了 42 个镜头，包含 55 张图片，进行了 420 次生成。这个阶段的提示语设计直接决定了影片的视觉质量和艺术表现力。

1. 关键策略

（1）时代特征的精准呈现：为每个历史时期设计独特的视觉风格。

（2）环境变化渐变的可视化：通过视觉元素逐步展现环境恶化的过程。

（3）象征性视觉元素的贯穿：设计贯穿全片的视觉符号，强化主题。

（4）高效迭代：通过设计精准的提示语，减少无效生成，提高效率。

（5）艺术性与现实性的平衡：在表现环境问题的同时保持艺术美感。

2. 可迁移技巧

（1）时代特征的视觉化指南：为每个历史时期创建详细的视觉风格指南，确保 AI 生成的图像准确反映各个时代的特征。

◎ 提示语示例：

为因纽特时代创建视觉指南：①色调：以冷色调为主，大量使用白色和淡蓝色；②质感：强调冰雪和毛皮的质感；③构图：大量留白，突出人与自然的关系；④视觉元素：包括狗拉雪橇、冰屋、鲸油灯等。确保这些元素在构图中自然融入，不显生硬。

（2）环境变化的视觉设计：指导 AI 创建一系列展现环境变化的画面，确保变化过程具有连贯性和戏剧性。

◎　提示语示例：

> 创建一个 5 幅图像的序列，展现从原始自然到重度污染的过程：①纯净的极地风光；②工业初期，烟囱初见；③工业鼎盛，浓烟蔽日；④现代都市，雾霾严重；⑤未来场景，环境崩溃。要求每幅图像在构图上保持一致，但颜色、元素和细节要随污染的加重而改变。

（3）象征性视觉元素的设计与应用：创建一套贯穿全片的视觉符号系统，以增强主题的连贯性和深度。

◎　提示语示例：

> 设计"火"元素在不同时代的演变：①原始篝火；②蒸汽机锅炉；③工厂高炉；④现代发电厂；⑤未来能源装置。每个阶段的"火"元素要占据画面相似位置，但形式和影响范围逐渐扩大，暗示人类对能源需求的增长。

（三）剪辑与后期制作阶段

《Prometheus》最终由 42 个镜头组成，获得了最佳 AI 电影剪辑奖。剪辑与后期制作阶段的提示语设计对控制影片的节奏、情感传递和主题表达至关重要。

1. 关键策略

（1）节奏控制：设计有起伏的剪辑节奏，配合不同历史时期的特征。

（2）情感递进：借助剪辑手法增强情感变化的表现力。

（3）视觉连贯：确保不同时代场景之间过渡自然流畅。

（4）主题强化：运用蒙太奇等技巧，强化影片的核心思想。

（5）音画同步：指导 AI 生成与画面节奏、情感相匹配的配乐。

2. 可迁移技巧

（1）差异化节奏设计：为不同的历史时期设计独特的剪辑节奏，增强时代感和情感变化。

◎　提示语示例：

> 设计三段不同的剪辑节奏：①因纽特时代：使用长镜头，缓慢推进，体现生活的悠闲；②工业革命：快节奏剪辑，使用大量跳切，表现时代的急速变迁；③现代战争：采用快速而混乱的剪辑风格，穿插闪回片段，营造紧张感。每个时期的平均镜头长度和转场方式都应该有明显区别。

（2）情感递进的剪辑策略：指导 AI 设计一个能够逐步增强情感强度的剪辑方案。

◎　提示语示例：

> 创建一个五个阶段的情感递进剪辑方案：①平静：长镜头，平缓转场；②疑虑：增加镜头切换频率，加入局部特写；③不安：快速切换镜头，使用不稳定的手持风格；④恐慌：极快节奏，使用大量闪切；⑤绝望：回归极慢节奏，使用长镜头静观灾难。每个阶段的过渡要体现渐进性，避免突兀转换。

（3）视觉连贯的过渡设计：创建能够平滑连接不同时代场景的过渡效果。

◎　提示语示例：

> 设计三种特殊的视觉过渡效果，用于连接不同的历史时期：①时间涟漪：画面如水波纹扩散，过渡到新时代；②元素变形：选择一个画面中的关键元素（如火焰），使其形态逐渐变化为下一时代的相应元素；③色彩渐变：通过整体色调的渐变过渡，反映时代和环境的变化。这些过渡要既美观又能强化时间流逝的概念。

（4）强化主题的蒙太奇技巧：指导 AI 创建能体现主题的蒙太奇序列，加强主题表达。

◎　提示语示例：

> 创建一个"人类与能源"主题的蒙太奇序列，包含五个镜头：①原始人用火取

暖；②蒸汽机喷射；③现代工厂排放；④核反应堆运转；⑤未来能源装置。每个镜头时长 3 秒，使用合适的剪辑技巧实现视觉上的连贯，同时体现能源使用的演变和影响的扩大。

（5）音画同步的配乐生成：引导 AI 创作能够准确配合视觉和情感节奏的音乐。

◎ 提示语示例：

为影片创作配乐序列，并符合以下要求：①开始：以宁静、自然声音为主；②工业化：加入机器声，节奏加快；③现代：使用电子音乐元素，节奏紧张；④高潮：音乐情绪达到峰值，表现焦虑感；⑤结尾：回归平静，但带有警示意味。音乐要与画面剪辑节奏同步，在关键转场处设计明显的音乐变化。

图书在版编目（CIP）数据

提示语设计：AI 时代的必修课 / 余梦珑著 .
北京：中国人民大学出版社，2025. 4. -- ISBN 978-7
-300-33870-5

Ⅰ . TB11-39

中国国家版本馆 CIP 数据核字第 2025T80E60 号

提示语设计：AI 时代的必修课

余梦珑　著

Tishiyu Sheji: AI Shidai de Bixiuke

出版发行	中国人民大学出版社		
社　　址	北京中关村大街 31 号	邮政编码	100080
电　　话	010 - 62511242（总编室）		010 - 62511770（质管部）
	010 - 82501766（邮购部）		010 - 62514148（门市部）
	010 - 62515195（发行公司）		010 - 62515275（盗版举报）
网　　址	http://www.crup.com.cn		
经　　销	新华书店		
印　　刷	北京昌联印刷有限公司		
开　　本	720 mm×1000 mm　1 / 16	版　　次	2025 年 4 月第 1 版
印　　张	20.25 插页 1	印　　次	2025 年 4 月第 1 次印刷
字　　数	352 000	定　　价	68.00 元